普通高等教育"九五"国家级重点教材

普通高等教育电气工程 自动化系列教材

电力电子应用技术

第 5 版

主　编　王　楠
副主编　袁庆庆
参　编　夏鲲　李孜

机械工业出版社

本书在普通高等教育"九五"国家级重点教材《电力电子应用技术》第4版（王楠、沈倪勇、莫正康编）的基础上修订。修订后的教材对原教材内容做了适当的调整，增加了新型半导体器件、矩阵式交-交变频电路及常见 PWM 调制技术等内容，使其更好地适应当前高等教育的教学及课时安排。

本书从应用的角度出发，以定性分析为主，介绍了典型的电力电子器件的工作特点，分析了整流电路、直流-直流变换电路、交流-交流变换电路、无源逆变电路、PWM 调制技术和软开关技术的工作原理及特点，并给出了相应的实验。在文字方面力求通俗易懂，深入浅出。

本书可作为电气工程及其自动化专业、自动化专业及相关专业的教学用书，也可供电气、自动化方面的工程技术人员参考。

图书在版编目（CIP）数据

电力电子应用技术/王楠主编 . —5 版 . —北京：机械工业出版社，2019. 10（2024. 2 重印）

普通高等教育"九五"国家级重点教材　普通高等教育电气工程自动化系列教材

ISBN 978-7-111-63559-8

Ⅰ.①电…　Ⅱ.①王…　Ⅲ.①电力电子技术—高等学校—教材　Ⅳ.①TM1

中国版本图书馆 CIP 数据核字（2019）第 182043 号

机械工业出版社（北京市百万庄大街 22 号　邮政编码 100037）
策划编辑：王雅新　责任编辑：王雅新　韩　静
责任校对：张　力　封面设计：张　静
责任印制：单爱军
北京虎彩文化传播有限公司印刷
2024 年 2 月第 5 版第 5 次印刷
184mm×260mm · 15 印张 · 371 千字
标准书号：ISBN 978-7-111-63559-8
定价：39.00 元

电话服务　　　　　　　　　网络服务
客服电话：010-88361066　机　工　官　网：www.cmpbook.com
　　　　　010-88379833　机　工　官　博：weibo.com/cmp1952
　　　　　010-68326294　金　书　网：www.golden-book.com
封底无防伪标均为盗版　机工教育服务网：www.cmpedu.com

前　　言

　　电力电子技术是一项发展非常迅速的技术。高等院校的电气工程及其自动化、自动化专业将其作为非常重要的专业基础课。本书是在 2014 年编写的《电力电子应用技术》第 4 版的基础上修订的。本书结合课程的发展和教学要求，精简了第 4 版中的整流部分的内容，对教材体系结构进行了调整；对新型半导体器件、交流-交流变换电路和 PWM 调制技术等内容进行了充实。本书介绍了典型的电力电子器件的工作特点，分析了整流电路、直流-直流变换电路、交流-交流变换电路、无源逆变电路、PWM 调制技术和软开关技术的工作原理及特点。实验在电力电子技术课程学习中占有重要地位，本书专设一章实验以供选用。书中同时增加了更多的思考题和习题，帮助读者提高认识，强化记忆。

　　本书在编写中围绕电力电子器件的工程应用，力求将较深的理论与复杂的数学分析归纳和简化，将定量分析转化为定性说明并将其工程实用化。内容选择上精益求精，充分考虑教材的先进性。本次修订秉承莫正康老师的风格，叙述尽量深入浅出，在文字方面力求通俗易懂。

　　本书是在第 4 版的基础上，由上海理工大学电气工程系的王楠、袁庆庆、夏鲲和李孜共同编写，全书由王楠统稿。在此特别感谢沈倪勇老师的无私奉献。同时向前 3 版的主编莫正康老师表达我们的怀念之情。

　　本书参考了很多国内外优秀的同类教材，在此向相关作者深表感谢。

　　由于时间的限制和编者学识的局限，书中难免有疏漏与错误，敬请广大读者在使用过程中提出宝贵意见

编者

目　　录

绪　论

0.1　电力电子技术概述

　　电子技术包括信息电子技术和电力电子技术两大分支。通常所说的模拟电子技术和数字电子技术都属于信息电子技术，所谓电力电子技术就是应用于电力领域的电子技术，即使用电力电子器件（如晶闸管、GTO、IGBT等）对电能进行变换和控制的技术。电力电子技术所变换的"电力"功率可大到数百兆瓦甚至吉瓦，也可以小到数瓦甚至1W以下，与以信息处理为主的信息电子技术不同的是，电力电子技术主要用于电力变换。通常所用的电力有交流和直流两种，在实际使用中，往往需要进行电力变换。电力变换通常可分为4大类，即交流变直流（整流）、直流变交流（逆变）、直流变直流（斩波）、交流变交流（交流电力控制），进行上述电力变换的技术称为变流技术。电力电子器件的制造技术是电力电子技术的基础，其理论基础是半导体物理，而变流技术是用电力电子器件构成电力变换电路和对其进行控制的技术，它是电力电子技术的核心，其理论基础是电路理论。

　　电力电子学（Power Electronics）这一名词是20世纪60年代出现的，"电力电子学"和"电力电子技术"在内容上并没有很大的不同，只是分别从学术和工程技术这两个不同角度来称呼。1974年，美国的W. Newell用图0-1的倒三角形对电力电子学进行了描述，认为电力电子学是由电力学、电子学和控制理论这3个学科交叉而形成的，这一观点已被全世界普遍接受。

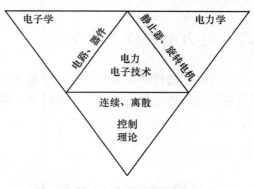

图0-1　描述电力电子学的倒三角形

　　电力电子技术与电子学的关系是显而易见的。电子学可分为电子器件和电子电路两大部分，它们分别与电力电子器件和电力电子电路相对应。从电子和电力电子的器件制造技术上讲两者同根同源，从两种电路的分析方法上讲也是一致的，只是两者应用的目的不同，前者用于电力变换，后者用于信息处理。

　　电力电子技术广泛应用于电气工程中，这就是电力电子学和电力学的主要关系。电力学就是电工科学或电气工程，各种电力电子装置广泛应用于高压直流输电以及高性能交、直流电源等电力系统和电气工程中，因此，把电力电子技术归于电气工程学科。电力电子技术是电气工程学科中最为活跃的一个分支。电力电子技术的不断进步大大地推动了电气工程实现现代化的进程。

　　控制理论广泛用于电力电子技术中，使电力电子装置和系统的性能日益优化和完善，可以满足人们的各种需求。电力电子技术可以看作弱电控制强电的技术，是弱电和强电之间的接口。而控制理论则是实现这种接口的强有力的纽带。此外，控制理论和自动化技术是密不可分的，而电力电子装置又是自动化技术的基础器件和重要支撑。

在我国，电力电子与电力传动是电气工程的一个二级学科。图 0-2 用两个三角形对电气工程进行了描述。其中大三角形描述了电气工程一级学科和其他学科的关系，小三角形则描述了电气工程一级学科内各二级学科之间的关系。

有人预言，电力电子技术和运动控制一起，将和计算机技术共同成为未来科学技术的两大支柱。通常把计算机的作用比作人脑，那么，可以把电力电子技术比作人的消化系统和循环系统，电力电子技术连同运动控制一起，相当于人的肌肉和四肢，使人能够运动和从事

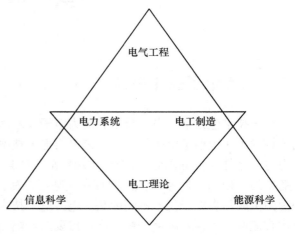

图 0-2　电气工程的双三角形描述

劳动。电力电子技术是电能变换技术，是把"粗电"变为"精电"的技术，能源是人类社会的永恒话题，电能是最优质的能源，因此，电力电子技术作为一门崭新的技术，在 21 世纪仍将以迅猛的速度发展。

0.2　电力电子技术的发展

电力电子器件的发展对电力电子技术的发展起着决定性的作用，因此，电力电子技术的发展是以电力电子器件的发展为基础的。电力电子技术的发展史如图 0-3 所示。

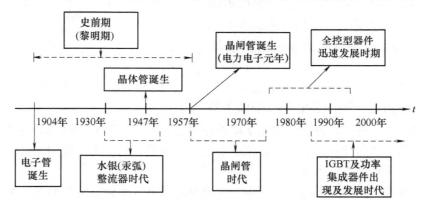

图 0-3　电力电子技术的发展史

一般认为，电力电子技术的开始是以 1957 年第一个晶闸管的诞生为标志的。但在晶闸管出现之前，电力电子技术就已经用于电力变换了。因此，晶闸管出现前的时期称为电力电子技术的史前期或黎明期。

　　1904 年出现了电子管，它能在真空中对电子流进行控制，并应用于通信和无线电，从而开启了电子技术用于电力领域的先河。20 世纪 30 年代到 50 年代，水银整流器广泛用于电化学工业、电气铁道直流变电所以及轧钢用直流电动机的传动，甚至用于直流输电。这一时期，各种整流电路、逆变电路、周波变流电路的理论已经发展成熟并广为应用。同时，在这一时期也应用直流发电机机组来实现变流。

　　1947 年，美国著名的贝尔实验室发明了晶体管，引发了电子技术的一场革命。最先用于电力领域的半导体器件是硅二极管。晶闸管出现后，由于其优越的电气性能和控制性能，使之很快就取代了水银整流器和旋转变流机组，并且其应用范围也迅速扩大。电力电子技术的概念和基础就是由于晶闸管及晶闸管变流技术的发展而确立的。在晶闸管诞生以后的 20 年内，随着晶闸管的性能不断提高，晶闸管已经形成了从低电压、小电流到高电压、大电流的系列产品。同时研制出一系列晶闸管的派生器件，如快速晶闸管（FST）、逆导晶闸管（RCT）、双向晶闸管（TRIAC）、光控晶闸管（LTT）等器件，大大地推动了各种电力变换器在冶金、电化学、电力工业、交通及矿山等行业中的应用，促进了工业技术的进步，形成了以晶闸管为核心的第一代电力电子器件，也称为传统电力电子技术阶段。

　　晶闸管是通过对其门极的控制能够使其导通而不能使其关断的器件，属于半控型器件。对晶闸管电路的控制方式主要是相位控制方式，简称相控方式。晶闸管的关断通常依靠电网电压等外部条件来实现，这就使得晶闸管的应用受到了很大的局限。

　　20 世纪 70 年代后期，以门极可关断晶闸管（GTO）、电力双极型晶体管（BJT）和电力场效应晶体管（Power-MOSFET）为代表的第二代全控型器件迅速发展。全控型器件的特点是，通过对门极（基极、栅极）的控制既可使其开通又可使其关断。另外，这些器件的开关速度普遍高于晶闸管，可以用于开关频率较高的电路。全控型器件优越的特性使其逐渐取代了变流装置中的晶闸管，把电力电子技术推进到一个新的发展阶段。和晶闸管电路的相位控制方式相对应，采用全控型器件的电路的主要控制方式为脉冲宽度调制（PWM）方式，即为斩波控制方式，简称斩控方式。PWM 调制技术在电力电子变流技术中占有十分重要的地位，它使电路的控制性能大大改善，使以前难以实现的功能得以实现，对电力电子技术的发展产生了深远的影响。

　　20 世纪 80 年代，出现了以绝缘栅双极型晶体管（IGBT）为代表的第三代复合型场控半导体器件，IGBT 是 MOSFET 和 BJT 的复合，综合了两者的优点。另外还有静电感应式晶体管（SIT）、静电感应式晶闸管（SITH）、MOS 晶闸管（MCT）等。这些器件不仅有很高的开关频率，一般为几十到几百千赫，而且有更高的耐压性，电流容量大，可以构成大功率、高频的电力电子电路。

　　20 世纪 80 年代后期，电力半导体器件的发展趋势是模块化、集成化，按照电力电子电路的各种拓扑结构，将多个相同的电力半导体器件或不同的电力半导体器件封装在一个模块中，这样可以缩小器件体积，降低成本，提高可靠性。现在已经出现了第四代电力电子器件——集成功率半导体器件（PIC），它将电力电子器件与驱动电路、控制电路及保护电路集成在一块芯片上，开辟了电力电子器件智能化的方向，应用前景广阔。目前经常使用的智能化功率模块（IPM），除了集成功率器件和驱动电路以外，还集成了过电压、过电流和过热等故障检测电路，并可将监测信号传送至 CPU，以保证 IPM 自身不受损害。

　　新型电力电子器件呈现出许多优势，它使得电力电子技术发生了突变，进入了现代电力电子技术阶段。现代电力电子技术的主要特点是：全控化、集成化、高频化、高效率化、变换器小型化、电源变换绿色化，供电电网的供电质量、电力电子器件的容量和性能显著提高。

0.3 电力电子技术的应用

电力电子技术是以功率处理和变换为主要对象的现代工业电子技术，当代工、农业等各领域都离不开电能，离不开表征电能的电压、电流、频率、波形和相位等基本参数的控制和转换，而电力电子技术可以对这些参数进行精确的控制与高效的处理，所以电力电子技术是实现电气工程现代化的重要基础。

电力电子技术应用范围十分广泛，国防军事、工业、能源、交通运输、电力系统、通信系统、计算机系统、新能源系统以及家用电器等无不渗透着电力电子技术的新成果。图0-4所示为电力电子技术的应用实例。

a)磁悬浮列车　　b)柔性交流输电(FACTS)　　c)家用电器　　d)变频器

e)新型能源　　f)航天技术　　g)电子装置

图 0-4　电力电子技术的应用实例

1. 一般工业电动机调速

工业中大量应用各种交、直流电动机。其中，直流电动机具有良好的调速性能，为其供电的可控整流电源或直流斩波电源都是电力电子装置。近年来，由于电力电子变频技术的迅速发展，使得交流电动机的调速性能可与直流电动机相媲美，因此，交流调速技术得到了广泛应用，并且逐渐占据主导地位。作为节能控制主要采用的控制方式，交流电动机的变频调速控制带来了巨大的节能效益。在各行各业中，风机、水泵多用异步电动机拖动，其用电量占我国工业用电的50%以上，占全国用电量的30%。控制风量或水流量，过去是靠控制风门或节流阀的作用，而电动机的转速不变，由于风门或节流阀转角的减小，增大了流体的阻力，因此功率消耗变化甚小，结果造成在小风量或小水流时电能的浪费。我国的风机、水泵全面采用变频调速后，每年节电可达数百亿千瓦时。家用电器中的空调采用变频调速技术后，可节电30%以上。

2. 交通运输

电气化铁道中广泛采用电力电子技术，电气机车中的直流机车采用整流装置供电，交流机车采用变频装置供电。例如，直流斩波器广泛应用于铁道车辆，磁悬浮列车中电力电子技术更是一项关键的技术，新型环保绿色电动汽车和混合动力电动汽车（EV/HEV）正在积极发展中。汽车是靠汽油引擎运行而发展起来的机械装置，它排出大量的二氧化碳和其他废气，严重地污染了环境。绿色电动车的电机以蓄电池为能源，靠电力电子装置进行电力变换和驱动控制，其蓄电池的充电也离不开电力电子技术，显而易见，未来电动车将取代燃油汽车。飞机、船舶需要各种不同功能要求的电源，因此航空、航海都离不开电力电子技术。

3. 电力系统

据估计，发达国家在用户最终使用的电能中，有60%以上的电能至少经过了一次以上电力电子变流装置的处理。直流输电在长距离、大容量输电时有很大的优势，其送电端的整流和受电端的逆变都采用晶闸管变流装置，而轻型直流输电则主要采用全控型的IGBT器件。近年发展起来的柔性交流输电（FACTS）也是依靠电力电子装置才得以实现的。晶闸管控制电抗器（TCR）、静止无功发生器（SVG）、有源电力滤波器（APF）等电力电子装置大量用于电力系统的无功补偿或谐波抑制。在配电网系统，电力电子装置还可用于防止电网瞬时停电时电压跌落、闪变等，以进行电能质量控制，改善供电质量。在变电所中，给操作系统提供可靠的交直流操作电源、给蓄电池充电等都需要电力电子装置。

4. 电子装置所用电源

各种电子装置一般都需要由不同电压等级的直流电源供电。通信设备中的程控交换机所用的直流电源以前用晶闸管整流电源，现在已改为采用全控型器件的高频开关电源。大型计算机所需的工作电源、微型计算机内部的电源现在也都采用高频开关电源。在大型计算机等的应用场合，常常需要不间断电源（Uninterruptible Power Supply，UPS）供电，不间断电源实际就是典型的电力电子装置。

5. 家用电器

电力电子照明电源体积小、发光效率高、可节省大量能源，正在逐步取代传统的白炽灯和荧光灯。空调、电视机、音响设备、家用计算机、洗衣机、电冰箱、微波炉等电器也应用了电力电子技术。

6. 其他

航天飞行器中的各种电子仪器需要电源，载人航天器也离不开各种电源，这些都必须采用电力电子技术。

抽水储能发电站的大型电动机需要用电力电子技术来起动和调速。超导储能是未来的一种储能方式，它需要强大的直流电源供电，这也离不开电力电子技术。

新能源、可再生能源发电，例如风力发电、太阳能发电，需要用电力电子技术来缓冲能量和改善电能质量。当需要和电力系统联网时，更离不开电力电子技术。

核聚变反应堆在产生强大磁场和注入能量时，需要大容量的脉冲电源，这种电源就是电力电子装置。在科学实验或某些特殊场合，常常需要一些特种电源，这也是电力电子技术的用武之地。

总之，电力电子技术是目前发展较为迅速的一门学科，是高新技术产业发展的主要基础技术之一，是传统产业改造的重要手段。可以预言，随着各学科新理论、新技术的发展，电力电子技术的应用具有十分广泛的前景。

0.4 课程性质与学习方法

电力电子技术是一门专业基础性质很强且与生产应用实际紧密联系的课程，在高等学校电气工程类专业中被确定为主干课程。

学习本课程时，要着重于物理概念与基本分析方法的学习，理论要结合实际，尽量做到器件、电路、应用三者结合。在学习方法上，要特别注意电路的波形与相位分析，抓住电力电子器件在电路中导通与截止的变化过程，从波形分析中进一步理解电路的工作情况，同时要注意培养读图与分析能力，掌握器件计算、测量、调整以及故障分析等方面的实践能力。

本课程涉及高等数学、电路、电子技术、电机与电力拖动等方面的相关知识，学习时需要复习相关课程并综合运用所学知识。

第1章 电力电子器件

电力电子技术的发展基于各种电力电子器件的产生和发展，电力电子器件是电力电子电路的基础。掌握各种常用电力电子器件的特性和正确使用方法是学习电力电子技术的基础。本章分别介绍各种常用电力电子器件的工作原理、基本特性、主要参数以及选择和使用中应注意的一些问题。

1.1 概述

1.1.1 电力电子器件的特点

电力电子器件一般指电力半导体器件。与普通半导体器件一样，目前电力半导体器件所采用的主要材料是硅。

由于电力电子器件直接用于处理电能的主电路，因而同处理信息的电子器件相比，一般具有如下特点：

1）电力电子器件所能处理的电功率较大。其承受电压和电流的能力是其最重要的参数，其处理电功率的能力小至毫瓦级，大至兆瓦级，一般都远大于处理信息的电子器件。

2）电力电子器件一般都工作在开关状态。因为电力电子器件处理的电功率较大，开关工作状态可减小器件本身的损耗，提高电能变换的效率。而在模拟电子电路中，电子器件一般都工作在线性放大状态。数字电子电路中的电子器件虽然也工作在开关状态，但其目的是利用开关状态表示不同的信息。

3）电力电子器件需要由信息电子电路来控制和驱动。在实际应用中，由于电力电子器件所处理的电功率较大，因此必须采用信息电子电路实现弱电控制强电。

4）电力电子器件必须安装散热器。电力电子器件尽管工作在开关状态，但是电力电子器件自身的功率损耗通常仍远大于信息电子器件，因而为了保证不至于因损耗散发的热量导致器件温度过高而损坏，不仅在器件封装上比较讲究散热设计，而且在其工作时一般都还需要安装散热器。

1.1.2 电力电子器件的损耗

电力电子器件的损耗主要包括：通态损耗、断态损耗和开关损耗。

电力电子器件在导通或者阻断状态下，并不是理想的短路或者断路。导通时器件上有一定的通态压降，阻断时器件上有微小的断态漏电流流过。尽管其数值都很小，但分别与数值较大的通态电流和断态电压相作用，就形成了电力电子器件的通态损耗和断态损耗。

在电力电子器件由断态转为通态（开通过程）或者由通态转为断态（关断过程）的转换过程中产生的损耗，分别称为开通损耗和关断损耗，总称开关损耗。对某些器件来讲，驱动电路向其注入的功率也是造成器件发热的原因之一。除一些特殊的器件外，电力电子器件的通态漏电流都极其微小，因而通态损耗是电力电子器件功率损耗的主要原因。当器件的开关频率较高时，开关损耗会随之增大而可能成为器件功率损耗的主要因素。

1.1.3　电力电子控制系统的组成

电力电子控制系统的组成如图1-1所示，电力电子器件在实际应用中，一般是由控制单元、驱动电路、检测电路和以电力电子器件为核心的主电路组成一个系统。

控制单元可由计算机、单片机、PLC等和信息电子电路组成，控制电路按照系统的工作要求形成控制信号，通过驱动电路去控制主电路中电力电子器件的通断，来实现整个系统的功能。

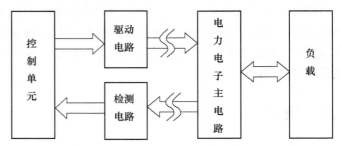

图1-1　电力电子控制系统的组成

检测电路由传感器和信息电子电路组成，由传感器检测主电路或者现场的信号，这些信号经过信息电子电路处理后，提供给控制单元并按照系统的工作要求来形成闭环控制信号。

驱动电路一般由信息电子电路组成，在某些需要大功率驱动和关断的场合，驱动电路也可由功率电力电子器件组成。

人们往往将检测电路和驱动电路这些主电路以外的电路都归为控制电路，于是电力电子系统可看作由主电路和控制电路组成。主电路中的电压和电流一般都较大，而控制电路中的元器件只能承受较小的电压和电流，因此在主电路和控制电路连接部分，如驱动电路与主电路的连接处，或者驱动电路与控制信号的连接处，以及主电路与检测电路的连接处，需要进行电气隔离，一般通过光电耦合器或变压器来传递光、磁等信号，以实现电气隔离。此外，基于半导体材料的电力电子器件耐电压和电流过冲的能力很差，因此，在主电路和控制电路中需附加一些保护电路，以保证电力电子器件和整个电力电子系统正常可靠运行。

1.1.4　电力电子器件的分类

电力电子器件种类繁多，按其开关控制性能可分为不控型器件、半控型器件和全控型器件。

1）不控型器件为无控制端的二端器件。如电力二极管，器件的导通和关断完全是由其在主电路中承受的电压和电流决定的，本身不具备可控开关能力。

2）半控型器件为具有控制端的三端器件。但其控制端只能控制其导通而不能控制其关断，器件的关断完全是由其在电路中承受的电压和电流决定的。晶闸管和大部分派生器件都属于这类器件。

3）全控型器件为具有控制端的三端器件。通过控制信号既可以控制其导通，又可以控制其关断，因此又称为自关断器件。目前最常用的绝缘栅双极型晶体管（IGBT）、场效应晶体管（MOSFET）和门极关断（GTO）晶闸管等都属于这类器件。

按照驱动电路加在电力电子器件控制端和公共端之间信号的性质，可以将电力电子器件

（电力二极管除外）分为电流驱动型和电压驱动型两类。如果是通过从控制端注入或者抽出电流来实现导通或者关断控制，这类电力电子器件被称为电流驱动型电力电子器件，或者电流控制型电力电子器件。如果是通过在控制端和公共端之间施加一定的电压信号来实现导通或者关断的控制，这类电力电子器件则被称为电压驱动型电力电子器件，或者电压控制型电力电子器件。

此外，电力电子器件还可以按照器件内部电子和空穴两种载流子参与导电的情况分为单极型器件、双极型器件和复合型器件。由一种载流子参与导电的器件称为单极型器件（也称为多子器件）；由电子和空穴两种载流子参与导电的器件称为双极型器件（也称为少子器件）；由单极型器件和双极型器件集合而成的器件则称为复合型器件。

下面从应用的角度来分析这些器件。

1.2 不可控器件——电力二极管

电力二极管被称为半导体整流器，其结构和原理简单，工作可靠，是电力电子电路最基本的组成单元，其单向导电性可用于电路来实现整流、钳位、续流等功能。在采用全控型器件的电路中，电力二极管往往是不可缺少的器件，特别是开通和关断速度很快的快恢复二极管和肖特基二极管，具有不可替代的地位。

1.2.1 电力二极管的工作特性

电力二极管的基本结构和工作原理与信息电子电路中的二极管是一样的，都是以半导体 PN 结为基础的。由于电力二极管的工作特点，其是由一个面积较大的 PN 结、两端引线以及封装组成的，图1-2 给出了电力二极管的外形、结构和图形符号。从外形上看，电力二极管可以有螺栓型、平板型和模块型等多种封装。电气图形符号如图 1-2d 所示，A 为阳极，K 为阴极。

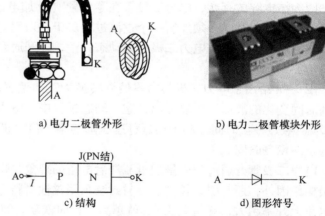

a) 电力二极管外形

b) 电力二极管模块外形

1. 电力二极管的静态特性

电力二极管的静态特性主要指伏安特性，即电力二极管的阳极电压和流过二极管阳极电流的关系。

c) 结构

d) 图形符号

图1-2　电力二极管的外形、结构和图形符号

如图1-3 所示，第 I 象限为正向特性区，从第 I 象限的曲线看，当外加正向电压（阳极 A 的电位高于阴极 K）小于 U_{TO}（门槛电压）时，只有很小的正向漏电流流过器件；当外加正向电压大于 U_{TO}（门槛电压）时，器件开始导通，正向导通后，其电流的大小由负载决定，器件压降 $U_F = 0.4 \sim 1.2V$，这时 U_F 基本不随电流变化而变化。第 III 象限为反向阻断状态，当电力二极管外加反向电压（阳极 A 的电位低于阴极 K）时，开始只有极小的反向漏电流，当反向电压增大到 U_B（击穿电压）时，反向电流将会急剧增大，破坏 PN 结反向偏置为截

止的工作状态，这就叫反向击穿。反向击穿
按照机理不同有雪崩击穿和齐纳击穿两种形
式。反向击穿发生时，只要外电路中采取了
措施，将反向电流限制在一定范围内，则当
反向电压降低后 PN 结仍可恢复原来的状态。
但如果反向电流未被限制住，使得反向电流
和反向电压的乘积超过了 PN 结允许的消耗功
率，就会因热量散发不出去而导致 PN 结温度
上升，直至过热而烧毁，这就是热击穿。

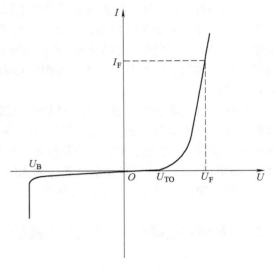

综上所述，可以得出如下结论：

1）电力二极管具有单向导电性。

2）电力二极管正向导通后，流过器件的
电流大小由负载决定。

3）电力二极管通态压降和反向漏电流数
值很小，在电路分析时通常忽略不计。

图 1-3　电力二极管的伏安特性

2. 电力二极管的动态特性

PN 结中的电荷量随外电压而变化，呈现电容效应，称为结电容 C_J，又称微分电容。结
电容按其产生机制和作用的差别分为势垒电容 C_B 和扩散电容 C_D。势垒电容只在外加电压变
化时才起作用，外加电压频率越高，势垒电容作用越明显。势垒电容的大小和 PN 结截面积
成正比，与阻挡层厚度成反比；而扩散电容仅在正向偏置时起作用。在正向偏置时，当正向
电压较低时，势垒电容为主；正向电压较高时，扩散电容为结电容的主要成分。

因为结电容的存在，电力二极管在零偏置（外加电压为零）、正向偏置和反向偏置这 3
种状态之间转换时，必须经历一个过渡过程。于是采用电压、电流随时间变化的特性来描述
这个过渡过程，这就是电力二极管的动态特性，即开通和关断特性，简称开关特性。

（1）开通特性

图 1-4a 给出了电力二极管由零偏置转换为正向偏置时，其开通过程中的电流和电压波
形随时间变化的波形。可以看出，这一动态过程中，电力二极管的正向压降也会出现一个过
冲 U_{FP}，经过一段时间才趋于接近稳态压降的某个值（图 1-4 中 2V）。这一动态过程时间被
称为正向恢复时间 t_{fr}。

电力二极管开通过程中呈现电流滞后电压的现象，也称电感现象，该现象的出现除了内
部结构原因外，还与引线长度、器材封装采用磁性材料等因素有关，因此，开通时电力二极
管电流上升率越大，峰值电压 U_{FP} 就越高，正向恢复时间 t_{fr} 也越长。另外，结温升高时 U_{FP}、
t_{fr} 值也会增大。

当电力二极管由反向偏置转换为正向偏置时，除上述时间外，势垒电容电荷的调整也需
要更多时间来完成。

在电力电子电路中，当作为快速开关器件使用时，应考虑电力二极管正向恢复时间的
影响。

（2）关断特性

图 1-4b 所示为电力二极管由正向偏置转换为反向偏置时，其断态过程中电压和电流随

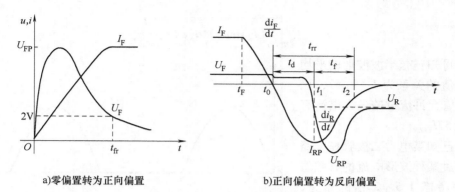

a)零偏置转为正向偏置　　　　b)正向偏置转为反向偏置

图 1-4　电力二极管的动态特性

时间变化的波形。从图 1-4b 可见，在 t_F 时刻，原来处于正向导通状态的电力二极管的外加电压从正向变为反向，电力二极管不能立即关断，其正向电流 I_F 开始下降，下降的速率由反向电压的大小和电路中的电感决定。到 t_0 时刻，电力二极管的电流虽降为零，但此时 PN 结两侧仍存有大量的少子，电力二极管并没有恢复阻断能力。直到 t_1 时刻，PN 结内储存的少子被抽尽时，反向电流达到最大值 I_{RP}，电力二极管开始恢复阻断能力，反向恢复电流开始减少。外电路中电感感应较高的电动势，使器件承受很高的反向电压 U_{RP}。

$t_d = t_1 - t_0$ 称为延迟时间，$t_f = t_2 - t_1$ 称为电流下降时间，而 $t_{rr} = t_d + t_f$ 则称为电力二极管的反向恢复时间。其下降时间与延迟时间的比 t_f / t_d 被称为恢复特性的软度，或者恢复系数，用 S_r 表示。S_r 越大则恢复特性越软，实际上就是反向电流下降时间相对较长，因而在同样的外电路条件下造成的反向电压过冲 U_{RP} 较小。

结电容影响 PN 结的工作频率，特别是在高速开关的状态下，可能使其单向导电性变差，甚至不能工作，应用时应加以注意。

1.2.2　电力二极管的主要参数

1. 正向平均电流 $I_{F(AV)}$

电力二极管的正向平均电流 $I_{F(AV)}$ 是指电力二极管长期运行时，在规定的管壳温度（简称壳温，用 T_c 表示）和散热条件下，其允许流过的最大工频正弦半波电流的平均值。并将该电流标称为电力二极管的额定电流。

从电力二极管的正向平均电流 $I_{F(AV)}$ 的定义中可以看出，$I_{F(AV)}$ 是管子在规定的壳温限制下测得的，即按照"电流的发热效应在允许的范围内"这个原则来定义的，和发热相关的电流参数是电流的有效值。因此在使用时应按照工作中实际波形的电流与电力二极管所允许的最大正弦半波电流在流过电力二极管时所造成的发热效应相等，即两个波形电流的有效值相等的原则来选取电力二极管的电流定额，并应留有一定的裕量。

工频正弦半波电流波形如图 1-5 所示，设电流峰值为 I_m，对应的正弦半波平均电流为

$$I_{F(AV)} = \frac{1}{2\pi} \int_0^\pi I_m \sin\omega t \mathrm{d}(\omega t) = \frac{I_m}{\pi} \tag{1-1}$$

正弦半波电流的有效值为

$$I = \sqrt{\frac{1}{2\pi}\int_0^\pi (I_m \sin\omega t)^2 \mathrm{d}(\omega t)} = \frac{I_m}{2} \tag{1-2}$$

由此可知正弦半波波形的平均值与有效值的关系为 1∶1.57，该电力二极管允许流过的最大电流有效值为 $1.57 I_{F(AV)}$。

如果已知某电力二极管在电路中需要流过某种波形电流的有效值为 I_D，并考虑 1.5～2 倍的裕量，则选取电力二极管的额定电流为

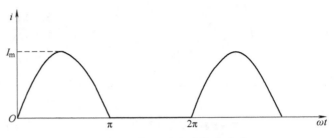

图 1-5　工频正弦半波电流波形

$$I_{F(AV)} = (1.5 \sim 2)\frac{I_D}{1.57} \tag{1-3}$$

应该注意的是，当用在频率较高的场合时，电力二极管的发热原因除了正向电流造成的通态损耗外，其开关消耗也往往不能忽略；当采用反向漏电流较大的电力二极管时，其断态损耗造成的发热效应也不小。在选择电力二极管正向电流定额时，这些都应加以考虑。

2. 正向压降 U_F

正向压降 U_F 指电力二极管在指定温度下，流过某一指定的稳态正向电流时对应的正向压降。有时候，其参数表中也给出在指定温度下流过某一瞬态正向大电流时电力二极管的最大瞬时正向压降。

3. 反向重复峰值电压 U_{RRM}

反向重复峰值电压指对电力二极管所能重复施加的反向最高峰值电压。通常是雪崩击穿电压 U_B 的 2/3。使用时，往往按照电路中电力二极管可能承受的反向最高峰值电压的 2 倍来选定此项参数。

4. 最高工作结温 T_{JM}

结温是指管芯 PN 结的平均温度，用 T_J 表示。最高工作结温是指在 PN 结不致损坏的前提下所能承受的最高平均温度，用 T_{JM} 表示。T_{JM} 通常在 125～175℃ 之间。

5. 反向恢复时间 t_{rr}

反向恢复时间是指电力二极管正向电流过零到反向电流下降到其峰值 10% 时的时间，如图 1-4b 所示。

6. 浪涌电流 I_{FSM}

浪涌电流指电力二极管所能承受的最大的连续一个或几个工频周期的过电流。

1.2.3　电力二极管的主要类型

电力二极管在许多电力电子电路中的应用极为广泛。在交流-直流变换电路中电力二极管作为整流元件，在电感元件需要释放电能的电路中作为续流元件，在各种变流电路中作为电压隔离、钳位或保护元件等。在实际应用时，应根据不同场合的不同要求，选择不同类型的电力二极管。

下面按照电力二极管的工作特性，介绍几种常用的电力二极管。

1. 普通二极管

普通二极管（General Purpose Diode）又称整流二极管（Rectifier Diode），多用于开关频率不高（1kHz 以下）的整流电路中。其反向恢复时间较长，一般在 $5\mu s$ 以上，但其正向电流定额和反向电压定额却可以达到很高，分别可达数千安和数千伏以上。

2. 快恢复二极管

快恢复二极管（Fast Recovery Diode，FRD）是指反向恢复时间很短的二极管（$5\mu s$ 以下），工艺上多采用掺金工艺，内结构上有的采用 PN 结型结构，有的采用改进的 PIN 结构。其正向压降为 $1\sim 2V$，略高于普通二极管，反向耐压多在 1200V 以下。从性能上可分为快恢复和超快恢复两个等级。前者反向恢复时间为数百纳秒或更长，后者则在 100ns 以下，甚至达到 $20\sim 30ns$。

快恢复二极管多用于带有可控开关且要求反向恢复时间较短的高频电路中。

3. 肖特基二极管

肖特基二极管是以金属和半导体接触形成的势垒为基础的二极管，简称肖特基二极管（Schottky Barrier Diode，SBD），具有正向压降低（$0.4\sim 0.5V$）、反向恢复时间很短（$10\sim 40ns$）的特点，但其反向漏电流较大，耐压低，对温度敏感，因此反向稳态损耗不能忽略，且必须严格地限制其工作温度，多用在低于 150V 电压的场合。

1.3 半控型器件——晶闸管

晶闸管（Thyristor）全称晶体闸流管，又称为可控硅整流器（Silicon Controlled Rectifier，SCR），以前被简称为可控硅。1957 年美国通用电气公司（General Electric）开发出世界上第一个晶闸管产品，在 20 世纪六七十年代获得迅速发展，并从此逐步形成一门新兴学科——电力电子技术。

目前晶闸管除了性能与电压、电流容量不断提高外，还派生出快速晶闸管、双向晶闸管、门极关断晶闸管、逆导晶闸管和光控晶闸管等，形成晶闸管系列。

晶闸管这个名称一般专指晶闸管的一种基本类型——普通晶闸管。本节将主要介绍普通晶闸管的工作原理、基本特性和主要参数，然后对其各种派生器件作简要介绍。

1.3.1 晶闸管的结构和工作原理

晶闸管是一种功率半导体器件，有 3 个引出极：阳极 A、阴极 K 和门极（控制端）G，常用的有螺栓式和平板式两种封装结构，外形与符号如图 1-6 所示。图 1-6a 为小电流塑封式，如电流稍大时也需紧固在散热板上；图 1-6b、图 1-6c 为螺栓式，使用时必须紧旋在散热器上；图 1-6d 为平板式，两个平面分别是阳极和阴极，引出的细长端子为门极，使用时由两个彼此绝缘的散热器把其紧夹在

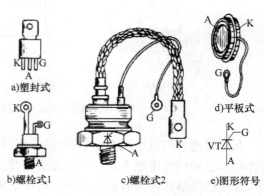

a)塑封式
b)螺栓式1
c)螺栓式2
d)平板式
e)图形符号

图 1-6 晶闸管的外形与符号

中间。

图 1-7 为晶闸管的散热器，图 1-7a 适用于螺栓式，图 1-7b、c 适用于平板式。平板式封装的晶闸管散热效果好，额定电流在 200A 以上的晶闸管，都采用平板式结构。

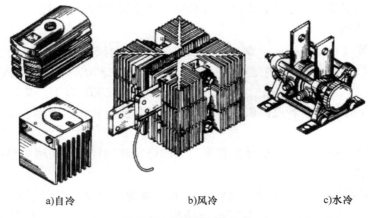

a)自冷　　　　　　　　b)风冷　　　　　　　　c)水冷

图 1-7　晶闸管的散热器

晶闸管的内部结构如图 1-8a 所示，管芯由 $P_1N_1P_2N_2$ 四层半导体组成，形成三个 PN 结（J_1、J_2、J_3）。当管子阳极与阴极加上反向电压时，J_1、J_3 处于反向阻断状态；当加上正向电压时，J_2 处于反向阻断状态，管子仍不导通。若此时门极与阴极间加上正向电流 I_G，晶闸管就会像二极管一样正向导通。由此可见，晶闸管具有单向导电特性，与二极管不同的是，晶闸管具有正向阻断特性，当加上正向阳极电压时，管子还不能导通，必须同时加上门极电压，有足够的门极电流流入后才能使晶闸管正向导通。因此晶闸管具有正向导通的可控特性，这种以电流输入来控制导通的器件称为电流驱动型器件。

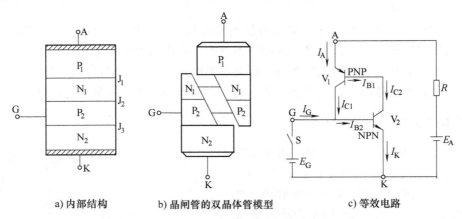

a)内部结构　　　　　b)晶闸管的双晶体管模型　　　　　c)等效电路

图 1-8　晶闸管的内部结构、双晶体管模型与等效电路

晶闸管通入门极电流 I_G 使其导通的过程称为触发，晶闸管一旦触发导通后门极就失去控制作用，这种门极可触发其导通但无法使其关断的器件称为半控型器件。

要使已导通的晶闸管恢复阻断，可降低阳极电源电压或增加阳极回路电阻，使流过管子的阴极电流 I_A 减小，当 I_A 减至一定值（一般为几十毫安）时，I_A 会突然降为零，之后即使再调高电压或减小电阻电流仍不会增大，说明管子已恢复正向阻断；当门极断开时，能维持管子导通所需的最小阳极电流称为维持电流 I_H，因此管子关断的条件是 $I_A < I_H$。

现进一步从内部结构来分析晶闸管的上述特性。晶闸管由四层半导体交替叠成，可等效看成两个晶体管 $V_1(P_1\text{-}N_1\text{-}P_2)$ 与 $V_2(N_1\text{-}P_2\text{-}N_2)$ 的组成，如图 1-8b 所示。

当管子阳极加上正向电压后，要使管子正向导通的关键是使 J_2 结反向失去阻挡作用。从图 1-8c 可见，当 S 打开时，V_1 管的集电极电流 I_{C1} 即为 V_2 管的基极电流 I_{B2}；V_2 管的集电极电流 I_{C2} 又是 V_1 管的基极电流 I_{B1}。当 S 合上时，有足够的门极电流 I_G 流入，通过两管的电流放大立即形成强烈的正反馈，过程如下：

$$I_G \uparrow \rightarrow I_{B2} \uparrow \rightarrow I_{C2}(= \beta_2 I_{B2} \uparrow) = I_{B1} \uparrow \rightarrow I_{C1}(= \beta_1 I_{B1} \uparrow)$$

瞬时使两个晶体管饱和导通，即晶闸管导通。

设 V_1、V_2 管共基极接法的电流放大倍数分别为 α_1、α_2，按照晶体管的工作原理，可列出如下方程：

$$I_{C1} = \alpha_1 I_A + I_{CBO1} \tag{1-4}$$

$$I_{C2} = \alpha_2 I_K + I_{CBO2} \tag{1-5}$$

$$I_K = I_A + I_G \tag{1-6}$$

$$I_A = I_{C1} + I_{C2} \tag{1-7}$$

式中，I_{CBO1} 和 I_{CBO2} 分别是 V_1 和 V_2 管的共基极漏电流。

由式（1-4）~式（1-7）可得

$$I_A = \frac{\alpha_2 I_G + I_{CBO1} + I_{CBO2}}{1 - (\alpha_1 + \alpha_2)} \tag{1-8}$$

由晶体管知识可知，共基极电流放大倍数 α 随发射极电流增大而逐渐增大，当 I_G 增大到一定值时，使两晶体管发射极电流也相应增大，致使 $(\alpha_1 + \alpha_2)$ 增大到接近 1 时，式（1-8）中管子阳极电流 I_A 将急剧增大成为不可控，此时 I_A 值由电源电压 E_A 与负载电阻 R 来决定，由于电源电压 E_A 一般不可以改变，晶闸管的关断由负载电流决定，晶闸管正向导通压降为 1V 左右。由于正反馈的作用，导通的管子即使门极电流降为零或负值，也不能使管子关断，只有设法使管子的阳极电流 I_A 减小到维持电流 I_H 以下，此时 α_1、α_2 也相应减小，导致内部正反馈无法维持时，晶闸管才恢复阻断。

1.3.2　晶闸管的基本特性

1. 静态特征

晶闸管的伏安特性如图 1-9 所示，第 I 象限是正向特性。当 $I_G = 0$ 时晶闸管正向电压 U_A 增大到正向转折电压 U_{BO} 前，器件处于正向阻断状态，其正向漏电流随 U_A 电压增高而逐渐增大，当 U_A 达到 U_{BO} 时管子突然从阻断状态转为导通，这是硬开通；当通入门极电流 I_G 且其足够大时，正向转折电压降至极小，使晶闸管像整流二极管一样，加上正向阳极电压就导通，这种导通称为触发导通。导通后器件的特性与整流二极管正向伏安特性相似。导通后，晶闸管的压降在 1V 左右。当已导通的晶闸管阳极电流 I_A 减小到 I_H（维持电流）时，晶闸管又从导通返回正向阻断，晶闸管只能稳定工作在阻断与导通两个状态。

第 III 象限是反向特性。晶闸管加反向阳极电压时，只流过很小的反向漏电流，当反向电

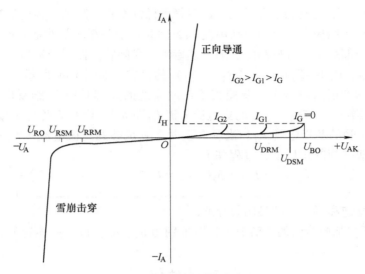

图 1-9　晶闸管的伏安特性

压升高到一定值时，反向漏电流增加较快，会导致晶闸管反向击穿损坏。

综上所述，可得出如下结论：

1）晶闸管承受反向阳极电压时，不论门极是否有触发电流，晶闸管都处于反向阻断状态。

2）晶闸管承受正向阳极电压时，并且门极有触发电流的情况下晶闸管才能导通。这就是晶闸管的闸流特性，即可控特性。

3）晶闸管一旦导通，门极就失去控制作用，不论门极触发电流是否存在，晶闸管都保持导通。即晶闸管导通后，门极失去作用。门极只起触发作用。

4）若要使已导通的晶闸管关断，只能利用外加电压和外电路的作用，使流过晶闸管的电流降到 I_H（维持电流）以下。

如果不加门极触发信号，晶闸管在以下情况下可能导通：①阳极电压很高，达到 U_{BO}；②阳极电压上升率 $\mathrm{d}u/\mathrm{d}t$ 过高；③内部结温过高。只有门极触发才是最精确、有效的控制方法。

根据晶闸管的结构和特性，我们可以从外观判断和用万用表来测量，粗测其好坏。由器件内部的三个 PN 结可知，阳极与阴极间、阳极与门极间的正反向电阻均应在数百千欧以上，门极与阴极间的电阻通常为几十欧（小于几欧或大于几百欧的，一般视为损坏），因器件内部门极与阴极间有旁路电阻，故通常正、反向电阻相差很小。（注意：在测门极与阴极间的电阻时，不能使用万用表的高阻档，以防表内高压电池击穿门极 PN 结。）

2. 动态特性

进行电力电子电路分析时，很多时候都将晶闸管看作理想器件，即认为器件的开通和关断是瞬间完成的。但实际运行时，由于器件内部载流子的变化，使器件的开通和关断需要一定的时间。

晶闸管开通和关断的动态过程中的电流和电压随时间变化的曲线称为晶闸管的动态特性。图 1-10 是晶闸管开通和关断过程的波形。

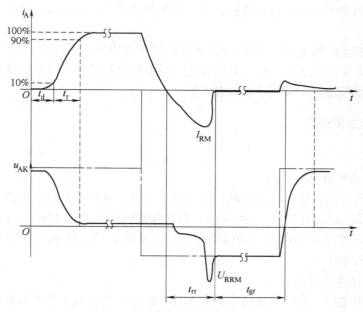

图 1-10　晶闸管的开通和关断过程波形

（1）开通过程

门极在经理想阶跃电流触发后，由于晶闸管内部建立正反馈过程需要时间和外电路电感的影响，其阳极电流的增长和阳极与阴极间两端电压的下降是需要有一个过程的。从门极电流阶跃时刻开始，到阳极电流上升到稳态值的 10%，这段时间称为延迟时间 t_d，与此同时晶闸管的正向压降也在减小。阳极电流从 10% 上升到稳态值的 90% 所需的时间称为上升时间 t_r，晶闸管的开通时间 t_{on} 定义为两者之和，即

$$t_{on} = t_d + t_r \tag{1-9}$$

普通晶闸管延迟时间为 $0.5 \sim 1.5\mu s$，上升时间为 $0.5 \sim 3\mu s$。其延迟时间随门极电流的增大而减小。上升时间除反映晶闸管本身的特性外，还受到外电路电感的影响。延迟时间和上升时间还与阳极电压大小有关。

为保证晶闸管可靠开通，触发脉冲宽度通常在 $20 \sim 50\mu s$。

（2）关断过程

对原来处于导通的晶闸管，当外电路所加电压在突然由正向变为反向时，由于外电路电感的作用，其阳极电流的衰减会有一个过渡过程。从图 1-10 的波形可见，阳极电流将逐步减少到零，在反方向流过反向恢复电流、经过最大值 I_{RM} 后，再减少为零，此时晶闸管恢复阻断能力。在反向恢复电流快速衰减时，由于外电路电感的作用，会在晶闸管两端引起反向的尖峰电压 U_{RRM}。

从正向电流降为零，到反向恢复电流衰减至接近于零的时间，就是晶闸管的反向阻断恢复时间 t_{rr}。反向恢复过程结束后，由于载流子复合过程比较慢，晶闸管要恢复其对正向电压的阻断能力还需一段时间，称为正向阻断恢复时间 t_{gr}。晶闸管的关断时间 t_{off} 定义为 t_{rr} 和 t_{gr} 之和，即

$$t_{off} = t_{rr} + t_{gr} \tag{1-10}$$

普通晶闸管的关断时间为几百微秒。由于晶闸管开通和关断时间的存在，限制了其工作频率的提高。

在正向阻断恢复时间 t_{gr} 内，如果对晶闸管施加正向电压，晶闸管会不受门极电流控制而重新导通。所以实际应用中，应对晶闸管施加足够长时间的反向电压，使晶闸管充分恢复其对正向电压的阻断能力，电路才能可靠工作。

1.3.3 晶闸管的主要参数

1. 电压定额

（1）断态重复峰值电压 U_{DRM}

断态重复峰值电压是在门极断路而结温为额定值时，允许重复加在器件上的正向峰值电压（见图1-9）。国际规定重复频率为50Hz，每次持续时间不超过10ms。规定断态重复峰值电压 U_{DRM} 为断态不重复峰值电压（即断态最大瞬时电压）U_{DRM} 的90%。断态不重复峰值电压应低于正向转折电压 U_{BO}。

（2）反向重复峰值电压 U_{RRM}

反向重复峰值电压是在门极断路而结温为额定值时，允许重复加在器件上的反向峰值电压（见图1-9）。规定反向重复峰值电压 U_{RRM} 为反向峰值电压（即反向最大瞬态电压）U_{RSM} 的90%。反向不重复峰值电压应低于反向击穿电压。

通常取晶闸管的 U_{DRM} 和 U_{RRM} 中较小的标准值作为该器件的额定电压。选用时，额定电压要留有一定裕量，一般额定电压为正常工作时晶闸管所承受的峰值电压的2~3倍。

（3）通态电压 U_{TM}

通态电压是在规定的结温和正向电流条件下，晶闸管的最大通态压降。通态电压 U_{TM} 会影响器件的损耗与发热，应选用通态压降小的器件。

2. 电流定额

（1）通态平均电流 $I_{T(AV)}$

国际规定通态平均电流是在环境温度为40℃和规定的冷却条件下，晶闸管稳定结温不超过额定结温时所允许的最大工频正弦半波电流的平均值。该电流就标称为晶闸管的额定电流参数。

从上面的定义可以看出，晶闸管和其他电气设备一样，限制最大电流的是温度。晶闸管的额定电流是以通态平均电流来标定的，而发热却与器件的电流有效值有关，为此，要根据器件的通态平均电流 $I_{T(AV)}$［见式（1-11）］换算出额定状态下的有效值电流 I［见式（1-12）］

$$I_{T(AV)} = \frac{1}{2\pi}\int_0^\pi I_m \sin\omega t \, d(\omega t) = \frac{I_m}{\pi} \tag{1-11}$$

$$I = \sqrt{\frac{1}{2\pi}\int_0^\pi (I_m \sin\omega t)^2 d(\omega t)} = \frac{I_m}{2} \tag{1-12}$$

则额定状态下的有效值电流与通态平均电流 $I_{T(AV)}$ 的关系为

$$I = 1.57 I_{T(AV)} \tag{1-13}$$

在实际选用时，按照实际波形求出电流的有效值，与晶闸管所允许的最大正弦半波电流

（其平均值即通态平均电流 $I_{T(AV)}$）所造成的发热效应相等（即有效值相等）的原则来选晶闸管的额定电流，并应留一定的裕量。

例如，需要某晶闸管实际承担的某波形电流有效值为 500A，则可选取晶闸管的额定电流 $I_{T(AV)}$（通态平均电流）为

$$I_{T(AV)} = \frac{I}{1.57} = \frac{500}{1.57}A = 318.5A$$

若考虑 1.5~2 倍的裕量，则可选取额定电流为 600A 或 700A 的晶闸管。

（2）维持电流 I_H

维持电流是指使晶闸管维持导通所必需的最小电流，一般为几十到几百毫安。I_H 与结温有关，结温越高，则 I_H 越小。

（3）擎住电流 I_L

擎住电流是指晶闸管刚从断态转入通态并移除触发信号后，能维持晶闸管导通的最小电流。对同一晶闸管来说，通常 I_L 是 I_H 的 2~4 倍。

（4）浪涌电流 I_{TSM}

浪涌电流是指由于电流异常情况引起的并使结温超过额定结温的不重复最大正向过载电流。浪涌电流有上、下两个级，这个参数可作为设计保护电路的依据。

3. 动态参数

除开通时间 t_{gt} 和关断时间 t_q 外，还有以下两个参数：

（1）断态电压临界上升率 du/dt

断态电压临界上升率是指在额定结温和门极开路的情况下，不会导致晶闸管从断态到通态转换的外加电压最大上升率。如果在阻断的晶闸管两端所施加的电压具有正向的上升率，则在阻断状态下相当于在一个电容的 J_2 结会有充电电流流过，被称为位移电流。此电流流经 J_3 结时，会起到类似门极触发电流的作用。

如果电压上升率过大，使充电电流足够大，就会使晶闸管误导通，因此使用中实际电压上升率必须低于此临界值。

（2）通态电流临界上升率 di/dt

通态电流临界上升率是指在规定条件和规定正常的门极驱动下，使晶闸管由阻断到导通过程能承受的最大通态电流上升率。

如果电流上升过快，则晶闸管刚一导通，便会有很大的电流集中在门极附近的小区域内，从而造成局部过热而使晶闸管损坏。

1.3.4　晶闸管的派生器件

1. 快速晶闸管

快速晶闸管（Fast Switching Thyristor, FST）的工作原理和普通晶闸管相同，普通晶闸管的关断时间一般为数百微秒，快速晶闸管的关断时间为数十微秒，而高频晶闸管的关断时间则为 $10\mu s$ 左右，可分别应用于 400Hz 和 40kHz 以上的斩波或逆变电路中。由于对普通晶闸管的管芯结构和制造工艺进行改进，快速晶闸管的开关时间以及 du/dt 和 di/dt 的耐量都有了明显改善。和普通晶闸管相比，高频晶闸管的电压和电流定额容量都较低。由于工作频率较高，选择快速晶闸管和高频晶闸管的通态平均电流时，应考虑其开关消耗的发热效应。

2. 双向晶闸管

双向晶闸管（Triode AC Switch，TRIAC 或 Bidirectional Triode Thyristor）可以认为是一对反并联连接的普通晶闸管的集成，双向晶闸管的图形符号和伏安特性如图 1-11 所示。它有两个主电极 T_1 和 T_2，一个门极 G。门极使器件在主电极的正反两方向均可触发导通，所以双向晶闸管在第 Ⅰ 和第 Ⅲ 象限有对称的伏安特性。双向晶闸管和一对反并联晶闸管相比是比较经济的，而且控制电路比较简单，所以在交流调压电路、固态继电器和交流电动机调速等领域应用较多。

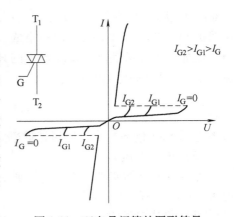

图 1-11 双向晶闸管的图形符号和伏安特性

按照主端极性和门极极性组合，理论上双向晶闸管有 4 种触发方式，即：

$Ⅰ_+$ 触发方式：对应于第 Ⅰ 象限的伏安特性，T_1 相对于 T_2 为正，门极相对于 T_2 为正。

$Ⅰ_-$ 触发方式：对应于第 Ⅰ 象限的伏安特性，T_1 相对于 T_2 为正，门极相对于 T_2 为负。

$Ⅲ_+$ 触发方式：对应于第 Ⅲ 象限的伏安特性，T_1 相对于 T_2 为负，门极相对于 T_2 为正。

$Ⅲ_-$ 触发方式：对应于第 Ⅲ 象限的伏安特性，T_1 相对于 T_2 为负，门极相对于 T_2 为负。

由于双向晶闸管采用 $Ⅲ_+$ 触发方式时灵敏度低，所需门极功率相当大，故实际应用中不采用 $Ⅲ_+$ 触发方式进行触发，所以只能在 （$Ⅰ_+$、$Ⅲ_-$) 和 （$Ⅰ_-$、$Ⅲ_-$) 两个组合中任选一组。若错选 （$Ⅰ_+$、$Ⅲ_+$) 或 （$Ⅰ_-$、$Ⅲ_+$) 触发方式进行触发，就可能导致双向晶闸管不能触发导通而引起电路不能正常工作。

表征双向晶闸管性能的特性参数很多，这里只介绍与应用直接有关的主要技术参数，并着重叙述其与普通晶闸管主要技术参数的不同之处。

（1）额定通态电流

由于双向晶闸管通常用在交流电路中，因此不用平均值而用有效值来表示其额定电流值。

额定通态电流是指在 40℃ 环境温度和标准散热冷却条件下，器件在单相工频导通角不小于 170° 的电阻负载电路中，当结温稳定且不超过额定结温时所允许的最大交流正弦电流有效值，将此通态电流按标准取相应的电流等级作为器件的额定通态电流（额定电流）。实际应用中必须注意双向晶闸管的额定电流 $I_{T(RMS)}$ 和普通晶闸管额定电流 $I_{T(AV)}$ 是有区别的，前者采用有效值，而后者采用平均值，两者的换算关系如下：

$$I_{平均值} = \sqrt{2}I_{有效值}/\pi \approx 0.45I_{有效值} \tag{1-14}$$

由此可知，一个 200A 的双向晶闸管的电流容量相当于两个反并联 90A 的普通晶闸管电流容量。双向晶闸管过载能力也较差，因而其额定电流一般可按实际工作电流的 1.5~2 倍选择。

（2）通态电压降

表示双向晶闸管通态电压降性能的参数有通态平均电压 $U_{T(AV)}$ 和通态峰值电压 U_{TM} 两种。通态平均电压 $U_{T(AV)}$ 是通以额定通态电流时，所对应的主极之间电压降的平均值。双向晶闸管从主端 T_1 到 T_2 方向的压降 U_{T1} 和从主端 T_2 到 T_1 方向的压降 U_{T2} 应满足 | $U_{T1} - U_{T2}$ | ≤

0.5V，即双向晶闸管的正反向平均电压之差不得大于 0.5V。两者差值越大，双向晶闸管的通态伏安特性的对称性越差。通态峰值电压降 U_{TM} 是指双向晶闸管通以 π 倍或数倍额定通态电流时的峰值电压。在选用双向晶闸管时，应尽可能选用 U_{TM} 和 $U_{T(AV)}$ 小些，同时 U_{T1} 和 U_{T2} 的差值小些的双向晶闸管。

（3）断态重复峰值电压

在双向晶闸管伏安特性中，U_{DSM} 称为断态不重复峰值电压。标准规定断态重复峰值电压 U_{DRM} 为断态不重复峰值电压的 90%，并取相应 U_{DRM} 的等级作为双向晶闸管额定电压。实际应用时与晶闸管一样，电路外加瞬时峰值电压不能超过断态不重复峰值电压。在选用双向晶闸管额定电压时，应按实际工作最大电压的 2.0~2.5 倍选用。

（4）门极触发电流和触发电压

在室温、主电压为直流 12V 时，用直流电源对门极进行触发的条件下，使双向晶闸管全导通的最小门极电流与门极电压分别称为门极触发电流（I_{GT}）和门极触发电压（U_{GT}）。双向晶闸管有 4 种触发方式，由于 Ⅲ₊ 触发方式所需触发功率很大，故实际应用中不采用，目前双向晶闸管在出厂合格证上只给出 Ⅰ₊、Ⅰ₋、Ⅲ₋ 3 组触发参数。

（5）断态电压临界上升率 du/dt

断态电压临界上升率 du/dt 是指双向晶闸管在门极开路和额定结温时，外加电压为 $2/3U_{DRM}$，重复频率 $f \leqslant 50Hz$ 的条件下，在双向晶闸管上的电压由 U_{DRM} 的 10% 上升到 90% 期间，双向晶闸管上电压的变化值与变化所经历时间的比值。选用双向晶闸管时，断态电压临界上升率 du/dt 是一个重要的技术参数，应尽能选择 du/dt 参数高一些的双向晶闸管，一般 du/dt 应大于 500V/μs。

（6）换向电压临界上升率 $(du/dt)_c$ 和换向电流临界下降率 $(di/dt)_c$

双向晶闸管的换向性能可用换向电压临界上升率 $(du/dt)_c$ 和换向电流临界下降率 $(di/dt)_c$ 表示。$(du/dt)_c$ 和 $(di/dt)_c$ 的数值越大，表示双向晶闸管换向性能越好。在选用双向晶闸管时，这两个参数亦是重要的技术参数。

3. 逆导晶闸管

逆导晶闸管（Reverse Conducting Thyristor，RCT）是将普通晶闸管和反并联的二极管制作在同一管芯上的功率集成器件，这种器件不具有承受反向电压的能力，一旦承受反向电压，反并联的二极管就导通。逆导晶闸管的图形符号和伏安特性如图 1-12 所示。由于逆导晶闸管不同于普通晶闸管的特殊结构，其具有耐高压、通态电压低、关断时间短、高温特性好和额定结温高等优良性能，可用于不需要阻断反向电压的电路中。

4. 光控晶闸管

光控晶闸管（Light Triggered Thyristor，LTT）又称光触发晶闸管，是利用一定波长的光照信号触发导通的晶闸管，光控晶闸管的图形符号和伏安特性如图 1-13 所示。光照强度不同，其转折电压也不同，转折电压随光照强度的增加而降低。

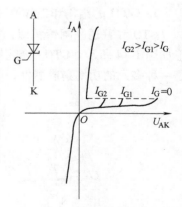

图 1-12　逆导晶闸管的
图形符号和伏安特性

小功率光控晶闸管只有阳极和阴极两个端子，大功率光控晶闸管则还带有光缆，光缆上装有作为触发光源的发光二极管或半导体激光器。由于采用光触发保证了主电路与控制电路之间的绝缘，而且可以避免电磁干扰的影响，因此光控晶闸管目前在高压大功率的场合，如高压直流输电和高压核聚变装置中，有着极其广泛的应用。

自20世纪80年代以来，晶闸管的地位开始被各种性能更好的全控型器件

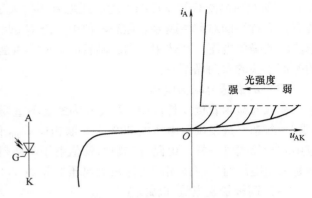

图 1-13　光控晶闸管的图形符号和伏安特性

所取代，但是由于其所能承受的电压和电流容量仍然是目前电力电子器件中最高的，而且工作可靠，因此在大容量的应用场合仍然具有比较重要的地位。

1.4　全控型电力电子器件

20世纪80年代以来，高频化、全控型、采用集成电路制造工艺的电力电子器件的出现，将电力电子技术带入了一个崭新的时代。本节将介绍的门极关断晶闸管、电力晶体管、电力场效应晶体管和绝缘栅双极型晶体管是全控型电力电子器件的典型代表。

1.4.1　门极关断晶闸管

门极关断晶闸管（Gate Turn-Off Thyristor）简称GTO，是一种通过在门极施加脉冲电流使其导通和关断的器件，因而属于电流驱动型全控型器件。GTO是目前应用于高压、大容量场合中的一种大功率开关器件。

1. GTO 的结构和工作原理

GTO 和普通晶闸管相似，为 PNPN 四层三端半导体器件。GTO 的结构、图形符号和外形如图 1-14 所示。GTO 外部引出的三个极分别是阴极（K）、阳极（A）和门极（G）。GTO 是一种多元的功率集成器件，内部包含数十个甚至数百个共阳极的小 GTO 元，这些 GTO 元

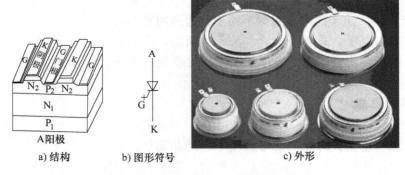

　　a) 结构　　　　　b) 图形符号　　　　　　c) 外形

图 1-14　GTO 的结构、图形符号和外形

的阴极和门极在器件内部并联在一起。多元集成结构使每个 GTO 元的阴极面积很小，门极和阴极间的距离大为缩短，使得 P_2 基极的横向电阻很小，从而使门极抽出较大的电流成为可能，以实现门极控制关断的目的。

GTO 的工作原理仍然可以用图 1-8 所示的双晶体管模型来分析。与普通晶闸管一样，由 $P_1N_1P_2$ 和 $N_1P_2N_2$ 构成的两个晶体管 V_1、V_2 分别具有共基极电流增益 α_1 和 α_2。与普通晶闸管不同，GTO 导通时的 $\alpha_1 + \alpha_2$ 更接近于 1。普通晶闸管设计为 $\alpha_1 + \alpha_2 \geqslant 1.15$，而 GTO 设计为 $\alpha_1 + \alpha_2 \approx 1.05$，这样使 GTO 导通时处于临界饱和程度状态，从而为门极控制关断提供了有利条件。由于 GTO 导通时处于临界饱和程度状态，使 GTO 导通时管压降增大。

GTO 关断等效电路如图 1-15 所示，给门极加负电压 E_G，晶体管 V_1 的集电极电流 I_{C1} 被抽出，即从门极抽出电流，使晶体管 V_2 的基极电流 I_{B2} 减小，使 I_K 和 I_{C2} 减小，I_{C2} 的减小引起 I_A 和 I_{C1} 进一步减小。如此循环，当两个晶体管发射极电流 I_A 和 I_K 的减小使 $\alpha_1 + \alpha_2 < 1$ 时，器件很快退出饱和而关断。

GTO 的多元集成结构除了对关断有利外，也使得其比普通晶闸管开通过程更快，承受 di/dt 的能力更强。

图 1-16 给出了 GTO 开通和关断过程中门极电流 i_G 和阳极电流 i_A 的波形。开通过程中需要经过延迟时间 t_d 和上升时间 t_r。关断过程需要经历抽取饱和导通时所储存的大量载流子的时间——储存时间 t_s，从而使晶体管退出饱和状态，然后则是等效晶体管从饱和区退至放大区，阳极电流逐渐减小时间——下降时间 t_f，最后还有残存载流子复合时间——尾部时间 t_t。

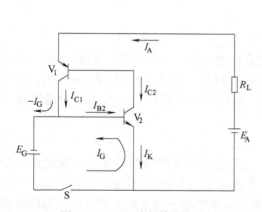

图 1-15　GTO 关断等效电路

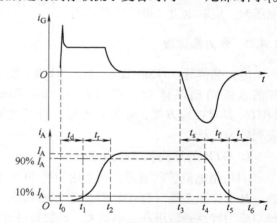

图 1-16　GTO 开通和关断过程的电流波形

通常 t_f 比 t_s 小得多，而 t_t 比 t_s 要长。门极负脉冲电流幅值越大，前沿越陡，抽走储存载流子的速度越快，t_s 就越短。在尾部时间 t_t 内仍有残存的载流子被抽出，但阳极电压已经建立，此时过高的 du/dt 会使 GTO 重新导通，导致关断失败。为了保证 GTO 可靠关断，在 t_t 阶段保持适当的负电压。

2. GTO 的主要参数

GTO 的很多参数都和普通晶闸管相应的参数意义相同。这里只简单介绍一些意义不同的参数。

（1）最大可关断阳极电流 I_{ATO}

这也是用来标称 GTO 额定电流的参数。这一点与晶闸管用通态平均电流作为额定电流是不同的。

GTO 的阳极电流受两个条件限制：一是发热限制，即器件的额定工作结温决定的通态平均电流值；二是关断失败，虽然没有超过热的限制，但较大的电流会使器件饱和导通的程度加深，导致门极关断失败。因此采用最大可关断阳极电流 I_{ATO} 作为其额定电流。

（2）电流关断增益 β_{off}

最大可关断阳极电流 I_{ATO} 与门极负脉冲电流最大值 I_{GM} 之比称为电流关断增益，即

$$\beta_{off} = \frac{I_{ATO}}{|I_{GM}|} \tag{1-15}$$

β_{off} 一般很小，只有 5 左右，这是 GTO 的一个主要缺点。一个 500A 的 GTO，关断时门极负脉冲电流的峰值可达 100A，这是一个相当大的数值。GTO 的门极关断负脉冲电压不高，电流却很大，对驱动电路的设计要求较高。

（3）开通时间 t_{on}

开通时间由延迟时间 t_d 与上升时间 t_r 组成。GTO 的延迟时间一般为 $1 \sim 2\mu s$，上升时间则随阳极电流值的增大而增大。

（4）关断时间 t_{off}

关断时间一般指储存时间 t_s 和下降时间 t_f 之和，而不包含尾部时间。GTO 的储存时间随阳极电流的增大而增大，下降时间一般小于 $2\mu s$。

另外需要指出的是，不少 GTO 都制造成逆导型，类似于逆导晶闸管。当需要承受反向电压时，应和电力二极管串联使用。

1.4.2 电力晶体管

电力晶体管（Giant Transistor，GTR）按英文直译为巨型晶体管，是一种耐高压、大电流的双极结型晶体管（Bipolar Junction Transistor，BJT），所以也称为 Power BJT。GTR（BJT）具有控制方便、开关时间短、通态电压低、高频特性好等特点，在中小容量系统中应用较为广泛。

1. GTR 的结构和工作原理

GTR 是电流控制型器件，常用的是 NPN 型，与普通的双极结型晶体管工作原理是一样的，其工作在正偏（$I_B > 0$）时处于导通状态，工作在反偏（$I_B < 0$）时处于截止状态。GTR 最主要的特性是耐压高、电流大、开关特性好，而小功率的用于信息处理的双极结型晶体管重视单管电流放大系数、线性度、频率响应以及噪声和温漂等性能参数。

GTR 通常采用至少由两个晶体管按达林顿接法组成的单元结构，同 GTO 一样，它采用的集成电路是由三层半导体（分别引出集电极、基极和发射极）形成的两个 PN 结（集电结和发射结）构成，多采用 NPN 结构。图 1-17 分别给出了 NPN 型 GTR 的结构、原理图和图形符号。注意，表示半导体类型字母的右上角标 "+" 表示高掺杂浓度，"-" 表示低掺杂浓度。

为了承受高电压、大电流，GTR 不仅尺寸要随容量的增大而增大，其内部结构、外形也与普通双极结型晶体管有所不同。从图 1-17a 可以看出，与信息电子电路中的普通双极结型晶体管相比，GTR 多了一个 N^- 漂移区（低掺杂 N 区），是用来承受高电压的，采用至少由两个晶体管按达林顿接法组成的单元结构来提高电流容量。图 1-18a 和图 1-18b 分别为

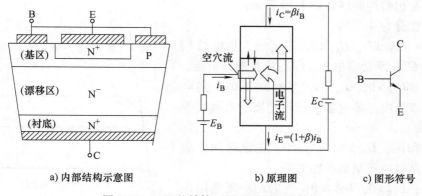

a) 内部结构示意图　　　　b) 原理图　　　　c) 图形符号

图 1-17　GTR 的结构、原理图和图形符号

NPN 型和 PNP 型达林顿结构，图 1-18c 为由两个三级达林顿 GTR 及其辅助元件构成的单臂桥式模块电路。

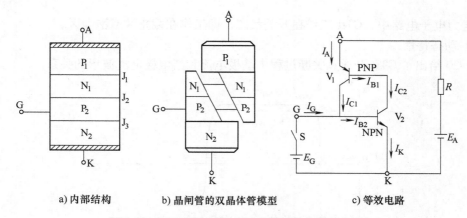

a) 内部结构　　　　b) 晶闸管的双晶体管模型　　　　c) 等效电路

图 1-18　NPN 型、PNP 型达林顿结构和模块电路

在应用中，GTR 一般采用共射极接法，如图 1-17b 所示，集电极电流 i_C 与基极电流 i_B 之比为

$$\beta = \frac{i_C}{i_B} \tag{1-16}$$

β 称为 GTR 的电流放大系数，它反映了基极电流对集电极电流的控制能力。当考虑到集电极和发射极间的漏电流 I_{CEO} 时，I_C 和 I_B 的关系为

$$i_C = \beta i_B + I_{CEO} \tag{1-17}$$

GTR 的产品说明书中通常给出的是直流电流增益 h_{FE}，它是在直流工作的情况下，集电极电流与基极电流之比。一般可认为 $\beta \approx h_{FE}$。单管 GTR 的 β 值比处理信息用的小功率晶体管小得多，通常为 10 左右，采用达林顿接法可以有效地增大电流增益。

2. GTR 的基本特性

（1）静态特性

在 GTR 的静态特性中，主要分析集电极输出特性，即集电极伏安特性 $U_{CE} = f(I_C)$，共射极电路的输出特性曲线如图 1-19 所示。

输出特性分为 4 个区：

截止区：$U_{CE} \leqslant 0$，$U_{BC} < 0$，发射结、集电结均反偏。此时 GTR 承受高电压，仅有极少的漏电流。

放大区：$U_{CE} > 0$，$U_{BC} < 0$，发射结正偏、集电结反偏。在该区内，集电极电流与基极电流呈线性关系。

临界饱和区：$U_{CE} > 0$，$U_{BC} < 0$，在该区内，集电极电流与基极电流呈非线性关系。

饱和区：$U_{CE} > 0$，$U_{BC} \geqslant 0$，发射结、集电结正偏。此时，基极电流 I_B 变化，I_C 不再变化，通态电压最小，此时集射极和发射极间的电压称为饱和压降，用 U_{CES} 表示，它的大小决定器件开关时功耗的大小。

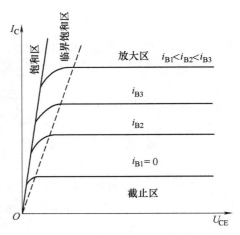

图 1-19 GTR 共射极电路的输出特性曲线

在电力电子电路中，GTR 工作在开关状态，即工作在截止区或饱和区。

（2）动态特性

图 1-20 给出了 GTR 开通和关断过程中基极电流和集电极电流波形的关系。

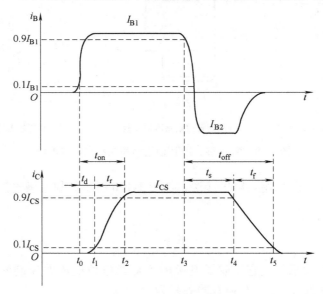

图 1-20 GTR 的动态特性曲线

GTR 由关断状态过渡到开通状态所需要的时间称为开通时间 t_{on}，开通时需要经过延迟时间 t_d 和上升时间 t_r；关断时需要经过储存时间 t_s 和下降时间 t_f，二者之和为关断时间 t_{off}。

延迟时间 t_d 主要是由结电容充电产生的。增大基极驱动电流 i_B 的增幅并增大 di_B/dt，可以缩短延迟时间，同时也可以缩短上升时间，从而加快开通过程。储存时间 t_s 用于抽去基区过剩的载流子，是关断时间的主要部分。减小导通时的饱和深度可以减小储存的速度。当然，减小导通时的饱和深度会使集电极和发射极间的饱和导通压降 U_{CES} 增加，从而增大通态消耗。下降时间 t_f 为结电容放电时间。

GTR 的开通时间 t_{on} 一般为 $0.5 \sim 3\mu s$，关断时间 t_{off} 比 t_{on} 长，其中储存时间 t_s 为 $3 \sim 8\mu s$，t_f 约 $1\mu s$。GTR 的容量越大，开关时间越长。但比晶闸管和 GTO 短得多。

3. GTR 的主要参数

除了前面述及的电流放大倍数 β、直流电流增益 h、集电极与发射极间漏电流 I_{CES}、集电极和发射极间饱和压降 U_{CES}、开通时间 t_{on} 和关断时间 t_{off} 以外，GTR 主要的参数还包括：

（1）最高工作电压

GTR 上所加的电压超过规定值时，就会发生击穿。最高工作电压是指击穿电压。击穿电压不仅和器件本身的特性有关，而且还与外电路的接法有关。图 1-21 为晶体管不同的接线方式，相应的击穿电压分别表示为 BU_{CBO}、BU_{CEO}、BU_{CES}、BU_{CER} 和 BU_{CEX}。这些击穿电压之间的关系是：

$$BU_{CBO} > BU_{CEX} > BU_{CES} > BU_{CER} > BU_{CEO} \tag{1-18}$$

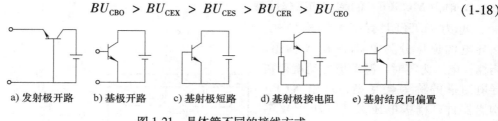

a) 发射极开路　　b) 基极开路　　c) 基射极短路　　d) 基射极接电阻　　e) 基射结反向偏置

图 1-21　晶体管不同的接线方式

实际使用 GTR 时，为了确保安全，最高工作电压 U_M 要低于 BU_{CEO}。一般取：

$$U_M = \left(\frac{1}{3} \sim \frac{1}{2} \right) BU_{CEO} \tag{1-19}$$

（2）集电极最大允许电流 I_{CM}

GTR 的大电流效应会使 GTR 的电气性能变差，通常规定直流电流放大系数 h_{FE} 下降到规定值的 $1/2 \sim 1/3$，所对应的 I_C 为集电极最大允许电流。实际使用时必须留有裕量，通常 I_C 只能用到 I_{CM} 的一半左右。

（3）集电极最大消耗功率 P_{CM}

最大消耗功率 P_{CM} 指在最高工作温度下允许的消耗功率。

4. GTR 的二次击穿现象与安全工作区

二次击穿是 GTR 突然损坏的主要原因，已成为影响 GTR 可靠使用的一个重要因素。

当 GTR 的集电极电压 U_{CE} 升高至击穿电压时，集电极电流 I_C 迅速增大，出现的击穿是雪崩击穿，被称为一次击穿。此时电路中如有电阻限制电流增长，一般不会使 GTR 工作特性变坏。但如果不加限制地让电流 I_C 继续增加，I_C 增大到某个临界点时会突然急剧上升，同时伴随着电压的陡然下降，出现负阻效应，导致破坏性的 GTR 二次击穿。

导致 GTR 二次击穿的因素很多。为了保证 GTR 可靠工作，设置了 GTR 的安全工作区。

GTR 在工作时不能超过最高工作电压 U_{CEM}、集电极最大电流 I_{CM}、最大耗散功率 P_{CM} 及二次击穿临界线 P_{SB}。这些限制条件就规定了 GTR 的安全工作区（Safe Operating Area，SOA），如图 1-22 的阴影区所示。

目前门极关断晶闸管 GTO 和电力晶体管 GTR 已逐渐被性能更优越的电力场效应晶体管

和绝缘栅双极型晶体管所取代。

1.4.3　电力场效应晶体管

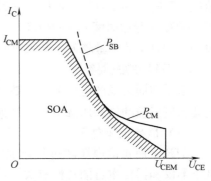

图 1-22　GTR 的安全工作区

电力场效应晶体管（Power Metal Oxide Semiconductor Field Effect Transistor）简称电力 MOSFET（Power MOSFET），它是一种单极型电压控制器件。它具有自关断能力，且输入阻抗高、驱动功率小、开关速度快，工作频率可达 1MHz，不存在二次击穿问题，安全工作区宽。但其电压和电流容量较小，目前一般电力 MOSFET 产品设计的耐压能力都在 1000V 以下，故其在高频中小功率电力电子装置中得到广泛应用。

1. 电力 MOSFET 的结构和工作原理

电力 MOSFET 有多种结构型式，按导电沟道可分为 P 沟道和 N 沟道。当栅极电压为零时，漏源极之间就存在导电沟道的称为耗尽型；对于 N（P）沟道器件，栅极电压大于（小于）零时，才存在导电沟道的称为增强型。电力 MOSFET 主要采用 N 沟道增强型结构。图 1-23a 给出了 N 沟道增强型 VD-MOS 中一个单元的截面图；电力 MOSFET 的图形符号如图 1-23b 所示。

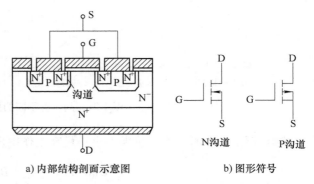

a) 内部结构剖面示意图　　　　b) 图形符号

图 1-23　电力 MOSFET 的结构和图形符号

电力 MOSFET 有 3 个引脚：漏极 D、源极 S 和栅极 G。

电力 MOSFET 也是多元集成结构，一个器件由许多个小 MOSFET 元组成。目前电力 MOSFET 大都采用了垂直导电结构，所以又称为 VMOSFET（Vertical MOSFET），这大大提高了 MOSFET 器件的耐压和耐电流能力。按垂直导电结构的差异，电力 MOSFET 又分为利用 V 形槽实现垂直导电的 VVMOSFET（Vertical V-groove MOSFET）和具有垂直导电双扩散 MOS 结构的 VDMOSFET（Vertical Double-diffused MOSFET）。这里主要以 VDMOS 器件为例进行讨论。

对于 N 沟道增强型电力 MOSFET，当栅源极加正向电压（$U_{GS}>0$）时，MOSFET 内沟道出现，形成漏极到源极的电流 I_D，器件导通；反之，当栅源极加反向电压（$U_{GS}<0$）时，沟道消失，器件关断。

2. 电力 MOSFET 的基本特性

（1）静态特性

电力 MOSFET 的静态特性主要指 MOSFET 的转移特性和漏极伏安特性。

转移特性是在一定的漏源电压 U_{DS} 下，电力 MOSFET 的漏极电流 I_D 和栅源电压 U_{GS} 的关系曲线，如图 1-24a 所示。该特性反映电力 MOSFET 的栅源电压 U_{GS} 对漏极电流 I_D 的控制能力。从图中可知，I_D 较大时，I_D 与 U_{GS} 的关系近似呈线性，曲线的斜率被定义为 MOSFET 的跨导 G_{fs}，即

$$G_{fs} = \frac{dI_D}{dU_{GS}} \tag{1-20}$$

跨导 G_{fs} 表示 MOSFET 的放大能力，单位为西门子（S）。由图 1-24a 可见，只有当 $U_{GS}>$ $U_{GS(th)}$ 时，器件才导通，$U_{GS(th)}$ 称为开启电压。MOSFET 是电压控制型器件，其输入阻抗极高，输入电流非常小。

图 1-24b 是 MOSFET 的漏极伏安特性，即输出特性。从图中可以看到输出特性包括 3 个区：非饱和区 Ⅰ（对应于 GTR 的饱和区）、饱和区 Ⅱ（对应于 GTR 的放大区）、截止区 Ⅲ（对应于 GTR 的截止区）、雪崩区 Ⅳ。这里饱和与非饱和的概念与 GTR 不同。饱和是指漏源电压增加时漏极电流几乎不变，非饱和是指漏源电压增加时漏极电流相应增加。电力 MOSFET 工作在开关状态，即在截止区和非饱和区之间来回转换。

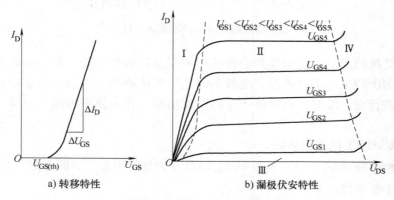

a) 转移特性　　　　　　　　b) 漏极伏安特性

图 1-24　电力 MOSFET 的转移特性和伏安特性

由于电力 MOSFET 本身结构所致，在其漏极和源极之间由 P 区、N^- 漂移区和 N^+ 区寄生了一个与 MOSFET 反向并联的二极管。该寄生二极管与 MOSFET 构成了一个不可分割的整体，使得在漏、源极间加反向电压时器件导通。因此，在使用时若必须承受反向电压，则 MOSFET 电路中应串入快速二极管。

（2）动态特性

电力 MOSFET 是一个近似理想的开关，具有很高的增益和极快的开关速度。这是由于它是单极型器件，依靠多数载流子导电，没有少数载流子的存储效应，与关断时间相联系的存储时间大大减少。它的开通、关断只受到极间电容的影响，和极间电容的充放电有关。

下面用图 1-25a 所示电路来测试电力 MOSFET 的开关特性。图中 u_p 为矩形脉冲电压信号源（波形见图 1-25b），R_S 为信号源内阻，R_G 为栅极电阻，R_L 为漏极负载电阻，R_F 为源极电阻。

电力 MOSFET 的开关波形如图 1-25b 所示，电力 MOSFET 的开通时间 t_{on} 可以定义为开通延迟时间 $t_{d(on)}$ 与电流上升时间 t_r 之和，即

$$t_{on} = t_{d(on)} + t_r \tag{1-21}$$

关断延迟时间 $t_{d(off)}$ 与电流下降时间 t_f 之和定义为 MOSFET 的关断时间 t_{off}，即

$$t_{off} = t_{d(off)} + t_f \tag{1-22}$$

通常 MOSFET 的开关时间在 10～100ns 之间，其工作频率可达 100kHz 以上，是主要电

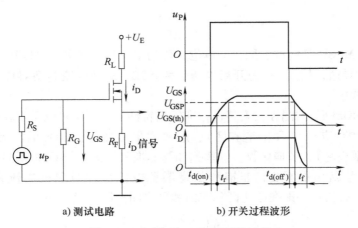

a) 测试电路　　　　　b) 开关过程波形

图 1-25　电力 MOSFET 的开关过程

力电子器件中最高的。而双极型器件的开关时间则是以微秒计算，甚至达到几十微秒。此外，虽然电力 MOSFET 是场控器件，在静态时几乎不需要输入电流，但是在开关过程中需要对输入电容进行充、放电，仍需要一定的驱动功率。开关频率越高，所需的驱动功率越大。

3. 电力 MOSFET 的主要参数

除前面介绍的跨导 G_{fs}、开启电压 $U_{GS(th)}$ 以及开关过程中的各时间参数之外，电力 MOS-FET 还有以下主要参数：

（1）通态电阻 R_{on}

通态电阻 R_{on} 是指在确定的栅源电压 U_{GS} 下，电力 MOSFET 由非饱和区进入饱和区时的漏源极间的直流电阻。通态电阻 R_{on} 具有正温度系数，这对器件并联时的均流有利。

（2）漏极击穿电压 U_{DS}

漏极击穿电压 U_{DS} 是电力 MOSFET 承受的最高电压，标称为电力 MOSFET 电压定额的参数。通常选用 U_{DS} 为实际工作电压的 2~3 倍。

（3）漏极直流电流 I_D 和漏极脉冲电流幅值 I_{DM}

漏极直流电流 I_D 和漏极脉冲电流幅值 I_{DM} 是标称电力 MOSFET 电流定额的参数。这两个电流参数受器件工作温度的限制。

（4）栅源电压 U_{GS}

栅源之间的绝缘层很薄，栅源电压过高将导致绝缘层击穿，其极限值为 ±20V。

（5）极间电容

MOSFET 的 3 个电极之间分别寄生着极间电容 C_{GS}、C_{GD} 和 C_{DS}。一般生产厂家提供的是漏源极短路时的输入电容 C_{iss}、共源极输出电容 C_{oss} 和反向转移电容 C_{rss}。它们之间的关系是：

$$C_{iss} = C_{GS} + C_{GD} \tag{1-23}$$

$$C_{rss} = C_{GD} \tag{1-24}$$

$$C_{oss} = C_{DS} + C_{GD} \tag{1-25}$$

前面提到的输入电容可以近似用 C_{iss} 代替，这些电容都是非线性的。

4. 电力 MOSFET 的安全工作区

电力 MOSFET 安全工作区如图 1-26 所示，它由 4 条边界极限包围：漏源通态电阻（Ⅰ）、漏极最大允许电流（Ⅱ）、漏源间的耐压（Ⅲ）和最大耗散功率（Ⅳ）决定了电力 MOSFET 的安全工作区。一般来说，电力 MOSFET 不存在二次击穿问题，但实际使用中，仍应注意留适当的裕量。图 1-26 还标出了直流（DC）和脉宽分别为 10ms 及 1ms 3 种情况的安全工作区。

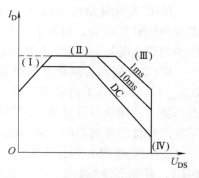

图 1-26　电力 MOSFET 安全工作区

1.4.4　绝缘栅双极型晶体管

双极型电流驱动器件如 GTR 和 GTO，其耐压和通流能力很强，但开关速度较慢，所需驱动功率大，驱动电路复杂。而单极型电压驱动器件如电力 MOSFET，开关速度快，输入阻抗高，热稳定性好，所需驱动功率小而且驱动电路简单。将这两类器件相互取长补短适当结合而成的复合器件，通常称为 Bi-MOS 器件。在 20 世纪 80 年代末研制并生产的绝缘栅双极型晶体管（Insulated-Gate Bipolar Transistor，IGBT 或 IGT）就属于这一类复合型器件。它集 GTR 和 MOSFET 的优点于一身，因而具有输入阻抗高、电压驱动型、驱动功率小、由饱和压降造成的导通损耗和开关损耗低、电流电压容量大和安全工作区宽等优点。IGBT 的耐压范围为 600~6500V，IGBT 模块最大电流可以达到 3600A。

目前 IGBT 已逐步取代了原来 GTR 和 GTO 的市场，成为中、大功率电力电子设备的主导器件。

1. IGBT 的结构和工作原理

IGBT 是三端器件，3 个极分别是栅极 G、集电极 C 和发射极 E。图 1-27a 给出了一种由 N 沟道 VDMOSFET 与双极型晶体管组合而成的 IGBT 的基本结构。与图 1-23a 对照可以看出，IGBT 比 VDMOSFET 多一层 P^+ 注入区，因而形成了一个大面积的 P^+N 结 J_1。因此 IGBT 导通时由 P^+ 注入区向 N^- 漂移区发射少子，从而实现对漂移区电导率进行调制，使得 IGBT 具有很强的通流能力，解决了在电力 MOSFET 中无法解决的高耐压与低通态电阻之间的矛盾。

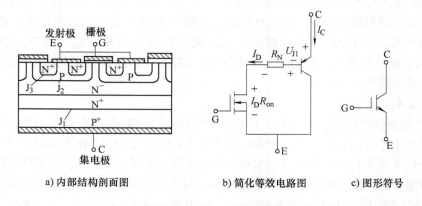

a) 内部结构剖面图　　　　　b) 简化等效电路图　　　　c) 图形符号

图 1-27　IGBT 的基本结构、等效电路和图形符号

IGBT 简化等效电路如图 1-27b 所示，由图可以看出，这是用双极型晶体管与 MOSFET 组成的达林顿结构，相当于一个由 MOSFET 驱动的厚基区 PNP 晶体管。图中 R_N 为晶体管基区内的调制电阻。因此，IGBT 的驱动原理与电力 MOSFET 基本相同，是一种场控器件。

IGBT 开通和关断是由栅极和发射极间的电压 u_{GE} 决定的，当 u_{GE} 为正且大于开启电压 $U_{GE(th)}$ 时，MOSFET 内形成沟道，并为晶体管提供基极电流而使 IGBT 导通并具有很小的通态压降。当栅极与发射极间施加反向电压或不加信号时，MOSFET 内的沟道消失，PNP 型晶体管的基极电流被切断，使得 IGBT 关断。

以上所述 PNP 型晶体管与 N 沟道 MOSFET 组合而成的 IGBT 称为 N 沟道 IGBT，记为 N-IGBT，其图形符号如图 1-27c 所示。相应的还有 P 沟道 IGBT，记为 P-IGBT，其图形符号与图 1-27c 箭头相反。由于 N 沟道 IGBT 应用较多，因此下面以其为例进行介绍。

2. IGBT 的基本特性

（1）静态特性

IGBT 的静态特性包括转移特性和输出特性。

IGBT 的转移特性是描述集电极电流 I_C 与栅射电压 U_{GE} 之间的关系，如图 1-28a 所示。此特性与电力 MOSFET 的转移特性相似。当栅源电压 U_{GE} 小于阈值电压 $U_{GE(th)}$ 时，IGBT 处于关断状态。

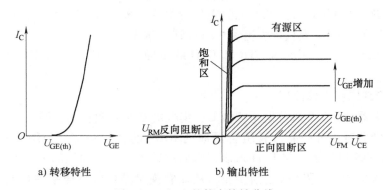

图 1-28　IGBT 的静态特性曲线

图 1-28b 所示为 IGBT 的输出特性，即伏安特性，它描述的是以栅射电压为参考变量时，集电极电流 I_C 与集射极电压 U_{CE} 之间的关系。IGBT 的输出特性分为 3 个区域：正向阻断区、有源区和饱和区，分别和 GTR 的截止区、放大区和饱和区相对应。此外，当 $u_{CE} < 0$ 时，IGBT 为反向阻断工作状态。在电力电子电路中，IGBT 工作在开关状态，是在正向阻断区和饱和区之间来回转换。

（2）动态特性

IGBT 的动态特性也称开关特性，如图 1-29 所示。IGBT 的开通时间 t_{on} 由开通延时时间 $t_{d(on)}$ 和电流上升时间 t_r 组成。通常开通时间为 0.5 ~ 1.2μs。IGBT 在开通过程中大部分时间是作为 MOSFET 来运行的，只在集射极电压 U_{CE} 下降过程的后期（t_{fv2}），PNP 型晶体管才由放大区转到饱和区，因而增加了一段延缓时间，因此集射极电压 U_{CE} 波形分成两段 t_{fv1} 和 t_{fv2}。

IGBT 的关断时间 t_{off} 由关断延时时间 $t_{d(off)}$ 和电流下降时间 t_f 组成，在 t_f 内，集电极电流分为两段 t_{fi1} 和 t_{fi2}。t_{fi1} 对应 IGBT 内部的 MOSFET 的关断过程，t_{fi2} 对应 IGBT 内部的 PNP 型晶

体管的关断过程，由于 MOSFET 关断后，PNP 型晶体管中的存储电荷难以消除，所以这段时间内 i_C 下降较慢，造成集电极电流较长的尾部时间。通常关断时间为 $0.55\sim1.5\mu s$。

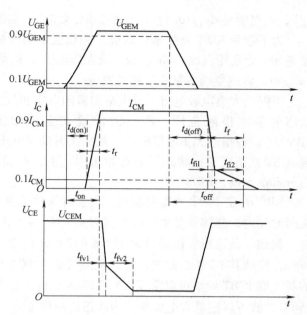

应该指出，同电力 MOSFET 一样，IGBT 的开关速度受其栅极驱动电路内阻的影响，其开关过程波形会受到主电路结构、控制方式、缓冲电路以及主电路寄生参数等条件影响，应该在设计实际电路时加以注意。

图 1-29　IGBT 的动态特性

3. IGBT 的主要参数

除了前面提到的各参数之外，IGBT 的主要参数还包括：

（1）集电极-发射极电压 U_{CES}

U_{CES} 是栅极-发射极短路时，器件集电极-发射极电压能承受的最高电压，具有正温度系数。

（2）栅极-发射极阈值电压 $U_{GE(th)}$

$U_{GE(th)}$ 是 IGBT 导通所需的最低栅射极电压。$U_{GE(th)}$ 随温度升高而略下降，温度每升高 $1°C$，其值下降 $5mV$ 左右。在 $+25°C$ 时，$U_{GE(th)}$ 的值一般为 $2\sim6V$。

（3）最大集电极电流

包括集电极连续电流 I_C 和集电极重复峰值电流最大值 I_{CP}，其是在规定脉冲持续时间和占空比条件下，多个矩形脉冲的最大值。由于 IGBT 大多工作在开关状态，因而 I_{CP} 更具有实际意义。选择 IGBT 时，应根据实际情况考虑裕量。

（4）总耗散功率 P_{CM}

在规定的管壳温度 $T_C=25°C$ 下允许的最大耗散功率，随着芯片技术和封装技术的进步，IGBT 最高结温可达 $175°C$，如英飞凌的第四代 IGBT，其允许的总耗散功率比上一代产品高，即功率密度大大提高。

4. IGBT 的擎住效应和安全工作区

从图 1-27a 所示的 IGBT 结构可以发现，在 IGBT 内部寄生着一个 N^-PN^+ 晶体管和作为主开关器件的 P^+N^-P 晶体管组成的寄生晶闸管，如图 1-30 所示。R_{br} 是 NPN 型晶体管的基极与发射极之间的体区短路电阻。当 IGBT 的集电极电流 I_C 增大到一定程度时，寄生的 NPN 型晶体管发射结正向导通，使 NPN 和 PNP 型晶体管同时处于饱和导通状态，造成寄生晶闸管开通效应，导致 IGBT 栅极失去对集电极电流的控制作用，这就称为擎住效应或自锁效应。引发擎住效应的原因，可能是集电极电流过大（静态擎住效

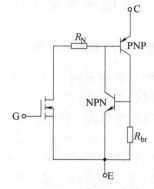

图 1-30　IGBT 实际等效电路模型

应），也可能是 du_{CE}/dt 过大（动态擎住效应），温度升高也会加重发生擎住效应的危险。

为了避免 IGBT 发生擎住效应，必须规定集电极电流的最大值。在 IGBT 关断时，给栅极施加一定反压以减小 du_{CE}/dt，或在集电极 C 和发射极 E 两端并联小电容，减小关断时的 du_{CE}/dt，以避免动态擎住效应的发生。

根据最大集电极电流、最大集射极间电压和最大集电极功耗可以确定 IGBT 在导通工作状态的参数极限范围，即正向偏置安全工作区（Forward Biased Safe Operating Area，FBSOA）；根据最大集电极电流、最大集射极间电压和最大允许电压上升率 du_{CE}/dt，可以确定 IGBT 在阻断工作状态下的参数极限范围，即反向偏置安全工作区（Reverse Biased Safe Operating Area，RBSOA）。

RBSOA 是 IGBT 的重要参数，代表着器件关断电流能力，表示在规定条件下，IGBT 在关断时间内，能够承受集电极电流和集电极-发射极电压而不发生擎住效应。

例如，英飞凌公司型号为 FF600R12ME4 的驱动芯片是额定值为 600A、1200V 的 IGBT 模块，按照其 RBSOA 曲线，可以重复关断 1200A 电流。即额定电流（标称电流）为 600A 的英飞凌 IGBT 模块可以重复关断 1200A 电流，在散热允许的情况下，只要保证结温不超过 150℃，就可以把最大电流设计为两倍的标称电流。

IGBT 的特性和参数特点可以总结如下：

1）IGBT 是最常用的全控型电力电子器件。器件的特性，例如饱和压降、关断损耗等，不同电压等级的器件相差很大，且相同电压等级下也有为不同应用开发的不同性能的器件。目前 600V 的 IGBT 可以工作在 100kHz，性能与 MOSFET 相当，6500V IGBT 只能工作在几百赫兹。

2）IGBT 可以有较强的短路承受能力。在相同电压和电流定额的情况下，IGBT 的安全工作区比 GTR 大，而且具有耐脉冲电流冲击的能力。

3）高电压时 IGBT 的通态压降比 VDMOSFET 低，特别是在电流较大的区域。IGBT 与 MOSFET 相比耐雪崩能量的能力弱，在应用中任何情况下不能超过集电极-发射极电压最高电压。

4）IGBT 的输入阻抗高，其输入特性与电力 MOSFET 类似。

1.5 其他新型电力电子器件和功率模块

1.5.1 MOS 控制晶闸管

MOS 控制晶闸管（MOS Controlled Thyristor，MCT）是将一对 MOSFET 与晶闸管组合而成的复合型器件。MCT 将 MOSFET 的高输入阻抗、低驱动功率、快速的开关过程和晶闸管的高电压大电流、低导通压降的特点有效地结合起来。一个 MCT 器件由数以万计的 MCT 元组成，每个元由一个晶闸管、一个控制该晶闸管开通的 MOSFET 和一个控制该晶闸管关断的 MOSFET 组成，如图 1-31a 所示，MCT 的图形符号如图 1-31b 所示。

MCT 一度被认为是一种最有发展前途的电力电子器件，在 20 世纪 80 年代成为研究热点，但因其电压和电流容量一直未有突破，因而未被投入实际应用。

1.5.2 静电感应晶体管

静电感应晶体管（Static Induction Transistor，SIT）是一种结型场效应晶体管，诞生于 1970 年。SIT 是一种多子导电的器件（单极型器件），具有输出功率大、失真小、输入阻抗高、开关特性好及热稳定性好等优点，其工作频率与电力 MOSFET 相当，甚至超过电力 MOSFET。SIT 器件在结构设计上能方便地实现多元合成，因而适合在高频、高电压大功率场合应用。目前已在雷达通信设备、超声波功率放大、脉冲功率放大和高频感应加热等专业领域获得了较多的应用。

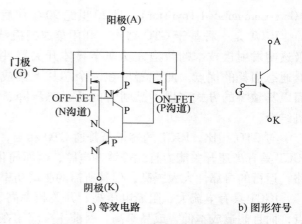

图 1-31　MCT 的等效电路及图形符号

SIT 是多元集成结构，内部由成百上千个小单元并联而成，图 1-32a 为 SIT 元的结构。SIT 的 3 个极分别为门极 G、漏极 D 和源极 S，其图形符号如图 1-32b 所示。SIT 分为 N 沟道和 P 沟道两种，图 1-32b 中的箭头表示门源结为正偏时门极电流的方向。

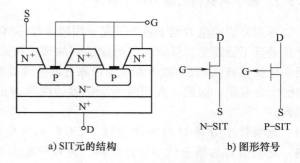

图 1-32　SIT 的结构及图形符号

SIT 在门极不加任何信号时是导通的，而门极加负偏压时关断，被称为正常导通型器件，使用不太方便；此外，SIT 通态电阻较大，使得通态损耗也大。SIT 可以做成正常关断型器件，但通态损耗将更大，因而 SIT 还在电力电子设备中未得到广泛应用。

1.5.3 静电感应晶闸管

静电感应晶闸管（Static Induction Thyristor，SITH）诞生于 1972 年，是在 SIT 的漏极层上附加一层与漏极层导电类型不同的发射极层而得到的，其工作原理与 SIT 类似，门极和阳极电压均能通过电场控制阳极电流，因此 SITH 又称为场控晶闸管（Field Controlled Thyristor，FCT）。

SITH 本质是两种载流子导电的双极型器件，具有电导调制效应、通态压降低、通流能力强。其很多特性与 GTO 类似，但开关速度等动态性能比 GTO 优越得多，是大容量的快速器件。

根据结构不同，SITH 分为正常导通型和正常关断型。目前正常导通型的 SITH 发展较快。

SITH 制造工艺比较复杂，成本高，所以其发展受到一定的影响。

1.5.4 集成门极换流晶闸管

集成门极换流晶闸管（Integrated Gate-Commutated Thyristor，IGCT）有时也称为 GCT

（Gate-Commutated Thyristor），是 20 世纪 90 年代后期出现的新型电力电子器件。

IGCT 是一种基于 GTO 结构、利用集成栅极结构进行栅极驱动、采用缓冲层结构及阳极透明发射极技术的新型大功率半导体开关器件，具有晶体管的稳定关断能力和晶闸管低通态损耗的优点。此类器件在一个芯片上集成了具有良好动态特性的续流二极管，从而以其独特的方式实现了晶闸管的低通态压降、高阻断电压和晶体管稳定的开关特性有机结合。

与 GTO 相比，IGCT 的容量与普通 GTO 相当，但开关速度比普通的 GTO 快 10 倍。由于 IGCT 具有高速开关能力且无需缓冲电路，因而简化了普通 GTO 应用时庞大而复杂的缓冲电路，运行的可靠性大大提高；但其所需的驱动功率仍然很大。

IGCT 具有电流大、阻断电压高、开关频率高、可靠性高、结构紧凑、低导通损耗等特点，而且制造成本低，成品率高，目前主要应用在电力系统中。

1.5.5 基于新材料的电力电子器件

前面介绍的电力电子器件都是采用硅半导体材料，但是，由于传统的硅基电力电子器件已经逼近了因寄生二极管制约而能达到的理论极限（虽然随着器件技术的不断创新这个极限一再被突破），大多数学者认为依靠硅器件继续完善和提高电力电子装置与系统性能的潜力已十分有限。因此，人们将越来越多的注意力投向新型的半导体材料——宽禁带半导体材料。

宽禁带半导体材料中碳化硅（SiC）和氮化镓（GaN）是最有发展前景的半导体材料，它们被称为第三代半导体材料，可用于电力半导体器件的制造。以 SiC 半导体材料为例，其具有禁带宽度大（接近于 Si 的 3 倍）、临界击穿电场高（是 Si 的 10 倍）、热导率高（超过 Si 的 3 倍）以及器件极限工作温度高（可高达 600℃）等优点，适合用于制造高压大电流、高工作频率以及适应高温环境的新型电力电子器件，其发展历程如图 1-33 所示。

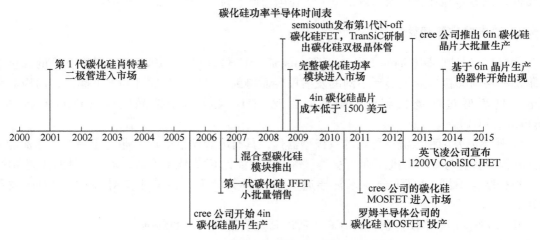

图 1-33 SiC 半导体材料和器件发展历程示意图

注：1in＝2.54cm。

在 SiC 型电力电子器件中，常见的有 SiC 肖特基二极管（SiC Schottky Barrier Diode，SiC SBD）、SiC 功率 PiN（SiC PiN）二极管、SiC 晶闸管、碳化硅结型场效应晶体管（SiC Junction Field Effect Transistor，SiC JFET）和碳化硅双极型晶体管（SiC Bipolar Junction Transistor，SiC BJT）等。其中，SiC SBD 是最早得到商业化应用的 SiC 电力电子器件，其突出优点是反向漏电流极小、反向恢复时间极短，同时可适应 300℃ 的工作温度，已在国民经济和军事等领域得到广泛应用。与 SiC SBD 相比，SiC PiN 二极管更适用于高压领域，其具有更高的击穿电压且反向漏电流小。同时，与硅功率二极管相比，SiC PiN 二极管的反向恢复时间明显减小，开关损耗有所降低。

由于 SiC 材料具有比 Si 更高的临界击穿电压、更高的载流子漂移速率和热导率等特点，因此用 SiC 制作的晶闸管具有比 Si 基器件更大的性能优势。SiC 晶闸管的导通过程很大程度上取决于耐压（如击穿电压 V_b）基区的宽度，图 1-34a 所示为击穿电压 V_b 为 400V 的 P^+NP^-N 型 4H-SiC 晶闸管器件的结构，图 1-34b 则为 2.6kV 晶闸管的结构截面图。

图 1-35 则给出了不同温度下 2.6kV 4H-SiC 的伏安特性，由图可知，即使电流密度达到几百 A/cm^2 时，SiC 晶闸管的正向压降仍然很小，具有负温度系数。

此外，SiC 功率 MOSFET 与 Si 功率 MOSFET 相比具有导通电阻低、开关速度快、栅绝缘性好、稳定性高以及耐高温、工作能力强等优点，受到了产业界的广泛关注。SiC JFET 是电压控制的单极型器件，具有开关速度快、输入阻抗高、高温特性好、制备工艺成熟等优点，已成为近年来发展最快的 SiC 功率器件之一，并已获得商业应用。SiC BJT 则是利用 SiC 材料制成的一种电流控制器件，它几乎没有正向偏压损坏现象，然而 SiC BJT 器件的低电流增益（通常<30）限制了它的应用范围。

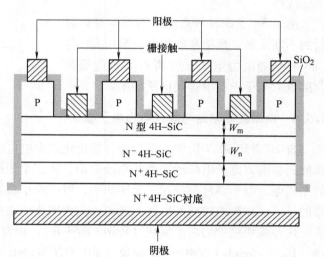

a) 400V P^+NP^-N 型 4H-SiC 晶闸管器件的结构

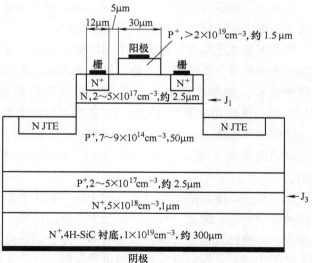

b) 2.6kV 4H-SiC 晶闸管器件的结构

图 1-34　不同击穿电压等级的 SiC 晶闸管的结构

除 SiC 器件外，GaN 器件也是宽禁带功率器件的典型代表，常见的 GaN 器件包括 GaN 晶体管和 GaN 二极管。GaN 晶体管与 Si MOSFET 类似，按导电沟道形成机理不同，可以分为耗尽型与增强型。GaN 二极管具有耐高压、耐高温、导通电阻小等优良特性，这使得它在电力电子等领域有着广泛应用。

由于 SiC、GaN 等新型宽禁带半导体材料的不断发展，预期在数年内，采用 SiC 与 GaN 材料的电力电子器件将在因节能而著称的电力电子设备中得到广泛采用。

图 1-35　2.6kV 4H-SiC 晶闸管在不同温度下的伏安特性

1.5.6 功率集成电路与集成电力电子模块

自 20 世纪 80 年代中后期开始，模块化成为电力电子器件研制和开发的趋势。模块化是按照典型电力电子电路所需要的拓扑结构，将多个相同的电力电子器件或多个相互配合使用的不同电力电子器件封装在一个模块中，可以缩小装置体积，降低成本，提高可靠性。更重要的是，工作频率较高的电路，还可以大大减小线路电感，从而简化对保护和缓冲电路的要求。这种模块被称为功率模块（Power Module），或者按照主要器件的名称命名，如 IGBT 模块（IGBT Module）、MOSFET 模块（MOSFET Module）。

如果将电力电子器件与逻辑、控制、保护、传感、检测、自诊断等信息电子电路制作在同一芯片上，则称为功率集成电路（Power Integrated Circuit，PIC）。目前其功率都还较小，但代表了电力电子技术发展的一个重要方向。

在功率集成电路中，根据应用和结构的不同，又有高压集成电路、智能功率集成电路和智能功率模块等。高压集成电路（High Voltage Integrated Circuit，HVIC）是指横向高压器件与逻辑或模拟控制电路的单片集成。智能功率集成电路（Smart Power Integrated Circuit，SPIC）是指纵向功率器件与逻辑或模拟控制电路的单片集成。

智能功率模块（Intelligent Power Module，IPM）则专指 IGBT 及其辅助器件与其保护和驱动电路的单片集成，也称智能 IGBT（Intelligent IGBT）模块。IPM 结构框图如图 1-36 所示。

功率集成电路制造的主要难点在于同一芯片上高、低压电路之间的绝缘问题以及温升和散热的有效处理。因此，目前功率集成电路的研究、开发和实际产品应用主要集中在小功率的场合，如便携式电子设备、家用电器、办公设备电源灯。智能功率模块则在很大程度上回避了这两个难点，因而近几年获得迅速发展。

电力电子集成技术使装置体积减小、可靠性提高、用户使用更为方便以及制造、安装和维护的成本大幅降低，并实现了电能和信息的集成，成为机电一体化的理想接口，具有广阔的应用前景。

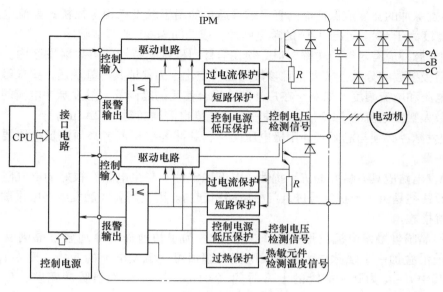

图 1-36 IPM 结构框图

1.6 电力电子器件的驱动电路

电力电子器件的驱动电路是连接电力电子主电路与控制电路的桥梁，采用性能良好的驱动电路，可使电力电子器件工作在较理想的开关状态，减少器件的开关时间和开关损耗，对电力电子装置的运行效率、可靠性和安全性都有重要的意义。

1.6.1 电力电子器件驱动电路的概述

驱动电路的基本任务就是将信息电子电路输出的信号按照系统的控制要求，转换成电力电子器件控制端的开通和关断信号，以实现弱电控制强电。不同的电力电子器件有不同的驱动要求，对半控型器件，只需提供开通控制信号；对全控型器件，则既要提供开通控制信号，又需要提供关断控制信号，以保证器件的可靠开通和关断。根据器件要求的触发信号不同，驱动电路可分为电流驱动型电路和电压驱动型电路。晶闸管、GTO 和 GTR 是电流驱动型器件，电力 MOSFET 和 IGBT 是电压驱动型器件。

相对于主电路的高电压来说，控制电路属于低电压电路。故驱动电路必须提供控制电路与主电路的电气隔离，电气隔离一般采用光隔离或磁隔离。光隔离采用光电耦合器，磁隔离的器件通常是脉冲变压器。

1.6.2 晶闸管的触发电路

在晶闸管阳极加上正向电压后，必须同时在门极与阴极之间加上触发电压，晶闸管才能从阻断到导通，通常称触发控制，提供符合要求的触发电压脉冲的电路称为晶闸管的触发电路。

晶闸管触发电路应满足如下要求：

1）触发脉冲的宽度应保证晶闸管可靠导通。如用于触发三相全控桥式整流电路的触发脉冲应为宽度大于60°、小于120°的单宽脉冲，或是间隔60°的双窄脉冲。

2）触发脉冲应有足够的功率，但必须在器件门极伏安特性的可靠触发区内。由于晶闸管器件的门极参数的分散性较大，且参数随温度变化，为保证其可靠触发，要求触发脉冲应有足够的电压和电流幅度。如对于在户外寒冷场合使用的晶闸管，触发脉冲电流的幅度应增大为器件最大触发电流的3~5倍，脉冲前沿的陡度也需增加到1~2A/μs。

3）触发脉冲必须与晶闸管的阳极电压同步，脉冲的移相范围必须满足电路要求。详细内容见下一章。

4）触发电路应具有良好的抗干扰性、温度稳定性及与主电路有很好的电气隔离。晶闸管的误导通往往是由于干扰信号进入门极电路引起的。因此需要在触发电路中采取屏蔽和隔离等抗干扰措施。

理想的晶闸管触发电流波形如图1-37所示。为了快速而可靠地触发晶闸管，常在触发脉冲的前沿叠加一个强脉冲，强触发电流的幅值可达触发电流的5倍。图中 $t_1 \sim t_4$ 为脉冲宽度，其中 $t_1 \sim t_2$ 为脉冲前沿的上升时间（<1μs），$t_1 \sim t_3$ 为强脉冲宽度，I_M 为强脉冲幅值。

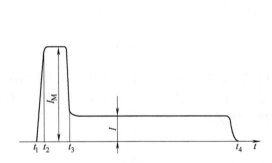

图1-37　理想的晶闸管触发脉冲电流波形

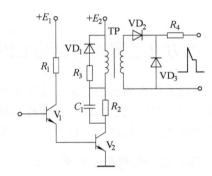

图1-38　常见的晶闸管触发电路

图1-38为常见的晶闸管触发电路。V_1 和 V_2 构成脉冲放大环节，脉冲变压器 TP 和 VD_2、VD_3、R_4 构成脉冲输出环节。当需要脉冲输出时，V_1 导通，为 V_2 提供基极电流并使其导通，于是通过脉冲变压器 TP 输出脉冲。VD_1、R_3 构成续流电路，当 V_1 和 V_2 由导通变为截止时，供 TP 释放其储存的能量。R_2 为限流电阻，C_1 为加速电容，VD_2、VD_3、R_4 构成晶闸管门极保护电路，使门极免受反向电流、反向电压的冲击并限流。如要获得强脉冲，需要增加其他电路环节。

1.6.3　门极关断晶闸管（GTO）的驱动电路

设计与选择性能优良的门极驱动电路对保证 GTO 的正常使用和性能优化至关重要，特别是对门极关断技术应特别予以重视，它是正确使用 GTO 的关键。

1. 理想门极信号的波形

GTO 属于电流驱动型器件，图1-39为其门极理想电压、电流信号的波形。

（1）开通信号的基本要求

要求开通脉冲的前沿陡、幅度高，并应有足够的脉冲宽度。脉冲前沿对结电容充电，前

沿陡，则充电快，正向电流会迅速建立，有
利于 GTO 晶闸管的快速导通。门极强触发一
般比额定触发电流大 3 倍左右。若快速开通
GTO 也可以将该值取大些。强触发可以缩短
开通时间、减小开通损耗、降低管压降。触
发电流的宽度用来保证阳极电流的可靠建立，
后沿应尽量缓一些，以免引起 GTO 晶闸管阳
极电流产生振荡。

（2）门极关断信号的基本要求

门极关断脉冲必须有足够的宽度，既要
保证下降时间内能抽出载流子，又要保证剩
余的载流子复合需要有一定的时间。关断电
流的幅值一般取 $(1/5 \sim 1/3)$ I_{m}（关断主电
流），它由关断增益的大小决定。

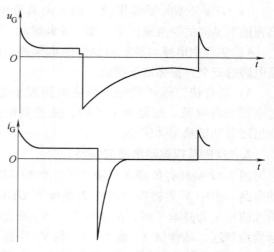

图 1-39　GTO 的门极理想电压、电流信号波形

（3）反偏电路的基本要求

GTO 关断以后仍然可以加一门极反向电压，其持续时间可以是几十微秒或是整个阻断
状态时间。门极反偏电压越高，可关断阳极电流越大。反偏电压越高，阳极 $\mathrm{d}u/\mathrm{d}t$ 耐量
越大。

2. GTO 驱动电路实例

GTO 门极的驱动可分为开通驱
动、关断驱动和门极反偏 3 部分。
图 1-40 为直接耦合式 GTO 驱动电
路，VT 为被驱动的 GTO。该电路的
电源由高频电源经二极管整流后提
供，二极管 VD$_1$ 和电容 C$_1$ 提供 +5V
电压，VD$_2$、VD$_3$、C$_2$、C$_3$ 构成倍压
整流电路提供 +15V 电压，VD$_4$ 和电
容 C$_4$ 提供 -15V 电压。场效应晶体
管 VF$_1$ 开通时，输出正的强脉冲；

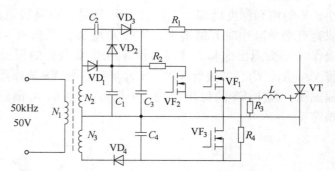

图 1-40　直接耦合式 GTO 驱动电路

VF$_2$ 开通时输出正脉冲平顶部分；VF$_2$ 关断而 VF$_3$ 开通时输出负脉冲；VF$_3$ 关断后电阻 R_3 和
R_4 提供门极负偏压。

1.6.4　电力晶体管（GTR）驱动电路

1. GTR 对基极驱动电路的要求

GTR 理想的基极驱动电流波形如图 1-41 所示。通常对 GTR 基极驱动电路的要求是：

1）GTR 开通时要采用强驱动，前沿要陡，并有一定的过饱和驱动电流，以缩短开通时
间，减小开通损耗。

2）GTR 导通后相应减小驱动电流，使器件处于临界饱和状态，降低驱动功率，缩短存
储时间。

3）GTR 关断时要提供较大的反向基极电流，迅速抽取基区的剩余载流子，缩短关断时间。

4）实现主电路与控制电路间的电隔离，以保证电路的安全并提高抗干扰能力。

5）具有快速保护功能。当主电路发生过热、过电压、过电流、短路等故障时，基极电路必须能迅速自动切除驱动信号。

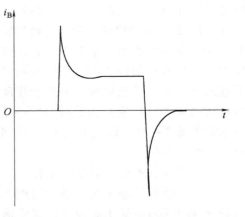

图 1-41　理想的基极驱动电流波形

2. GTR 基极驱动电路实例

图 1-42 是具有负偏压、防止过饱和的 GTR 驱动电路。图中 V 为被驱动的电力晶体管 GTR。当输入信号 u_i 为高电平时，晶体管 V_1、V_2 及光电耦合器均导通，晶体管 V_3 截止、V_4 和 V_5 导通、V_6 截止，电源电压 E 经 V_5 和加速电容 C_2、电阻 R_5 向 V 提供基极电流，V 导通。充电结束时 C_2 上的电压为左正右负，其大小由电源电压 E 和 R_4、R_5 的比值决定。当 u_i 为低电平时，V_1、V_2 及光电耦合器均截止，V_3 导通、V_4 和 V_5 截止，V_6 导通。C_2 的放电路径为：①$C_2 \rightarrow V_6 \rightarrow V_3 \rightarrow VS \rightarrow VD_5 \rightarrow VD_4 \rightarrow C_2$，为 V_6 提供基极电流；②$C_2 \rightarrow V_6 \rightarrow V \rightarrow VD_4 \rightarrow C_2$，为 V 提供反向基极电流，加速 V 关断，此过程很短暂，一旦 V 完全截止，其电流即为零；③$C_2 \rightarrow V_6 \rightarrow VS \rightarrow VD_5 \rightarrow VD_4 \rightarrow C_2$，由于 VS 导通，V 的基射结承受反偏电压，保证其可靠截止。

该电路由二极管 VD_2、VD_3 和 V 组成抗饱和电路，也称贝克钳位电路。当轻载时 I_C 减小，V 的饱和深度增加，二极管 VD_2 导通，将基极电流分流，减小 V 的饱和深度；过载或直流增益减小时 I_C 值增大，V 的 E 增加，原来由 VD_2 旁路的电流又会自动回到基极，确保 V 不会退出饱和，这样可使 V 在负载变化的情况下，保持饱和深度基本不变。晶体管 V_6、R_5、C_2、二极管 VD_4、VD_3 和稳压管 VS 的作用是在 V 截止时，使基射极间承受反偏电压，其中 VS 的稳压值为 2～3V。电容 C_1 可消除晶体管 V_4 和 V_5 产生的高频寄生振荡。

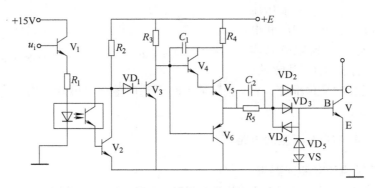

图 1-42　具有负偏压、防止过饱和的 GTR 驱动电路

目前广泛应用的 GTR 集成驱动电路中，THOMSON 公司的 UAA4002 和三菱公司的 M57215BL 较为常见。

1.6.5 电力 MOSFET 驱动电路

电力 MOSFET 是电压控制型器件，与 GTO 和 GTR 等电流控制型器件不同，控制极为栅极，输入阻抗高，栅源极间电容达数千皮法。

1. 电力 MOSFET 对驱动电路的要求

1）开通时以低电阻回路对栅射极间电容充电，关断时为栅射极间电容提供放电回路。极间电容越大，需要的驱动电流也越大。

2）为使电力 MOSFET 可靠触发导通，触发脉冲电压应高于其开启电压，一般取 10 ~ 15V；关断时施加一定幅值的负驱动电压，一般取 −15 ~ −5V，从而减小关断时间和关断损耗。

3）触发脉冲的前后沿要求陡峭，以提高电力 MOSFET 的开关速度。

2. 电力 MOSFET 驱动电路实例

为满足 MOSFET 的驱动要求，通常采用双电源供电，驱动电路与栅极的连接可采用直接驱动和隔离驱动。在栅极串入一个低值电阻 R_G 以减小寄生振荡。阻值应随驱动电流的增大而相应的减小。

图 1-43 是采用光电隔离的驱动电路，其中 VF 为被驱动的电力 MOSFET。电路由光隔离器和信号放大部分组成。当输入信号 u_i 为 0 时，光电耦合器截止，高速运算放大器 A 输出低电平，晶体管 V_3 导通，驱动电路输出负驱动电压，使 VF 关断。当输入信号 u_i 为正时，光电耦合器导通，高速运算放大器 A 输出高电平，晶体管 V_2 导通，驱动电路输出正驱动电压，使 VF 开通。

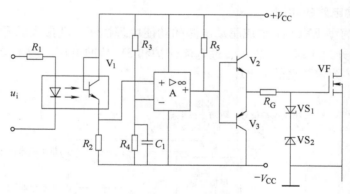

图 1-43　光电隔离式驱动电路

目前用于驱动电力 MOSFET 的专用集成电路有很多，较常用的有美国国际整流器公司的 IR2110、IR2115 和 IR2130 芯片等。

1.6.6 IGBT 的栅极驱动电路

IGBT 是以 GTR 为主导元件、MOSFET 为驱动元件的复合结构，所以用于电力 MOSFET 的栅极驱动电路原则上也适用于 IGBT。IGBT 是属于电压驱动的器件，静态的栅极输入阻抗很高，但是栅极存在电容，IGBT 驱动的主要任务是对栅极输入电容进行充放电。

1. IGBT 对驱动电路的要求

1）栅极驱动电压脉冲要有足够陡的上升沿和下降沿。从而使 IGBT 快速开通和关断，减少开关时间和开关损耗。

2）IGBT 栅极-发射极峰值电压最高为 ±20 ~ ±30V，驱动电压一般取 15V；关断时需要施加一定幅值的负驱动电压，一般取 -15 ~ -2V，从而提高关断的可靠性，防止误导通。

3）IGBT 是电压型驱动器件，驱动功率相对于 GTR 很小，主要用于对栅极电容充电。驱动功率与栅极电荷量、栅极驱动电压的绝对值（正负驱动电压差的绝对值）、工作频率成正比。

4）IGBT 所需的驱动电流，由所设计的驱动回路中的栅极电阻决定。

5）IGBT 导通后，驱动电路要维持足够的驱动功率，使 IGBT 不至于退出饱和而损坏。

除了上述基本功能外，集成驱动电路一般还有如下功能：

1）具有 Desat 保护，即检测开通时的饱和压降，如器件退出饱和，认为发生短路，这时就需要在规定的时间内关断器件。

2）具有软关断功能。在电路发生短路时，要关断 IGBT。为降低关断时较高的 di_C/dt，并减小关断时的电压 U_{CE} 过冲，必须采用软关断功能。

3）电源电压的低电压保护，如驱动电压低于某个值（如 12V 以下）就可能进入退饱和状态，导通损耗急剧增加。驱动器需要检测电源电压，低电压保护时禁止驱动。

相对分立元件驱动电路而言，集成化模块驱动电路抗干扰能力强、工作速度快且保护功能完善，可实现 IGBT 的最优驱动。常用的有富士公司的 EXB 系列、三菱公司的 M579 系列和西门子公司的 2ED020I12 等。

2. IGBT 驱动电路的实例

图 1-44 为高速型 EXB841 集成驱动电路的功能原理框图，其最大的开关频率为 40kHz。EXB841 的结构可分为 3 部分：放大、过电流保护和 5V 基准电压。图 1-45 为 EXB841 实际应用电路，其中 V 为被驱动的 IGBT。

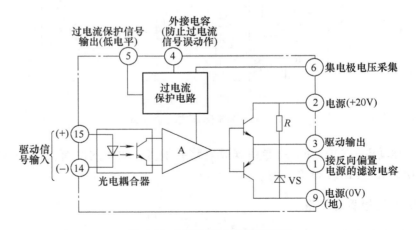

图 1-44 EXB841 功能原理框图

对大功率电力电子器件，我们一般选择器件的生产厂家为器件专门提供的专用驱动模块，以达到良好的性能匹配。

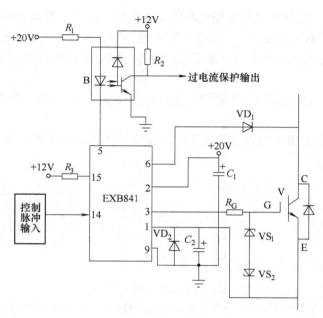

图 1-45 EXB841 实际应用电路

1.7 电力电子器件的保护、缓冲电路和串并联使用

在采用电力电子器件组成的控制系统中，器件的保护和缓冲电路是非常重要的辅助电路。因为强电系统所涉及的能量非常大，故障率和危害性一般比弱电系统高，所以强电系统必须设置各种保护环节来保障操作人员和设备的安全，减少经济损失。

1.7.1 电力电子器件的保护电路

电力电子电路中，为使电力电子器件能正常使用而不损坏，除了合理选择电力电子器件的参数、精心设计驱动电路外，还必须对过电压、过电流、du/dt 和 di/dt 的侵害采取必要的保护措施。

1. 过电压保护

凡超过正常工作时，电力电子器件应承受的最大峰值电压称为过电压。电力电子装置中产生过电压的原因有两类：外因过电压和内因过电压。

外因过电压主要来自雷击和系统中的操作过程等外部原因：

1）雷击过电压：由雷击引起的过电压。

2）操作过电压：由分闸、合闸等开关操作引起的过电压。电路合闸接通电源的瞬间，网侧高电压通过变压器一次、二次绕组之间的分布电容直接传至二次侧电力电子变换器。电路分闸断开变压器时，变压器一次侧励磁电流突然被切断所引起的过电压会感应到二次侧，使电力电子变换器的开关器件承受操作过电压。

内因过电压主要来自电力电子装置内部器件的开关过程，主要有换向过电压和关断过电压：

1）换相过电压：晶闸管或与全控型器件反并联的二极管在换相结束后不能立刻恢复阻断，因而有较大的反向电流流过，当恢复了阻断能力时，该反向电流急剧减小，会在线路电感上感应产生很大的自感反电动势，该反电动势与电源电压相加后作用在器件两端可能使器件过电压而损坏。

2）关断过电压：全控型器件关断时，正向电流迅速减少，而在线路电感上产生很高的感应电压。

图1-46表示出电力电子装置中可能采用的过电压抑制措施及其配置。

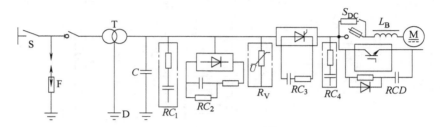

图1-46　过电压抑制措施及其配置

F—避雷器　D—变压器静电屏蔽层　C—静电感应过电压抑制电容　RC_1—阀侧浪涌过电压抑制用 RC 电路

RC_2—阀侧浪涌过电压抑制用反向阻断式 RC 电路　R_V—压敏电阻过电压抑制器

RC_3—阀器件换相过电压抑制用 RC 电路　RC_4—直流侧 RC 抑制电路

RCD—阀器件关断过电压抑制用 RCD 电路

当雷电过电压从电网窜入时，避雷器 F 对地放电防止雷电进入变压器；C 为静电感应过电压抑制电容，当 S 合闸时，电网高电压加到变压器，经变压器的耦合电容把电网交流高压直接传到二次侧，由于电容 C 足够大，吸收该过电压，从而保护后面的开关器件免受合闸操作过电压的危害。

阻容 RC 过电压抑制电路是对过电压最常用和有效的保护方法，利用电容电压不能突变的特性吸收过电压，电阻消耗吸收的能量，并抑制回路的振荡。RC 的位置不同，保护的侧重点不同，RC_2 和 RC_3 的连接方式是对器件的直接保护。其典型连接方式如图1-47所示。在大容量电力电子装置中，采用反向阻断式 RC 过电压抑制电路，如图1-48所示，该电路有效地抑制过电压和电容放电产生的浪涌尖峰电压。保护电路的有关参数可参考相关的工程手册。

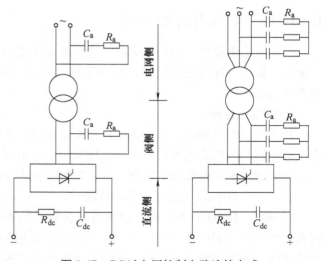

图1-47　RC 过电压抑制电路连接方式

R_V 为金属氧化物压敏电阻，是一种非线性过电压保护元件，其伏安特性如图1-49所示。正常工作时，漏电流为微安级；当浪涌电压来到时，可通过数千安培的电流，因此，该元件可以很好地吸收交流侧浪涌过电压。

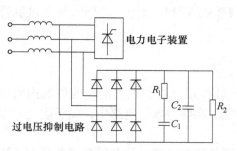

图 1-48　反向阻断式 RC 过电压抑制电路

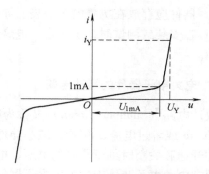

图 1-49　压敏电阻的伏安特性

2. 过电流保护

电力电子装置和控制系统运行不正常或发生故障时，可能会产生过电流。而电力电子器件的过载能力低，过电流会造成电力电子器件的永久性损坏。过电流通常产生的原因是短路或过载。电力电子控制系统中可能采用的过电流保护措施如图 1-50 所示。

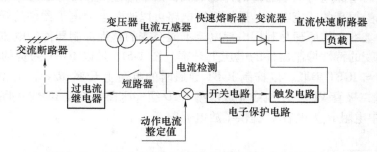

图 1-50　电力电子控制系统中常用的过电流保护措施

在电力电子装置的交流侧设置电流互感器来检测线路电流，把过电流信号通过开关电路送至触发电路，使触发脉冲瞬时停止或脉冲后移，从而使电力电子器件关断，达到抑制过电流的目的；过电流信号也可通过过电流继电器使交流断路器的触点断开，过电流继电器整定在过载时动作。直流快速开关可在发生过电流时先于快速熔断器动作，可用于大功率变流装置且短路可能性较多的高要求场合。

快速熔断器（简称快熔）是电力电子装置中最有效、应用最广的一种过电流保护措施。在选择快熔时要考虑：

1）快熔的额定电压应根据熔断后快熔实际承受的电压来确定。

2）快熔的电流容量应按其在主电路中接入的方式和主电路的连接形式确定。

3）快熔的 I^2t 值应小于被保护器件允许的 I^2t 值。

例如，在晶闸管整流电路中与晶闸管串联的快熔，其额定电流 I_{RD} 应小于被保护晶闸管的额定电流有效值 $1.57I_{T(AV)}$，同时要大于流过晶闸管的实际最大有效值 I_{TM}。即

$$1.57I_{T(AV)} \geqslant I_{RD} \geqslant I_{TM} \tag{1-26}$$

3. 静电保护

电力 MOSFET 和 IGBT 均为电压控制型器件，由于具有极高的输入阻抗，因此在静电较高的场合难以泄放电荷，容易引起静电击穿。防止静电击穿应注意：

1）器件应存放在抗静电包装袋、导电材料袋或金属容器中。

2）在安装或测试时，工作台、电烙铁和测量仪器都要良好接地，工作人员通过腕带良好接地。

1.7.2 电力电子器件的缓冲电路

缓冲电路（Snubber Circuit）又称为吸收电路。其作用是抑制电力电子器件的内因过电压和 du/dt 或者过电流、di/dt，减小器件的开关损耗。在电力电子电路中，用于改进电力电子器件开通和关断时刻所承受的电压、电流波形。

通常电力电子装置中的电力电子器件都工作于开关状态，器件的开通和关断都不是瞬时完成的。器件刚刚开通时，器件的等效阻抗大，如果器件电流很快上升，就会造成很大的开通损耗；同样器件接近完全关断时，器件的电流还比较大，如果器件承受的电压迅速上升，也会造成很大的关断损耗。开关损耗会导致器件的发热甚至损坏，对于功率晶体管（GTR），还可能导致器件的二次击穿。实际电力电子电路中，还常由于二极管、晶闸管等的反向恢复电流而增加电力电子器件的开通电流，由于感性负载或导线的分布电感等原因造成器件关断时承受很高的感应电压。采用缓冲电路可以改善电力电子器件的开关工作条件。

缓冲电路的基本工作原理是利用电感电流不能突变的特性抑制器件的电流上升率，利用电容电压不能突变的特性抑制器件的电压上升率。图 1-51a 是以 IGBT 为例的一种简单的缓冲电路。其中 L_i 与 IGBT 串联，以抑制 IGBT 导通时的电流上升率 di/dt，R_i 和 VD_i 组成续流回路；电容 C_s 和二极管 VD_s、R_s 组成充放电型 RCD 缓冲电路，抑制 IGBT 关断时端电压的上升率 du/dt，其中电阻 R_s 为电容 C_s 提供了放电通路。

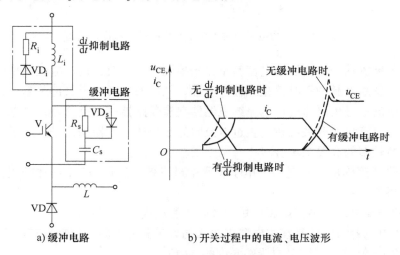

a) 缓冲电路　　　　　　　　b) 开关过程中的电流、电压波形

图 1-51　缓冲电路及波形

图 1-51b 是开关过程中 IGBT 集电极电流和集射极间电压波形，虚线表示是无缓冲电路时的波形。从波形可以看出，在开通时电流迅速上升，di/dt 很大，关断时，外电路的电流会急剧减少，主电路中的电感（包含布线杂散电感）会产生很大的感应电动势，导致 V 在关断过程中承受很高的过冲电压峰值，且 du/dt 很大。图中实线波形表示是有缓冲电路时的波形，当 V 开通时，C_s 先通过 R_s 向 V 放电，使电流 i_C 有一个小的突变，在 L_i 作用下，电流

i_c 上升速度变缓。在 V 关断时，负载电流通过 VD_s 向 C_s 充电，对 V 起到分流作用，同时由于电容电压不能突变，抑制了 du/dt 和过电压，并吸收电感所释放的尖峰过电压能量。

缓冲电路之所以能减少开关损耗，关键在于将开关损耗由器件本身转移至缓冲电路。根据被转移能量的去向可将缓冲电路分为耗能式和馈能式缓冲电路：耗能式缓冲电路是将吸收的能量消耗在电阻上；而馈能式缓冲电路是将吸收的能量回馈给负载或电源，这类电路效率高，但电路复杂，实际中较少使用。

缓冲电路有多种形式，以适用于不同的器件和不同的电路。图 1-51a 所示的缓冲电路称为充放电型 RCD 缓冲电路，适用于中等容量的场合。图 1-52a 中的 RC 缓冲电路主要用于小容量器件，图 1-52b 中的放电阻止型 RCD 缓冲电路用于中大容量器件。

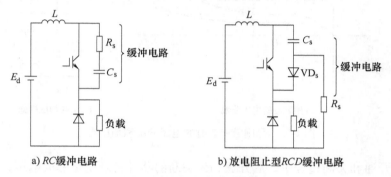

a) RC 缓冲电路　　　　　b) 放电阻止型 RCD 缓冲电路

图 1-52　常用的缓冲电路

缓冲电路中 C_s 和 R_s 的取值可用实验方法确定或参考有关工程手册。VD_s 必须选用快恢复二极管，其额定电流应不小于主电路器件额定电流的 $1/10$。

晶闸管在实际使用中一般只承受换向过电压，没有关断过电压问题，关断时也没有较大的 du/dt，一般采用 RC 吸收电路。

对于晶闸管和 GTR 等工作频率相对较低的大容量器件，常需要开通缓冲电路；而对于那些高频器件，线路杂散电感可以起到开通缓冲作用，通常不需要开通缓冲电路。

1.7.3　电力电子器件的串并联

当单个电力电子器件的电压、电流不能满足实际要求时，可用两个或两个以上同型号器件串联或并联来满足要求。

1. 晶闸管串联

当晶闸管的额定电压小于实际电路的要求时，可用同型号的器件串联。由于器件的特性的分散性，同型号的器件的伏安特性也会存在差异，会导致串联时电压分配不均匀。为此在晶闸管串联时必须采用均压措施。

晶闸管在工作中有 5 种状态：①正向阻断；②反向阻断；③开通过程；④关断过程；⑤完全导通。其中①、②状态下的均压属于静态均压，③、④状态下的均压属于动态均压，而完全导通后器件的压降在 1V 左右，不必考虑均压问题。

如图 1-53a 所示，VT_1 和 VT_2 串联后，由于晶闸管伏安特性稍有不同，在正向阻断时，同一正向漏电流 I_R 下所承受的正向电压不同，VT_2 所承受的电压大大高于 VT_1，如果电压继续增大，VT$_2$ 有可能硬开通，VT$_1$ 将承受全部的电压而开通，导致两个器件都失去控制。同理，在反向阻断时，由于分压不均，使受高电压的器件先击穿，随之另一个器件也连锁击穿。针对由于静态特性不同而造成的电压分配不均匀，我们采取的静态均压措施是并联均压电阻 R_j，R_j 的阻值比器件阻断时的正反向电阻都小得多，使得在器件阻断时的电压取决于均压电阻的分压。

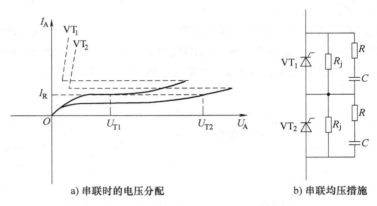

a) 串联时的电压分配　　　　　　　　b) 串联均压措施

图 1-53　晶闸管串联时的电压分配和均压措施

在晶闸管开通和关断过程中，后开通和先关断的器件将承受全部的电压，并使晶闸管损坏。动态均压的措施是在晶闸管两端并联阻容元件，利用电容电压不能突变的原理，在开关动态过程中保持器件两端电压不能突变。

2. 晶闸管并联

晶闸管的静态和动态参数不一致，在相同的压降下，使各并联的器件流过的电流相差很大，如图 1-54 所示。为了使并联器件达到电流平均分配，除选用特性比较一致的器件外，还应采用均流措施。

图 1-55a 为串联电阻均流。当某一支路电流较大时，则串联电阻上的压降增大，从而减少与之串联的晶闸管两端的电压，使该支路的电流下降。串联电阻值取器件最大工作电流时的电阻，电压 U_R 为 1~2V。此法适用于小容量场合。

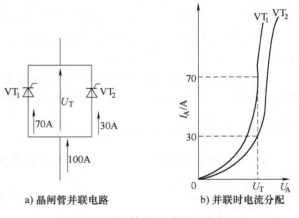

a) 晶闸管并联电路　　　　b) 并联时电流分配

图 1-54　晶闸管并联时的电流分配

图 1-55b 为电抗器均流，用一个铁心带有两个相同的线圈的电抗，采用同名端相反连接在并联电路中。当两器件电流均匀一致时，铁心内励磁安匝相互抵消，电抗不起作用；若电流不相等，合成励磁安匝产生电感，在两个器件与电抗回路中产生环流，从而使电流小的增大、电流大的减小，达到均流目的。

在器件串并联时，尽量选用特性比较一致的器件，并采用强触发，保证器件能一起导通，在选择器件电流和电压容量时，要留有足够裕量。

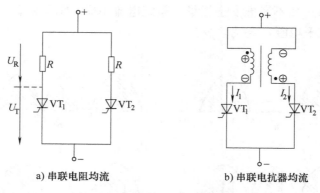

a) 串联电阻均流　　　　　　　b) 串联电抗器均流

图 1-55　晶闸管并联时的均流措施

3. 其他电力电子器件的并联

电力 MOSFET 的通态电阻 R_{on} 具有正温度系数，电流增大，发热增大，通态电阻也随之增大，使电流下降。在 MOSFET 并联使用时具有一定的电流均衡能力。

IGBT 的通态压降一般在 1/2~1/3 额定电流以下的区段具有负的温度系数，在以上区域具有正温度系数，因而 IGBT 在并联时，也具有一定的电流自动均衡能力，易于并联使用。

在实际并联使用 MOSFET 和 IGBT 时，在器件的参数特性选择、电路布线和散热条件方面尽量保持一致。

思考题和习题

1. 电力电子器件按开关控制性能可分为哪几类？

2. 晶闸管正常导通的条件是什么？导通后流过晶闸管的电流由什么决定？晶闸管的关断条件是什么？怎样才使导通的晶闸管关断？晶闸管导通与阻断时其两端电压各为多大？

3. 温度升高时，晶闸管的触发电流、正反向漏电流、维持电流以及正向转折电压和反向击穿电压如何变化？

4. 晶闸管的额定电流是怎样定义的？在额定情况下有效值和平均值有何关系？如何根据实际电流波形来选择晶闸管的电流额定容量？

5. 试说明晶闸管的擎住电流 I_L 和维持电流 I_H 之间的区别，并比较它们的大小。

6. 型号为 KP100-3、维持电流 $I_H = 3mA$ 的晶闸管，使用在图 1-56 所示的 3 个电路中是否合理？为什么？（不考虑电压、电流裕量）

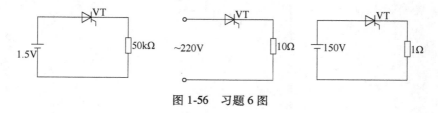

图 1-56　习题 6 图

7. 图 1-57 中阴影部分表示流过晶闸管的电流波形，其最大值均为 I_m，试计算各波形的电流平均值和有效值。如不考虑安全裕量，额定电流 100A 的晶闸管，流过上述电流波形时，允许流过的电流平均值 I_{dT} 各为多少？

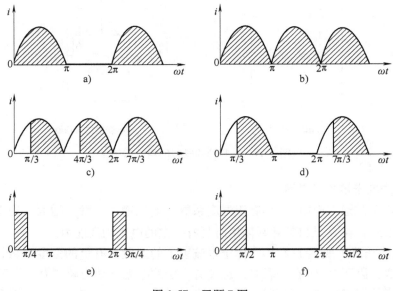

图 1-57 习题 7 图

8. 为什么要对电力电子主电路和控制电路进行电气隔离？其基本方法有哪些？各自的基本原理是什么？

9. 电力电子器件过电压和过电流产生的原因有哪些？对过电压和过电流的保护各有哪些主要方法？

10. 电力电子器件的缓冲电路是如何分类的？全控型器件的缓冲电路的主要作用是什么？分析 RCD 缓冲电路中各元件的作用。

11. 晶闸管串并联使用时需要注意哪些事项？

12. 晶闸管两端并联阻容吸收电路可起到哪些保护作用？

13. 为什么电力 MOSFET 和 IGBT 较容易并联？在并联使用时需要注意哪些事项？

14. SiC 电力电子器件的主要特点有哪些？

第2章 整流电路

2.1 概述

整流电路（Rectifying Circuit）是一种将交流电能转换为直流电能的电路。通常整流电路由交流电源（工频电网或整流变压器）、整流主电路、滤波器、负载及触发控制电路所构成。它在直流电动机的调速、发电机的励磁调节、电解、电镀等领域得到广泛应用。20世纪70年代以后，主电路多由硅整流二极管和晶闸管组成，滤波器接在主电路与负载之间，用于滤除脉动直流电压中的交流成分。整流变压器设置与否视具体情况而定，整流变压器的作用是实现交流输入电压与整流输出直流电压间的匹配以及交流电网与整流电路之间的电气隔离。

2.1.1 整流电路的分类

（1）按组成整流电路的器件分类

1）不可控电路整流电路：由不可控的整流二极管组成，电路结构确定后其整流输出直流电压的平均值和交流电源电压值的比是固定不变的。

2）半控整流电路：由可控元件和二极管混合组成，在这种电路中，负载电压极性不能改变，但平均值可以调节。

3）全控整流电路：所有的整流元件都是可控的（SCR、GTR、GTO等），其输出直流电压的平均值及极性可以通过控制元件的导通状况而得到调节，在这种电路中，功率既可以由电源向负载传送，也可以由负载反馈给电源，即所谓的有源逆变。

（2）按电路结构分类

1）零式整流电路：指带零点或中性点的电路，又称半波电路。它的特点是所有整流元件的阴极（或阳极）都接到一个公共接点，向直流负载供电，负载的另一根线接到交流电源的零点。

2）桥式整流电路：实际上是由两个半波电路串联而成，故又称全波整流电路。

（3）按交流输入相数分类

1）单相整流电路：对于小功率整流器常采用单相供电。单相整流电路分为半波整流电路、全波整流电路、桥式整流电路及倍压整流电路等。

2）三相整流电路：交流侧由三相电源供电，主要应用在负载容量较大或要求直流电压脉动较小的场合。三相可控整流电路有三相半波可控整流电路、三相半控桥式整流电路和三相全控桥式整流电路。因为三相整流装置中三相是平衡的，输出的直流电压和电流脉动小，对电网影响小，且控制滞后时间短，采用三相全控桥式整流电路时，输出电压交变分量的最低频率是电网频率的6倍，交流分量与直流分量之比也较小，因此滤波器的电感量比同容量的单相或三相半波电路小得多。另外，晶闸管的额定电压值也较低。因此，这种电路适用于大功率变流装置。

3）多相整流电路：随着整流电路的功率进一步增大（如轧钢电动机的功率达数兆瓦），为了减轻对电网的干扰，特别是减轻整流电路高次谐波对电网的影响，可采用十二相、十八相、二十四相，乃至三十六相的多相整流电路。采用多相整流电路能改善功率因数，提高脉动频率，使变压器一次电流的波形更接近正弦波，从而显著减少谐波的影响。理论上，随着相数的增加，可进一步削弱谐波的影响。多相整流电路常用在大功率整流领域，最常用的有双反星形中性点带平衡电抗器接法和三相桥式接法。

（4）按控制方式分类

1）相控式电路：通过控制触发脉冲的相位来控制整流输出直流电压大小的方式称为相位控制方式，简称相控方式。

2）斩波式电路（斩波器）：利用晶闸管和自关断器件来实现通断控制，将直流电源电压断续加到负载上，通过通、断的时间变化来改变负载电压平均值，亦称直流-直流变换器。它具有效率高、体积小、重量轻、成本低等优点，广泛应用于直流牵引的变速拖动中，如城市电车、地铁、蓄电池车等。

（5）按引出方式的不同分类

1）按中性点引出整流电路分：单脉波（单相半波）、两脉波（单相全波）、三脉波（三相半波）、六脉波（六相半波）。

2）按桥式整流电路分：两脉波（单相）桥式、六脉波（三相）桥式。

3）按带平衡电抗器整流电路分：一次侧星形联结的六脉波带平衡电抗器电路（即双反星形带平衡电抗器电路）、一次侧三角形联结的六脉波带平衡电抗器电路。

4）按十二相整流电路分：二次侧星形、三角形联结，桥式并联单机组十二脉波整流电路；二次侧星形、三角形联结，桥式串联十二脉波整流电路；桥式并联等十二脉波整流电路；双反星形带平衡电抗器等十二脉波整流电路。

2.1.2 学习整流电路的基本方法

学习整流电路的关键环节是分析和研究整流电路的工作原理，即根据电路的结构和负载的特性，分析电路中各整流元器件导通和关断的物理过程，从而得出一系列的电压和电流波形，从对波形的分析中导出整流电路的基本参数关系。特别要注意电路的结构型式和直流负载的性质对整流电路的影响，不同的负载，其整流输出电压和电流的波形差别很大，因此在学习中要切实掌握波形分析这一基本功。

1）整流电路的输出直流平均电压与交流输入电压有效值之比与触发延迟角 α 的关系。

2）整流输出平均电流及有效值电流的分析和计算。

3）分析整流元器件的工作情况，确定元器件可能承受的最大电压和流过的最大电流，合理地选择元器件的定额参数。

4）理解和掌握整流电路中常用的技术参数和计算方法，如功率、功率因数、位移因数、波形畸变系数、波纹系数等。这些参数是对一个整流电路技术性能指标的具体评价。

5）注意直流负载的性质对整流电路的影响。不同性质的负载对于整流电路输出的电压、电流波形均有很大影响。负载的性质大致分为以下几种：

①电阻性负载：如电解系统、白炽灯和电焊等属于电阻性负载，它的特点是电流和电压的波形形状相似，电流、电压均允许突变。

②电感性负载：各种电机的励磁绕组、带大电抗器滤波的负载都属于电感性负载，为了便于分析，通常电阻与电感分开，视为电阻串电感形式的负载。其特点是，当电抗值比串联的电阻值大得多时，负载电流波形易于连续且较平直。

③电容性负载：整流电路输出端接大电容滤波，其负载呈电容性的特点，即器件刚导通时会流过很大的电容充电电流，电流波形呈尖峰状，易损坏器件；因此一般不宜在输出端接大电容。

④反电动势负载：整流装置输出端给蓄电池充电或供直流电动机作电源时，属反电动势负载。其特点是，只有当电源电压大于反电动势时，器件才可能导通，电流波形脉动大。

实际上很少有单一性质的负载，对于具体负载应突出其主要的和本质的特点，以便使解决问题的方法得到简化。

6）注重理论学习与实践的结合。必须注重和加强实验环节的训练，注意参加电路或系统的设计和调试，将理论分析和实际相对照，不断实践和总结，才能有效地、切实地掌握知识，获得分析问题、解决问题的方法。

2.1.3　整流电路中常用术语

1）触发延迟角 α：从晶闸管开始承受正向电压到被触发导通这一角度称为触发延迟角 α，触发延迟角又称触发滞后角或控制角。

2）导通角 θ：晶闸管在一个周期内导通的电角度称为导通角。导通角与负载性质有关。

3）移相：改变触发延迟角 α 的大小，即改变触发脉冲 u_g 出现的相位，称为移相。

4）移相控制：改变触发延迟角 α，调节输出电压的控制方式，称为移相控制。

5）移相范围：触发延迟角 α 的允许调节范围。当 α 从 0° 到最大角度 α_{max} 变化时，相应的整流输出电压完成最大到最小的变化。移相范围和电路的结构及负载性质有关。

6）同步：要使整流输出电压稳定，要求触发脉冲信号和晶闸管阳极电压（即交流电源电压）在频率和相位上要协调配合，这种相互协调配合的关系称为同步。

7）自然换相点：当电路中的可控元件全部由不可控元件替代时，各元件的导电转换点称为自然换相点。按定义，在单相电路中，$\omega t = 0°$ 的点就是该电路的自然换相点；在三相电路中，$\omega t = 30°$ 的点就是该电路的自然换相点。

8）换相：某 ωt 时刻，发生的一相晶闸管导通变换为另一相晶闸管导通的过程称为换相。

2.2　单相可控整流电路

2.2.1　单相半波可控整流电路

1. 电阻性负载

（1）工作原理和波形

单相半波可控整流电路（Single Phase Half Wave Controlled Rectifier）带电阻性负载的电

路图及波形图如图 2-1 所示。

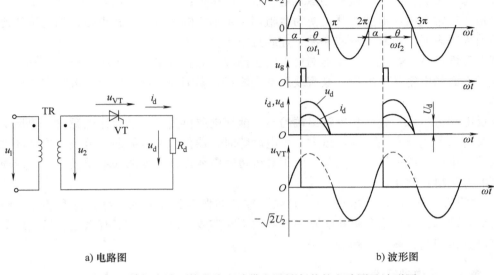

a) 电路图　　　　　　　　　　　　　b) 波形图

图 2-1　单相半波可控整流电路带电阻性负载的电路图及波形图

图 2-1a 是带电阻性负载的单相半波可控整流电路的电路图。变压器二次侧交流电压 u_2、触发脉冲 u_g、整流输出电压（即负载电压）u_d 及晶闸管两端电压 u_{VT} 的波形图如图 2-1b 所示。用示波器测量波形时要注意：①波形中垂直上跳或下跳的线段是显示不出的；②要测量有直流分量的波形必须从示波器的直流测量端（DC）输入且预先确定基准水平线位置。由于是电阻性负载，因此负载直流电流 i_d 的波形与整流输出电压 u_d 的波形的相位是相同的，又因为晶闸管与负载是串联的，所以流过晶闸管的电流 i_{VT} 就是负载直流电流 i_d。

由图 2-1 可见，在 $0 \sim \omega t_1$ 的这段时间内，尽管交流电压 u_2 处于正半周，晶闸管受到正向电压，但是因为门极没有触发脉冲 u_g，晶闸管处于正向阻断状态，负载电压 $u_d = 0$。在 ωt_1 时刻门极加上触发脉冲，晶闸管被触发导通，u_2 电压输出到负载 R_d 上，如略去晶闸管的正向压降，整流输出电压（负载电压）$u_d = u_2$。

在 $\omega t = \pi$ 时，交流电压 u_2 下降为零，晶闸管的阳极电流小于维持电流，而使晶闸管关断。在交流电压 u_2 的负半周，晶闸管由于受到反向电压，继续保持反向阻断状态，负载上的电压、电流始终为零。直到下一个周期的 ωt_2 时，门极加上触发脉冲，晶闸管再次导通。这样，负载 R_d 上就得出如图 2-1b 所示的电压波形。

在单相半波可控整流电路中，显然导通角 $\theta = \pi - \alpha$，触发延迟角 α 越小，则导通角 θ 就越大，整流输出电压的平均值 U_d（即 u_d 波形阴影部分在一个周期内的平均值）就越大。由此可见，只要改变触发延迟角 α 的大小，就能改变整流输出电压平均值 U_d 的大小。

晶闸管两端电压波形 u_{VT} 如图 2-1b 所示。当晶闸管处于导通状态时，如忽略管压降，晶闸管两端电压为零。当晶闸管处于正向和反向阻断状态时，晶闸管两端电压等于交流电压 u_2。

（2）整流输出电压平均值 U_d 的计算

U_d 是 u_d 波形在一个周期内面积的平均值，直流电压表测得的即为此值，U_d 可由下式积分求得

$$U_d = \frac{1}{2\pi}\int_\alpha^\pi \sqrt{2}U_2\sin\omega t\,d(\omega t) = 0.45U_2\frac{1+\cos\alpha}{2} \qquad (2-1)$$

当 $\alpha = 0°$ 时，整流输出电压平均值 U_d 最大，即 $U_d = 0.45U_2$，与二极管半波整流电路整流输出电压平均值相同。随着 α 的增大，整流输出电压平均值 U_d 逐渐减小，当 $\alpha = 180°$ 时，输出电压 $U_d = 0$。故带电阻性负载时，单相半波可控整流电路的移相范围为 $0° \sim 180°$。

在负载上，直流输出电流的平均值为

$$I_d = \frac{U_d}{R_d} = 0.45\frac{U_2}{R_d}\frac{1+\cos\alpha}{2} \qquad (2-2)$$

（3）晶闸管电流与电压的计算

因为晶闸管和负载串联，因此流过晶闸管上的电流显然就是负载电流。

晶闸管电流平均值 $I_{dVT} = I_d$。晶闸管电流有效值 $I_{VT} = K_f I_{dVT} = K_f I_d$。其中，$K_f$ 为电流波形系数。单相半波可控整流电路带电阻性负载时，直流负载电流波形就是整流输出电压（负载电压）波形，它是缺角的正弦半波波形。电流波形系数与电流的波形、触发延迟角 α 的大小有关，计算比较复杂，一般可以查曲线或表格得出，单相半波可控整流电路的波形系数见表 2-1。

表 2-1   单相半波可控整流电路的波形系数

触发延迟角 α	0°	30°	60°	90°	120°	150°
波形系数 K_f	1.57	1.66	1.88	2.22	2.78	3.99

由表 2-1 可知，当 $\alpha = 0°$ 时，电流波形系数 $K_f = 1.57$。

由图 2-1b 中 u_{VT} 波形图可见，晶闸管两端可能出现的最大正向和反向电压 U_{TM} 就是交流电源电压 u_2 的峰值电压，即：$U_{TM} = \sqrt{2}U_2$。

2. 电感性负载与续流二极管

在实际应用中，除了上述电阻性负载外，经常遇到的是电感性负载，如各种电机的励磁绕组、各种电感线圈等。电感性负载既包含电感，又包含电阻，因而可用串联的电感 L 和电阻 R 表示。由于电感对电流的变化有阻碍作用，电感中的电流不能突变，当流过电感中的电流变化时，在电感两端要产生感应电动势，阻止电流变化。当电流增加时，感应电动势的极性阻止电流增加；当电流减小时，感应电动势的极性阻止电流减小。故可控整流电路带电感性负载和带电阻性负载的工作情况大不相同。

（1）工作原理和波形

单相半波可控整流电路带电感性负载时的电路图及波形图如图 2-2 所示。

当 $\omega t_1 = \alpha$ 时，晶闸管 VT 被触发导通，交流电压 u_2 立即加到负载（L_d 和 R_d）上，在负载上立即出现整流输出电压 u_d，但由于电感 L_d 的作用，产生阻碍电流变化的感应电动势（其极性在图 2-2a 中为上正下负），电感中电流（即负载电流）不能突变，只能从零逐步上升。当电流上升到最大值时，感应电动势为零，然后在电流减小时，感应电动势也就改变极性（在图 2-2a 中为上负下正）。当交流电压 u_2 下降到零时，由于电感的感应电动势的作用，

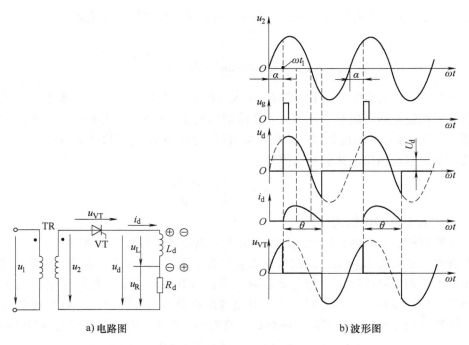

a) 电路图   b) 波形图

图 2-2 单相半波可控整流电路带电感性负载的电路图及波形图

晶闸管 VT 仍受正向电压而导通，即使交流电压 u_2 由零变负，只要 $|e_L| > |u_2|$，晶闸管 VT 就仍受正向电压，晶闸管将继续导通，负载上整流输出电压 u_d 出现负值，直到晶闸管阳极电流小于维持电流时，晶闸管 VT 关断并立即承受反向电压。

由以上分析可以归纳电力电子电路的一种基本分析方法，实际上电力电子电路中存在非线性的电力电子器件，若忽略开通过程和关断过程，可将器件理想化，将电路简化为分段线性电路，则器件的每种状态对应于一种线性电路拓扑。将上述方法用于单相半波电路的分析，即当 VT 处于断态时，相当于电路在 VT 处断开，$i_d = 0$；当 VT 处于通态时，相当于 VT 处短路，如图 2-3 所示。

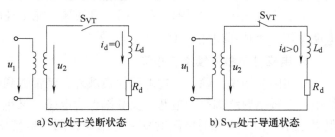

a) S_{VT} 处于关断状态   b) S_{VT} 处于导通状态

图 2-3 单相半波可控整流电路的分段线性等效电路

由图 2-2 的波形图可见，带电感性负载时，整流输出电压 u_d 和电流 i_d 的波形与电阻性负载大不相同，由于电感 L_d 作用，整流输出电压 u_d 将出现一段时间的负电压，使整流输出电压平均值 U_d 减小。电感 L_d 越大，负电压部分越大，使整流输出电压平均值 U_d 下降越多。当电感 L_d 很大，满足 $\omega L_d \gg R_d$ 的条件（通常 $\omega L_d > 10 R_d$ 即可）时，负载上整流输出电压 u_d 波形的正、负面积接近相等，整流输出电压的平均值 $U_d \approx 0$。由此可见，单相半波可控整流电路用于大电感负载时，不管 α 如何调节，整流输出电压平均值 U_d 总是很小，因此这种电路实际上并不被采用。实际的单相半波可控整流电路在带有电感性负载时，都在负载两端并联有续流二极管。

（2）续流二极管的作用

为了去掉输出电压的负值部分，可以在负载两端并联一个二极管 VD，如图 2-4a 所示，这个二极管称为"续流二极管"。当交流电压 u_2 为正时，晶闸管触发导通，此时负载两端电压为正，续流二极管受反压不导通，负载上电压波形与不加续流二极管相同。当交流电压 u_2 由过零值变负时，续流二极管因受到正向电压而导通，晶闸管由于受到负电压而关断，负载电流此时在感应电动势的作用下，将通过续流二极管形成回路，沿着负载与续流二极管继续流通，此时负载两端电压近似为零。

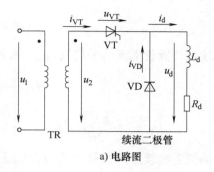

a) 电路图

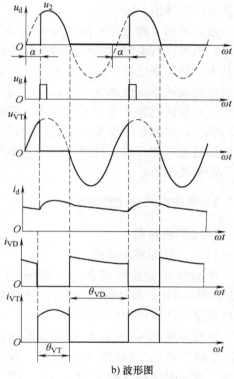

b) 波形图

图 2-4 大电感负载带续流二极管的
电路图及波形图

当电感 L_d 很大时（$\omega L_d > 10R_d$），即所谓大电感负载时，此时由于电感的滤波作用，使得负载电流 i_d 基本趋于平稳，可以看成是一条平行于横轴的直线。负载电流由流过晶闸管的电流 i_{VT} 和续流二极管的电流 i_{VD} 这两部分组成。负载电流的流通路径为：在晶闸管导通时，通过晶闸管流通，波形图中晶闸管的导通角用 θ_{VT} 表示；当晶闸管关断时，负载电流是通过续流二极管流通的，续流二极管的导通角用 θ_{VD} 表示，如图 2-4b 所示。从图 2-4b 的波形图可见，大电感负载的负载电流 i_d 近似为一条水平线，而晶闸管电流 i_{VT} 与续流二极管电流 i_{VD} 则近似为矩形波。

（3）带续流二极管的大电感负载电路的计算

由于电路输出电压波形已经去掉了负值部分，因此输出电压波形与带电阻性负载时相同，整流输出电压平均值的计算公式也与带电阻性负载时相同。即

$$U_d = 0.45U_2 \frac{1 + \cos\alpha}{2} \qquad (2-3)$$

移相范围与带电阻性负载时相同，均为 $0° \sim 180°$。

负载直流电流的平均值为

$$I_d = \frac{U_d}{R_d} \qquad (2-4)$$

由式（2-4）可知，这一负载直流电流是由晶闸管与续流二极管两条路径提供的，晶闸管电流的平均值 I_{dVT} 与有效值 I_{VT} 分别为

$$I_{dVT} = \frac{\theta_{VT}}{360°}I_d = \frac{180° - \alpha}{360°}I_d \qquad (2-5)$$

$$I_{VT} = \sqrt{\frac{180° - \alpha}{360°}} I_d \qquad (2\text{-}6)$$

续流二极管电流的平均值 I_{dVD} 与有效值 I_{VD} 分别为

$$I_{dVD} = \frac{\theta_{VD}}{360°} I_d = \frac{180° + \alpha}{360°} I_d \qquad (2\text{-}7)$$

$$I_{VD} = \sqrt{\frac{180° + \alpha}{360°}} I_d \qquad (2\text{-}8)$$

晶闸管和续流二极管上的最大电压均为交流电压的峰值，即 $\sqrt{2}\,U_2$。

虽然单相半波可控整流电路的电路结构简单，但存在带电阻性负载时输出直流电压脉动大、整流变压器二次绕组中存在直流电流分量造成铁心直流磁化等缺点，因而单相半波可控整流电路只适用于小容量、要求不高的场合。在单相可控整流电路中应用得较为广泛的是单相桥式全控整流电路和单相桥式半控整流电路。

2.2.2 单相桥式全控整流电路

1. 电阻性负载

（1）工作原理和波形

单相桥式全控整流电路（Single Phase Bridge Controlled Rectifier）带电阻性负载时的电路图及波形图如图 2-5 所示。

在交流电压 u_2 的正半周时（即 a 端为正、b 端为负），晶闸管 VT_1 和 VT_3 受正向电压，在 α 时刻同时触发 VT_1、VT_3，使其导通。电流通路从 $a \rightarrow VT_1 \rightarrow R_d \rightarrow VT_3 \rightarrow b$ 回到变压器，整流输出电压 $u_d = u_2$。在 $0 \sim \pi$ 期间，晶闸管 VT_2、VT_4 均受反向电压而截止。当 $\omega t = 180°$ 时，交流电压 u_2 减小到零，使晶闸管 VT_1、VT_3 因电流小于维持电流而关断。在交流电压 u_2 的负半周时（即 a 端为负、b 端为正），仍在 α 时刻同时触发 VT_2、VT_4，使其导通。电流从 $b \rightarrow VT_2 \rightarrow R_d \rightarrow VT_4 \rightarrow a$ 回到变压器。当交流电压 u_2 再次过零时，晶闸管 VT_2、VT_4 关断。如此周而复始，只要在门极上每隔 $180°$ 轮流触发晶闸管 VT_1、

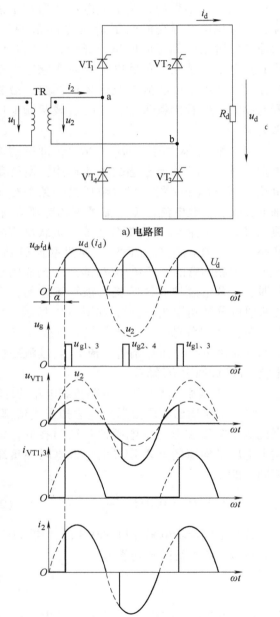

a）电路图

b）波形图

图 2-5　单相桥式全控整流电路带电阻性负载的电路图及波形图

VT_3 和 VT_2、VT_4，在负载上就得到了由触发延迟角 α 控制的整流输出电压 u_d。输出电压和电流波形图如图 2-5b 所示。

（2）整流输出电压平均值 U_d 的计算

由波形图可见，全控桥的整流输出电压比半波可控整流电路多了一倍的波形面积，因此整流输出电压平均值 U_d 显然也比半波可控整流要多一倍，U_d 可按下式计算：

$$U_d = \frac{1}{\pi} \int_\alpha^\pi \sqrt{2} U_2 \sin\omega t \mathrm{d}(\omega t) = 0.9 U_2 \frac{1 + \cos\alpha}{2} \tag{2-9}$$

当 $\alpha = 0°$ 时，$U_d = 0.9 U_2$；当 $\alpha = 180°$ 时，$U_d = 0\mathrm{V}$；带电阻性负载时，电路的移相范围为 $0° \sim 180°$。

（3）晶闸管电流与电压的计算

电阻性负载的电流波形与电压波形是完全一致的，输出直流电流平均值 I_d 可由整流输出电压平均值 U_d 得出

$$I_d = \frac{U_d}{R_d} = 0.9 \frac{U_2}{R_d} \frac{1 + \cos\alpha}{2} \tag{2-10}$$

晶闸管上的电流波形 i_{VT} 如图 2-5b 所示，由于波形所包围的面积仅仅是负载电流波形面积的一半，因此晶闸管电流平均值 I_{dVT} 也就是 I_d 的一半：

$$I_{dVT} = \frac{1}{2} I_d = 0.45 \frac{U_2}{R_d} \frac{1 + \cos\alpha}{2} \tag{2-11}$$

流过晶闸管的电流有效值为

$$I_{VT} = \sqrt{\frac{1}{2\pi} \int_\alpha^\pi \left(\frac{\sqrt{2} U_2}{R_d} \sin\omega t \right)^2 \mathrm{d}(\omega t)} = \frac{U_2}{\sqrt{2} R_d} \sqrt{\frac{1}{2\pi} \sin 2\alpha + \frac{\pi - \alpha}{\pi}} \tag{2-12}$$

晶闸管承受的最大正向压降为 $(\sqrt{2}/2) U_2$，晶闸管承受的最大反向压降为 $\sqrt{2} U_2$，故晶闸管两端的电压最大值 U_{TM} 显然仍取交流电压 u_2 的峰值，即 $U_{TM} = \sqrt{2} U_2$（不考虑裕量）。

（4）变压器容量的计算

不考虑变压器的损耗时，要求变压器的容量为 $S = U_2 I_2$。变压器二次电流有效值 I_2 与输出电流 I 有效值相等，即

$$I = I_2 = \sqrt{\frac{1}{\pi} \int_\alpha^\pi \left(\frac{\sqrt{2} U_2}{R_d} \sin\omega t \right)^2 \mathrm{d}(\omega t)} = \frac{U_2}{R_d} \sqrt{\frac{1}{2\pi} \sin 2\alpha + \frac{\pi - \alpha}{\pi}} \tag{2-13}$$

2. 电感性负载

（1）工作原理和波形

单相桥式全控整流电路带大电感负载时的电路图及波形图如图 2-6 所示。

为了便于讨论，假设电路已工作于稳态，i_d 的平均值不变。从图 2-6b 所示波形图上可以看出，与电阻性负载相比较，不同之处在于：整流输出电压 u_d 的波形不同，大电感负载时，u_d 波形出现负值。在交流电压 u_2 正半周的 ωt_1 时，晶闸管 VT_1 和 VT_3 被同时触发导通，u_2 加于负载上，此时 VT_2 和 VT_4 受到反向电压而关断。当交流电压 u_2 过零变负时，由于电感上感应电动势的作用，使晶闸管 VT_1、VT_3 继续导通，整流输出电压 u_d 就出现负值部分，直至 u_2 负半周同一触发延迟角 α 所对应的 ωt_2 时刻，触发 VT_2、VT_4 导通，使 VT_1 和 VT_3 受

到反向电压而关断，从而使电流 i_d 从晶闸管 VT_1 和 VT_3 转换到另外一对晶闸管 VT_2 和 VT_4 上去，此过程称为换相，亦称换流。同样，VT_2 和 VT_4 也是由于 VT_1 和 VT_3 的触发导通受到反向电压而关断。晶闸管的导通角 θ 始终是 180°，与触发延迟角 α 的大小无关。假设负载电感很大，负载电流 i_d 连续且波形近似为一水平线。晶闸管电流的波形是半个周期导通、半个周期截止的矩形波。这是由于一对晶闸管的关断，依赖于另一对晶闸管的触发导通，而触发脉冲是每隔 180° 触发一次。变压器二次电流 i_2 的波形为正、负各 180° 的矩形波，其相位由 α 角决定，有效值 $I_2 = I_d$。

（2）整流输出电压平均值 U_d 的计算

单相桥式全控整流电路带大电感负载时，由于输出电压出现了负值，因此当触发延迟角 α 相同时，电路的输出电压比带电阻性负载时要低，整流输出电压平均值 U_d 的大小可由下式求得：

$$U_d = \frac{1}{\pi} \int_{\alpha}^{\pi+\alpha} \sqrt{2}\,U_2 \sin\omega t \, d(\omega t) = 0.9 U_2 \cos\alpha$$

（2-14）

当 $\alpha = 0°$ 时，U_d 最大为 $0.9 U_2$；当 $\alpha = 90°$ 时，$U_d = 0$，如图 2-6c 所示，当 $\alpha = 90°$ 时，整流输出电压 u_d 波形的正、负面积正好抵消，$U_d = 0$。故单相桥式全控整流电路带大电感负载时，移相范围为 0°~90°。

（3）晶闸管电流与电压的计算

负载直流电流的平均值为

$$I_d = \frac{U_d}{R_d} \qquad (2\text{-}15)$$

晶闸管电流平均值 I_{dVT} 和有效值 I_{VT} 分别为 $I_{dVT} = \dfrac{I_d}{2}$ 和 $I_{VT} = \dfrac{I_d}{\sqrt{2}}$。晶闸管两端的最大电压 U_{TM} 为交流电压 u_2 的峰值 $U_{TM} = \sqrt{2}\,U_2$。

3. 反电动势负载

当负载为蓄电池或直流电动机等时，负载可看成是一个直流电压源，对于整流电路，它

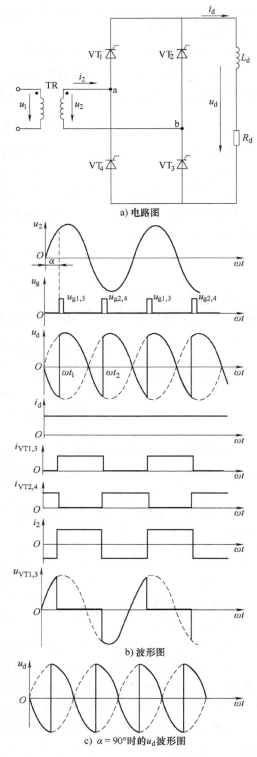

a) 电路图

b) 波形图

c) $\alpha = 90°$ 时的 u_d 波形图

图 2-6 单相桥式全控整流电路带大电感负载的电路图及波形图

们就是反电动势负载, 如图 2-7a 所示。在 $|u_2| > E_M$ 时, 晶闸管承受正电压, 才有导通的可能, 导通之后, $u_d = u_2$, $I_d = \dfrac{u_d - E_M}{R}$, 直至 $|u_2| = E_M$, i_d 即降至 0 使得晶闸管关断, 此后 $u_d = E_M$。与电阻性负载时相比, 晶闸管提前了电角度 δ 停止导电, 如图 2-7b 所示, δ 称为停止导电角, $\delta = \sin^{-1} \dfrac{E_M}{\sqrt{2}\,U_2}$。

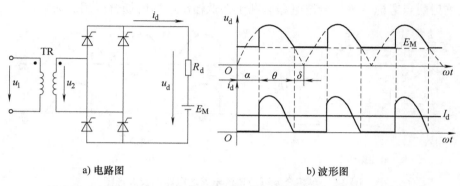

a) 电路图　　　　　　　　　　b) 波形图

图 2-7　单相桥式全控整流电路接反电动势负载时的电路图及波形图

在 α 角相同时, 整流输出电压比带电阻性负载时高。如图 2-7b 所示, i_d 波形在一个周期内有部分时间为 0 的情况, 称为电流断续。与此对应, 若 i_d 波形不出现为 0 的点的情况, 称为电流连续。当 $\alpha < \delta$ 触发脉冲到来时, 晶闸管承受负电压, 不可能导通。为了使晶闸管可靠导通, 要求触发脉冲有足够的宽度, 保证当 $\omega t = \delta$ 时刻有晶闸管开始承受正电压时, 触发脉冲仍然存在。这样, 相当于触发延迟角被推迟为 δ。

负载为直流电动机时, 如果出现电流断续则直流电动机的机械特性将很软。为了克服此缺点, 一般在主电路直流输出侧串联一个平波电抗器, 用来减小电流的脉动和延长晶闸管导通的时间。

这时整流输出电压 u_d 的波形和负载电流 i_d 的波形与电感性负载电流连续时的波形相同, u_d 的计算公式也一样。针对直流电动机在低速轻载运行时电流连续的临界情况, 给出 u_d 和 i_d 的波形, 如图 2-8 所示。

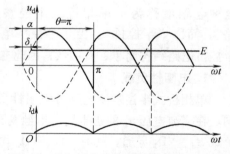

为保证电流连续所需的电感量 L 可由下式求出:

$$L = \frac{2\sqrt{2}\,U_2}{\pi\omega I_{dmin}} = 2.87 \times 10^{-3}\,\frac{U_2}{I_{dmin}} \qquad (2\text{-}16)$$

图 2-8　单相桥式全控整流电路带反电动势负载电流临界连续的波形

单相桥式全控整流电路要用 4 个晶闸管, 电路较复杂, 技术性能指标好, 主要应用于要求较高或要求逆变的小功率单相可控整流电路中。

4. 单相全波可控整流电路 (又称单相双半波可控整流电路)

单相全波可控整流电路 (Single Phase Full Wave Controlled Rectifier) 的电路图及波形图

如图 2-9 所示。单相全波与单相全控桥从直流输出端或从交流输入端看均是基本一致的。两者的区别在于：

1）单相全波中整流变压器二次绕组带中心抽头，结构较复杂，消耗材料较多。

2）单相全波只用 2 个晶闸管，比单相全控桥少 2 个，相应的门极驱动电路也少 2 个；但是晶闸管承受的最大电压为 $2\sqrt{2}\,U_2$，是单相全控桥的 2 倍。

3）单相全波导电回路只含 1 个晶闸管，比单相桥少 1 个，因而管压降也少 1 个。

从上述后两点考虑，单相全波电路有利于在低输出电压的场合应用。

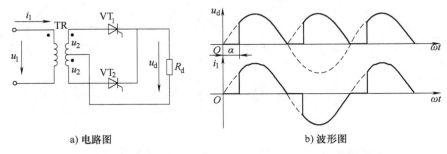

a) 电路图   b) 波形图

图 2-9　单相全波可控整流电路的电路图及波形图

2.2.3　单相桥式半控整流电路

　　单相桥式全控整流电路中，需要两个串联的晶闸管（如 VT_1、VT_3）同时导通，才能形成电流回路，而实际上一条支路的导通只要用一个晶闸管就可以进行控制了，因此可将图 2-5 单相桥式全控整流电路中的两个晶闸管 VT_3 和 VT_4 改为二极管 VD_1 和 VD_2，如图 2-10 所示。电路也可以正常进行工作，这种电路就称为"单相桥式半控整流电路"，简称"半控桥"。由于半控桥电路比

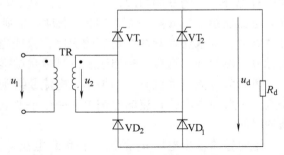

图 2-10　单相半控桥带电阻性负载的电路图

全控桥电路结构简单、费用低，因此在一般桥式可控整流电路中得到了较广泛的应用。

1. 电阻性负载

　　单相桥式半控整流电路带电阻性负载时，其工作情况与单相桥式全控整流电路完全相同。在交流电压 u_2 的正半周，当触发脉冲 u_{g1} 到来时，晶闸管 VT_1 触发导通，电流经过 VT_1、负载 R_d、VD_1 导通，此时 VT_2、VD_2 均承受反向电压而截止，到 u_2 过零时，晶闸管 VT_1 关断。在交流电压 u_2 的负半周，当触发脉冲 u_{g2} 到来时，晶闸管 VT_2 触发导通，电流经过 VT_2、负载 R_d、VD_2 导通，到 u_2 过零时，晶闸管 VT_2 关断。电路的整流输出电压 u_d 的波形、晶闸管电流 i_{VT} 的波形也与图 2-5b 完全一样。因此电路计算与单相全控桥也相同。

2. 电感性负载

（1）工作原理和波形

　　单相桥式半控整流电路带大电感负载的电路图及波形图如图 2-11 所示。

分析该电路工作原理时，应注意到二极管只要受正向阳极电压就可导通，而晶闸管不仅要受正向阳极电压且门极需施加正向触发脉冲才能导通。电路的工作过程如下：

当电感足够大时，负载电流 i_d 的波形是一条水平线，在交流电压 u_2 的正半周，当 $\omega t = \alpha$ 时，晶闸管 VT_1 被触发导通，电流经 VT_1、R_d、VD_1 流通，u_2 加到负载上。当 u_2 下降到零开始变负时，由于电感 L_d 作用，晶闸管 VT_1 继续导通，但此时 a 点电位比 b 点电位低，因而二极管 VD_2 导通，二极管 VD_1 受反向电压而截止，负载电流 i_d 经 VD_2、VT_1 导通。这时二极管 VD_2 和晶闸管 VT_1 起到续流二极管作用，整流输出电压 $u_d = 0$。

在交流电压 u_2 的负半周，晶闸管 VT_2 受正向电压，当 $\omega t = \pi + \alpha$ 时，晶闸管 VT_2 被触发导通。VT_2 导通后，电流经 VT_2、R_d、VD_2 流通，而 VT_1 受反向电压而关断。当交流电压 u_2 上升到零开始变正时，由于电感 L_d 作用，晶闸管 VT_2 继续导通，但此时 b 点电位比 a 点电位低，因而 VD_1 导通，VD_2 受反向电压而截止。这时 VT_2 和 VD_1 起到续流二极管的作用，整流输出电压 $u_d = 0$。整流输出电压 u_d、负载电流 i_d 的波形如图 2-11b 所示。

虽然单相桥式半控整流电路带大电感负载时具有自然续流作用，不接续流二极管也能工作，但在突然切断触发脉冲时，

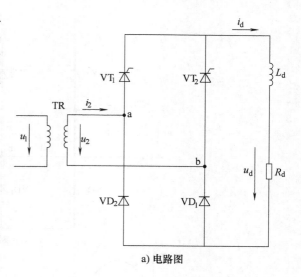

a) 电路图

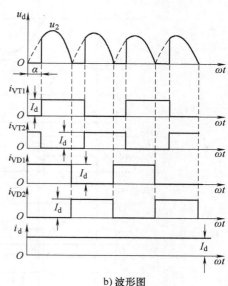

b) 波形图

图 2-11　单相桥式半控整流电路带大电感
负载的电路图及波形图

电路将可能发生正在导通的晶闸管一直导通，而两个二极管轮流导通的失控现象。例如在 VT_1 和 VD_1 导通时，突然切断触发脉冲，当交流电压 u_2 过零变负时，由于电感 L_d 的作用，晶闸管 VT_1 继续导通，而 VD_1 和 VD_2 自然续流，负载电流将通过 VD_2、VT_1 进行续流，只要电感足够大，这一续流过程完全可以延续到整个负半周；当交流电压 u_2 又进入正半周时，晶闸管 VT_1 因为始终有电流，一直继续导通，而 VD_1 和 VD_2 换流，电路将由 VT_1、VD_1 通路输出完整的正弦正半周波形，u_2 过零以后又通过 VD_2、VT_1 进行续流，如此就产生晶闸管 VT_1 一直导通，二极管 VD_1、VD_2 轮流导通的失控现象，此时，电路输出将是完整的正弦半波波形，这在实际使用中是不允许的。单相桥式半控整流电路在带大电感负载时，必须在负载两端并联续流二极管，如图 2-12 所示。

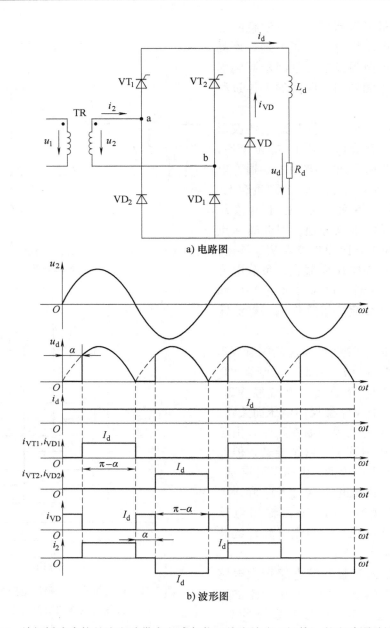

图 2-12　单相桥式半控整流电路带大电感负载（接有续流二极管）的电路图及波形图

接上续流二极管后，当交流电压 u_2 过零时，负载电流经续流二极管 VD 续流，使整流输出端只有 1V 左右的压降，晶闸管 VT_1 因电流小于维持电流而关断，这样就不会出现上述失控现象。接有续流二极管的电路的输出电压、电流波形图如图 2-12b 所示。

（2）整流输出电压平均值 U_d 的计算

由上述分析可知，大电感负载带有续流二极管时，整流输出电压 u_d 的波形与带电阻性负载时的整流输出电压 u_d 波形完全相同，因此对于单相半控桥来讲，无论是何种负载，整流输出电压平均值的计算公式为

$$U_d = 0.9U_2\frac{1 + \cos\alpha}{2} \qquad (2\text{-}17)$$

单相半控桥的移相范围与负载性质无关，均为 $0° \sim 180°$。

（3）晶闸管电流与电压的计算

负载直流平均电流为

$$I_d = \frac{U_d}{R_d} = 0.9\frac{U_d}{R_d}\frac{1 + \cos\alpha}{2} \qquad (2\text{-}18)$$

由图 2-12 可知，晶闸管和整流二极管电流均为矩形波，若触发延迟角为 α，则晶闸管和整流二极管导通角均为 $\theta = 180° - \alpha$，因此晶闸管电流平均值和有效值分别为

$$I_{dVT} = \frac{\theta}{360°}I_d = \frac{180° - \alpha}{360°}I_d \quad (2\text{-}19)$$

$$I_{VT} = \sqrt{\frac{180° - \alpha}{360°}}I_d \qquad (2\text{-}20)$$

整流二极管电流平均值和有效值与晶闸管相同。

续流二极管电流为每 $180°$ 导通一次，导通角 $\theta = \alpha$，因此续流二极管电流平均值和有效值分别为

$$I_{dVD} = \frac{\alpha}{180°}I_d \qquad (2\text{-}21)$$

$$I_{VD} = \sqrt{\frac{\alpha}{180°}}I_d \qquad (2\text{-}22)$$

晶闸管和整流二极管上的最大电压 U_{TM} 为电源电压的峰值：$U_{TM} = \sqrt{2}U_2$。

3. 单相半控桥的其他接法

单相半控桥除了如图 2-10 所示的接法以外，还有如图 2-13 所示的接法。

如图 2-13 所示的接法，其优点是 2 个串联二极管除整流作用外还可以起到续流二极管的作用，从而省去了 1 个续流二极管；缺点是 2 个晶闸管这样连接没有了公共阴极，2 个晶闸管的触发脉冲必须彼此隔离。图中晶闸管的导通角与以前一样为 $180° - \alpha$，但二极管的导通角扩大为 $180° + \alpha$。

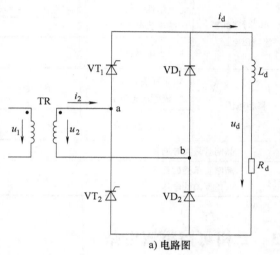

a) 电路图

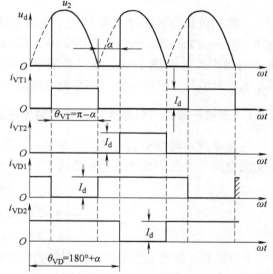

b) 波形图

图 2-13　单相半控桥的其他接法的电路图及波形图

单相桥式半控整流电路的电路结构较简单、技术性能指标较好、应用较广泛，但该电路

不能应用于逆变工作状态。

常用单相可控整流电路的主要特性参数见表 2-2。

表 2-2 常用单相可控整流电路的主要特性参数

参数名称		单相半波可控整流电路	单相桥式半控整流电路	单相桥式全控整流电路
$\alpha = 0°$ 时空载整流输出电压 U_{d0}		$0.45U_2$	$0.9U_2$	$0.9U_2$
$\alpha \neq 0°$ 时空载整流输出电压	电阻性负载或带续流管电感负载	$\dfrac{U_{d0}(1+\cos\alpha)}{2}$	$\dfrac{U_{d0}(1+\cos\alpha)}{2}$	$\dfrac{U_{d0}(1+\cos\alpha)}{2}$
	大电感负载	—	$\dfrac{U_{d0}(1+\cos\alpha)}{2}$	$U_{d0}\cos\alpha$
移相范围	电阻性负载或带续流管电感负载	$0°\sim180°$	$0°\sim180°$	$0°\sim180°$
	大电感负载	—	$0°\sim180°$	$0°\sim90°$
晶闸管最大导通角		$180°$	$180°$	$180°$
晶闸管承受的最大正反向的电压		$\sqrt{2}\,U_2$	$\sqrt{2}\,U_2$	$\sqrt{2}\,U_2$

2.3 三相可控整流电路

一般在负载容量超过 4kW 以上、要求直流电压脉动较小的场合，应采用三相可控整流电路（Three-Phase Controlled Rectification Circuit）。三相可控整流电路形式很多，有三相半波（三相零式）、三相桥式、双反星形等，但三相半波可控整流电路是最基本的组成形式，其他电路都可看作三相半波可控整流电路的串联与并联。

2.3.1 三相半波（三相零式）不可控整流电路

三相半波不可控整流电路如图 2-14a 所示，由三相变压器供电，也可直接接到三相四线制交流电网，二次侧相电压有效值为 U_{2p}，线电压为 U_{2l}，其表达式为

$$u_a = \sqrt{2}\,U_{2p}\sin\omega t \tag{2-23}$$

$$u_b = \sqrt{2}\,U_{2p}\sin(\omega t - 120°) \tag{2-24}$$

$$u_c = \sqrt{2}\,U_{2p}\sin(\omega t - 240°) \tag{2-25}$$

3 个整流二极管的阴极连在一起接到负载端，称为共阴接法，而其阳极分别接到三相变压器二次侧，三相变压器为三角形-星形联结，一次侧接成三角形避免 3 次谐波流入电网，整流输出电压 u_d、电流 i_d 波形如图 2-14b 所示。

整流二极管导通的唯一条件是阳极电位高于阴极电位，在相电压波形中，在 $\omega t_1\sim\omega t_2$ 期间，u_a 瞬时电压正值最高，整流二极管 VD_1 导通，忽略管子正向压降，a 与 K 点同电位，K 点电位也最高，致使 VD_2、VD_3 受反压而不能导通。同理在 $\omega t_2\sim\omega t_3$ 期间转为 VD_2 导通，在 $\omega t_3\sim\omega t_4$ 期间转为 VD_3 导通。因此三相半波不可控整流电路，任何时刻只有与阳极电压最高

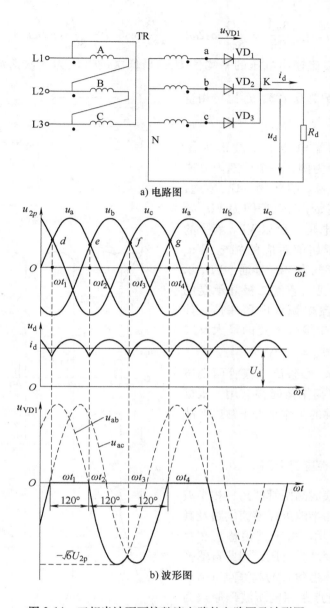

a) 电路图

b) 波形图

图 2-14 三相半波不可控整流电路的电路图及波形图

的一相连接的整流二极管导通（换流时除外），按交流电源的相序每管轮流导通 120°。三相
变压器二次侧相电压正半周相邻波形的交点，即图 2-14b 中 ωt_1、ωt_2、ωt_3 时刻称为自然换
流点（换相点），在换流点后各相的整流二极管自然转为导通，原导通的管子自然关断，整
流总是由低电压相转换为高电压相输出，负载 R_d 上得到的整流输出电压 U_d 由三相相电压轮
流提供，为三相二次侧相电压波形的正向包络线，其整流输出电压平均值 U_d 为

$$U_d = \frac{1}{2\pi/3} \int_{\pi/6}^{5\pi/6} \sqrt{2}\, U_{2p} \sin\omega t \mathrm{d}(\omega t) = 1.17 U_{2p} \tag{2-26}$$

将三相半波整流输出电压 u_d 波形用傅里叶级数展开可得

$$u_d = \sqrt{2}\,U_{2p}\left(\frac{3\sqrt{3}}{2\pi} + \frac{3\sqrt{3}}{8\pi}\cos 2\omega t - \frac{3\sqrt{3}}{35\pi}\cos 6\omega t + \frac{3\sqrt{3}}{80\pi}\cos 9\omega t + \cdots\right) \qquad (2\text{-}27)$$

其中直流分量即为整流输出电压的平均值 U_d，最低次的谐波为 3 次谐波分量，其幅值为 $\dfrac{3\sqrt{6}}{8\pi}U_{2p}$，其纹波因数为 0.183，远比单相整流电路小。

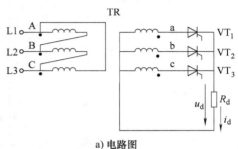

a) 电路图

整流二极管两端电压 u_{VD1} 波形如图 2-14b 所示。以 VD_1 为例，一个周期内分成 3 个区间：在 $\omega t_1 \sim \omega t_2$ 期间为 VD_1 导通，u_{VD1} 为一条直线；在 $\omega t_2 \sim \omega t_3$ 期间为 VD_2 导通，b 点与 K 点同电位，所以 VD_1 承受的电压为 u_{ab}（线电压超前对应的相电压 u_a 30°）；在 $\omega t_3 \sim \omega t_4$ 期间为 VD_3 导通，VD_1 承受 u_{ac} 电压。由此可见，整流二极管承受的最大反向电压为交流电源线电压峰值。如 $U_{2p}=220V$，则整流二极管承受的最大反向电压至少应大于 $\sqrt{6}\,U_{2p} = 539V$。

整流输出电压 u_d 和整流二极管两端电压 u_{VD} 的波形在调试与维修时很有用，根据波形可判断各元器件的工作是否正常以及故障出在何处。

2.3.2 三相半波可控整流电路

将整流二极管换成晶闸管即为三相半波可控整流电路，三相半波可控整流电路及其波形图如图 2-15 所示。由于三相整流在自然换流点之前晶闸管承受反压，因此自然换流点是晶闸管触发延迟角 α 的起算点（$\alpha = 0°$）。由于自然换流点距相电压波形原点为 30°，所以触发脉冲距对应相电压的原点为 $30° + \alpha$。

1. 电阻性负载

当 $\alpha = 0°$（即 $\omega t = 30°$）时，触发脉冲在自然换相点加入，电路工作情况与二极管整流时一样。但注意这种电路对触发脉冲是有一定要求的，它要求 u_{g1}、u_{g2}、u_{g3} 这 3 个触发脉冲各自相隔 120°，而且按照 1—2—3—1—2—3—…这样的顺序分别加到 VT_1、

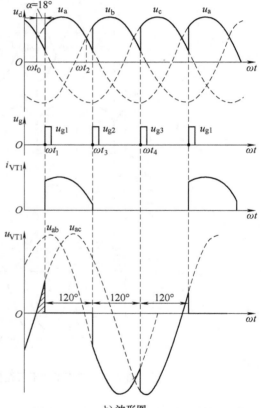

b) 波形图

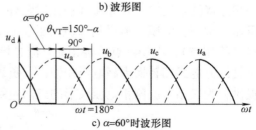

c) $\alpha=60°$时波形图

图 2-15 三相半波可控整流电路的电路图及波形图

VT$_2$、VT$_3$ 这 3 个晶闸管上。

当 $\alpha \leq 30°$ 时，整流输出电压 u_d 的波形如图 2-15b 所示（图示为 $\alpha = 18°$ 时的情况）。触发脉冲 u_{g1} 在自然换相点 ωt_0 后延迟 α 角（即 ωt_1 时刻）触发 VT$_1$ 管，这时 a 相相电压最高，VT$_1$ 管导通后，VT$_2$、VT$_3$ 管承受反压，因此即使 VT$_2$、VT$_3$ 管同时被触发也不可能导通。VT$_1$ 管导通到 VT$_2$ 管的自然换相点 ωt_2 时，由于触发脉冲 u_{g1}、u_{g2}、u_{g3} 间隔为 120°，此时触发脉冲 u_{g2} 还未出现，VT$_2$ 管无法导通，故 VT$_1$ 管也无法关断。继续导通到 ωt_3 时刻，直至触发脉冲 u_{g2} 到来，触发 VT$_2$ 管导通后，才迫使 VT$_1$ 管关断，负载上电压波形由 u_a 转换为 u_b，整流输出电压 u_d、晶闸管 VT$_1$ 的电流 i_{VT1} 与两端电压 u_{VT1} 波形分别如图 2-15b 所示。由上述分析可以看出，在 $\alpha \leq 30°$ 时，每个晶闸管始终轮流导通 120°，整流输出电压平均值 U_d 为

$$U_d = \frac{1}{2\pi/3} \int_{\alpha+\frac{\pi}{6}}^{\alpha+\frac{5\pi}{6}} \sqrt{2} U_{2p}\sin\omega t \mathrm{d}(\omega t) = 1.17U_{2p}\cos\alpha \qquad (0° < \alpha \leq 30°) \qquad (2\text{-}28)$$

当 $30° < \alpha \leq 150°$ 时，VT$_1$ 管同样在触发脉冲 u_{g1} 来到时被触发导通，但当 VT$_1$ 管导通到 $\omega t = 180°$，即 a 相相电压正半周结束 $u_a = 0$ 时，VT$_1$ 管因阳极电压为零不再满足导通条件被自行关断，而在此时 u_{g2} 尚未到来，VT$_2$ 管还未被触发导通，从而造成 3 个管子均不导通的情况，负载上没有电流流过，整流输出电压等于零。这种情况下，电流波形出现了断续，每个晶闸管导通的电角度小于 120°，此时的整流输出电压波形如图 2-15c 所示。在这个区间中，整流输出电压平均值 U_d 为

$$U_d = \frac{1}{2\pi/3} \int_{\frac{\pi}{6}+\alpha}^{\pi} \sqrt{2} U_{2p}\sin\omega t \mathrm{d}(\omega t) = 1.17U_{2p}\frac{1+\cos(30°+\alpha)}{\sqrt{3}} \qquad (30° < \alpha \leq 150°)$$

$$(2\text{-}29)$$

随着触发延迟角 α 的增大，触发脉冲不断后移，整流输出电压 U_d 不断减小。到 $\alpha = 150°$ 即 $\omega t = 180°$ 时，触发脉冲出现时晶闸管阳极电压已为零而不能触发导通，整流输出电压 u_d 波形变为一条直线，$U_d = 0$。因此，三相半波可控整流电路在带电阻性负载时 α 的移相范围为 0°~150°。当 $\alpha > 150°$ 时，晶闸管总是不能触发导通，整流输出电压始终为零。整流输出电压的波形始终是一条直线。（但在用示波器观察波形时，在 $\alpha > 150°$ 的情况下，可能会看到一些尖脉冲状的毛刺而不是一条理想的直线。这是因电路中存在的杂散电感、电容或其他一些因素所造成的，我们可不必细究。）

从上述分析中可以看出，整流电路带电阻性负载时，当 α 在 0°~150° 内变化时，整流输出电压 U_d 从 1.17U_{2p} 下降到零。当 $\alpha = 0°$ 时 U_d 最高，在 0°<$\alpha \leq 30°$ 时，电压、电流波形是连续的（由于是电阻性负载，电压、电流波形是相似的），晶闸管的导通角总是 120°，$U_d = 1.17U_{2p}\cos\alpha$；在 30°<$\alpha \leq 150°$ 时，电压、电流波形是断续的，每个晶闸管的导通角 $\theta_{VT} = 150° - \alpha$，整流输出电压 $U_d = 0.675U_{2p}[1+\cos(30°+\alpha)]$。输出电流平均值为 $I_d = U_d/R_d$，流过每个晶闸管的平均电流为 $I_{dVT} = I_d/3$。

当 $\alpha > 30°$，负载电流 i_d 断续期间，3 个晶闸管都不导通，晶闸管两端承受该相相电压，在画晶闸管两端电压波形时要特别注意。在整流电路的整个工作过程中，晶闸管两端承受的最大电压是线电压，其幅值为 $\sqrt{6}\ U_{2p}$，因此在计算晶闸管的耐压时，要按线电压再留 2~3 倍安全裕量加以考虑，晶闸管承受的最大电压 $U_M = (2\text{~}3)\sqrt{6}\ U_{2p}$。

当触发脉冲提早出现在自然换相点之前且脉冲很窄时，会出现触发脉冲到来时晶闸管还

未受正压、当晶闸管开始受正压时脉冲已消失而使晶闸管不能导通的情况，从而使整流输出电压成为断续的、各相间隔轮流导通的断相波形，这是不允许的。为此，在实际可控整流装置中，触发脉冲左移时对最小触发延迟角 $\alpha_{\min}$ 必须有相应的限制措施。

2. 大电感负载

带大电感负载的三相半波可控整流电路及其波形如图 2-16 所示。当 $\alpha \leqslant 30°$ 时，u_d 波形与带电阻性负载时一样。当 $\alpha > 30°$（图中为 $\alpha = 60°$）时，VT_1 管导通到阳极电压 u_a 过零开始变负，由于电流减小，在电感 L_d 上产生感应电动势的作用，使 VT_1 管仍处于正向电压而继续导通，直到 ωt_2 时刻，u_{g2} 触发 VT_2 管导通，VT_1 管才承受反压被关断，使 u_d 波形出现部分负压。因此，尽管 $\alpha > 30°$，仍然使各相晶闸管导通 120°，从而保证了电流连续。所以串接了大电感之后，虽然 u_d 波形脉动很大，甚至出现负值，但 i_d 的波形脉动却很小。当 L_d 足够大时，i_d 的波形基本平直，电阻 R_d 上得到的是完全的直流电压。整流输出电压 U_d 在整个移相范围内都可用下列同一个公式来计算：

$$U_d = \frac{1}{2\pi/3} \int_{\frac{\pi}{6}+\alpha}^{\frac{5\pi}{6}+\alpha} \sqrt{2} U_{2p} \sin\omega t \, d(\omega t) = 1.17 U_{2p} \cos\alpha \tag{2-30}$$

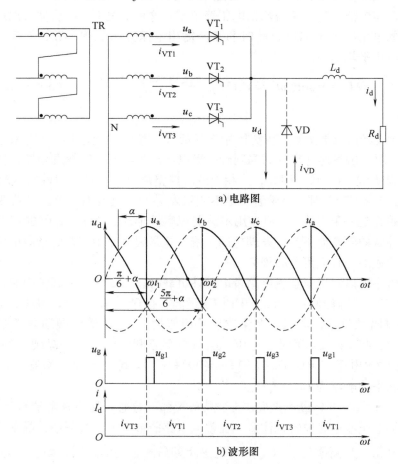

a) 电路图

b) 波形图

图 2-16　带大电感负载的三相半波可控整流电路的电路图及波形图

当 $\alpha = 90°$ 时，$U_d = 0$，此时整流输出电压 u_d 波形正、负面积相等，所以在带大电感负载时，触发脉冲的移相范围为 $0° \sim 90°$。在 $\alpha > 90°$ 时，由于电感中所释放出的能量不可能大于所吸收的能量，亦即 u_d 波形中负面积不可能大于正面积，故整流输出电压 U_d 仍然为零。带大电感负载，当 $\alpha = 90°$ 时晶闸管承受的电压为 $\sqrt{6}\, U_{2p}$。

整流输出电流平均值为

$$I_d = 1.17 \frac{U_{2p}}{R_d} \cos\alpha \tag{2-31}$$

流过晶闸管的平均电流与有效电流分别为

$$I_{dVT} = \frac{1}{3} I_d \tag{2-32}$$

$$I_{VT} = \sqrt{\frac{1}{3}} I_d = 0.577 I_d \tag{2-33}$$

由于整流变压器二次侧流过晶闸管的电流为 120° 底宽的矩形波电流，可分解为直流分量 i_{2-}（$= I_{2-} = I_d/3$）与交流分量 $i_{2\sim}$。由于直流分量只能产生直流磁动势，无法耦合到整流变压器一次绕组，只有交流分量 $i_{2\sim}$ 能反映到一次侧。为说明问题，假定整流变压器一次、二次绕组匝数相同，忽略励磁电流则 $i_1 = i_{2\sim}$，一次电流有效值 I_1 为

$$I_1 = \sqrt{\frac{1}{2\pi}\left[\left(\frac{2}{3} I_d\right)^2 \times \frac{2\pi}{3} + \left(-\frac{1}{3} I_d\right)^2 \times \frac{4\pi}{3}\right]} = 0.473 I_d \tag{2-34}$$

整流变压器一次、二次功率分别为

$$S_1 = 3U_1 I_1 = 3U_{2p} I_1 = 3 \times \frac{U_d}{1.17} \times 0.473 I_d = 1.21 P_d \tag{2-35}$$

$$S_2 = 3U_{2p} I_2 = 3 \times \frac{U_d}{1.17} \times 0.577 I_d = 1.48 P_d \tag{2-36}$$

由上述计算可见，整流变压器一次侧电流与功率小于二次侧，是由于二次侧电流存在直流分量的缘故。此时整流变压器的功率用平均值 S 来衡量。

$$S = \frac{1}{2}(S_1 + S_2) = \frac{1}{2}(1.21 P_d + 1.48 P_d) = 1.35 P_d \tag{2-37}$$

三相半波可控整流电路带电感性负载时，也可加接续流二极管，图 2-17 即为加接续流二极管且 $\alpha = 60°$ 时的整流输出电压和电流波形。

由图 2-17 可见，接了续流二极管后，u_d 波形和 U_d 的计算公式与带电阻性负载时完全一样，而负载电流 i_d 波形与带大电感负载时一样，可认为是一条直线。在 $\alpha \leqslant 30°$ 时，因为 u_d 电压始终大于

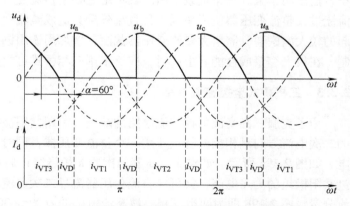

图 2-17　带大电感负载且加接续流二极管时整流
输出电压和电流波形

零，续流二极管也始终承受反压而不会导通；而在 $\alpha > 30°$ 时，续流二极管就有可能承受正压而导通（发生在交流电源电压由正向朝反向变化的过零点后，即 $\omega t = 180°$ 处），这种情况在一个周期内会发生 3 次，即续流二极管在一个周期内导通 3 次。由于续流二极管的导通会使晶闸管关断，因此在加接续流二极管的三相半波可控整流电路中，每个晶闸管的导通角 $\theta_{VT} = 150° - \alpha$，续流二极管的导通角 $\theta_{VD} = 3(\alpha - 30°)$。

晶闸管平均电流

$$I_{dVT} = \frac{\theta_{VT}}{360°}I_d = \frac{150° - \alpha}{360°}I_d \tag{2-38}$$

晶闸管有效电流

$$I_{VT} = \sqrt{\frac{\theta_{VT}}{360°}}I_d = \sqrt{\frac{150° - \alpha}{360°}}I_d \tag{2-39}$$

续流二极管平均电流

$$I_{dVD} = \frac{\theta_{VD}}{360°}I_d = \frac{\alpha - 30°}{120°}I_d \tag{2-40}$$

续流二极管有效电流

$$I_{VD} = \sqrt{\frac{\theta_{VD}}{360°}}I_d = \sqrt{\frac{\alpha - 30°}{120°}}I_d \tag{2-41}$$

3. 共阳极接法三相半波可控整流电路

共阳极接法三相半波可控整流电路及其波形如图 2-18 所示。各晶闸管阳极与负载连接，由于晶闸管导通方向反了，只能在交流相电压负半周导通，自然换流点即 α 角起算点为交流相电压负半周相邻两相波形的交点，同一相共阴极与共阳极连接晶闸管的 α 起算点相差 180°。晶闸管换相导通的次序是：供给触发脉冲后阴极电位更低的晶闸管导通，使原先导通的晶闸管受反压而关断。大电感负载时 $U_d = -1.17U_{2p}\cos\alpha$。

在某些整流装置中，考虑能共用一块大散热器以及安装方便，因此采用共阳接法，缺点是要求 3 个晶闸管的触发电路的输出端彼此绝缘。

三相半波可控整流电路只需 3 个晶闸管，与单相可控整流电路相比，整流输出电压脉动小、输出功率大、三相负载平衡。其不足之处是整流变压器二次侧只有 1/3 周期有单方向电流流过，整流变压器使用率低，且直流分量会造成整流变压器直流磁化。为克服直流磁化引起的较大漏磁通，需增大整流变压器截面，增加用铁用铜量。为此三相半波电流应用受到限制，在较大容量或性能要求高时，广泛采用三相桥式可控整流电路。

2.3.3 三相桥式全控整流电路

为了克服三相半波可控整流电路的缺点，利用共阴极接法与共阳极接法对于整流变压器的二次电流方向是相反的特点，用一个整流变压器，同时对共阴极与共阳极两个整流电路供电，如图 2-19a 所示。如整流变压器二次侧 a 相绕组正向流过共阴极组的 i_{VT1} 电流，反向流过共阳极组的 i_{VT4} 电流，就可使整流变压器流过二次电流的时间增加一倍，同时又消除了直流分量。图 2-19b 即为两组三相半波整流电路的 α 均为 30° 时，u_d 与整流变压器二次侧 a 相中电流 i_a 的波形。电路中两组三相半波整流电路并联，使用同一个整流变压器，各自独立

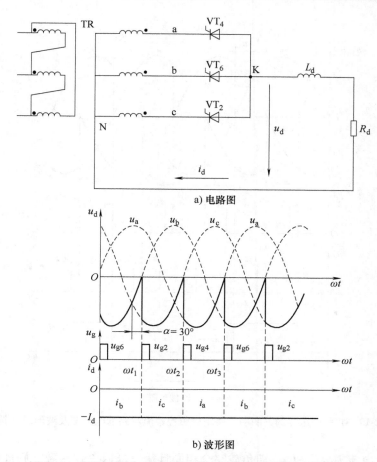

a) 电路图

b) 波形图

图 2-18　共阳极接法三相半波可控整流电路的电路图及波形图

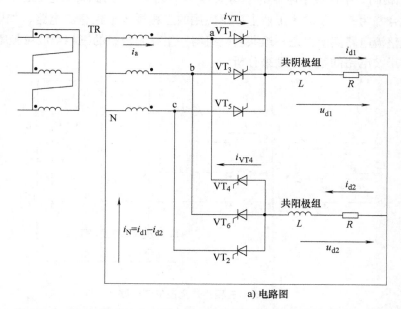

a) 电路图

图 2-19　共用变压器的共阴极、共阳极可控整流电路的电路图及波形图

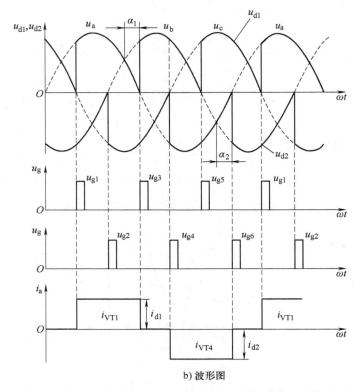

b) 波形图

图 2-19 共用变压器的共阴极、共阳极可控整流电路的电路图及波形图（续）

工作，中性线上电流 $I_N = I_{d1} - I_{d2}$。即负载完全相同且触发延迟角 α 一致，则此时负载电流 I_{d1} 和 I_{d2} 在数值上相同，中性线中电流的平均值 $I_N = I_{d1} - I_{d2} = 0$。因此将中性线断开不影响工作，再将两个负载合并为一，就成为工业上广泛应用的三相桥式全控整流电路，如图 2-20 所示。三相桥式全控整流电路实质上是一组共阴极组与一组共阳极组的三相半波可控整流电路的串联，可用三相半波电路的基本原理来分析。

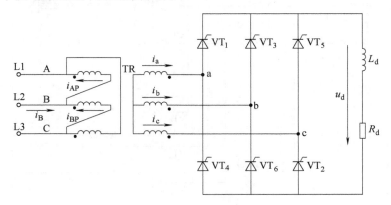

图 2-20 三相桥式全控整流电路

1. 电阻性负载

当 $\alpha=0°$ 时的情况，假设将整流电路中的晶闸管换作二极管进行分析。此时，对于共阴极组的 3 个晶闸管，阳极所接交流电压值最大的一个导通；对于共阳极组的 3 个晶闸管，阴极所接交流电压值最低（或者说负得最多）的一个导通。这样，任意时刻共阳极组和共阴极组中各有一个不在同一相的晶闸管处于导通状态，从相电压波形看，共阴极组晶闸管导通时，u_{d1} 为相电压的正包络线，共阳极组导通时，u_{d2} 为相电压的负包络线，总的整流输出电压 $u_d=u_{d1}-u_{d2}$，即为线电压在正半周的包络线。直接从线电压波形看，u_d 为线电压中最大的一个，因此 u_d 波形为线电压的正向包络线。

为了说明各晶闸管的工作情况，将波形中的一个周期等分为 6 时段，每时段 60°，如图 2-21 所示。每一时段中导通的晶闸管及整流输出电压的情况见表 2-3。

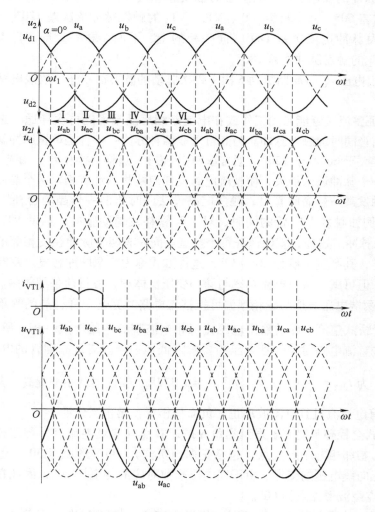

图 2-21 三相桥式全控整流电路带电阻性负载 $\alpha=0°$ 时的波形

表 2-3 三相桥式全控整流电路带电阻性负载（当 $\alpha=0°$）时晶闸管及整流输出电压的情况

时段	I	II	III	IV	V	VI
共阴极组中导通的晶闸管	VT_1	VT_1	VT_3	VT_3	VT_5	VT_5
共阳极组中导通的晶闸管	VT_6	VT_2	VT_2	VT_4	VT_4	VT_6
整流输出电压 u_d	$u_a-u_b=u_{ab}$	$u_a-u_c=u_{ac}$	$u_b-u_c=u_{bc}$	$u_b-u_a=u_{ba}$	$u_c-u_a=u_{ca}$	$u_c-u_b=u_{cb}$

通过上述分析，可归纳出三相桥式全控整流电路的特点：

1）每个时刻两个晶闸管同时导通，形成向负载供电的回路，其中共阴极组和共阳极组各一个，且不能为同一相晶闸管。

2）对触发脉冲的要求：6个晶闸管的触发脉冲按 VT_1—VT_2—VT_3—VT_4—VT_5—VT_6 的顺序，相位依次差60°。共阴极组 VT_1、VT_3、VT_5 的触发脉冲依次差120°，共阳极组 VT_4、VT_6、VT_2 的触发脉冲也依次差120°，同一相的上、下两个桥臂，即 VT_1 与 VT_4，VT_3 与 VT_6，VT_5 与 VT_2 的触发脉冲相差180°。

3）整流输出电压 u_d 一周期脉动6次，每次脉动的波形都一样，故该电路为6脉波整流电路。

4）为了保证整流装置能启动工作或在电流断续后晶闸管能再次导通，必须对两组中应导通的一对晶闸管同时加触发脉冲。为此可采取两种方法：一种是单宽脉冲触发，使每一个触发脉冲的宽度大于60°小于120°（通常取90°左右），这样在换相时，相隔60°的后一个脉冲出现时，前一个脉冲还未消失，使整流电路在任何换相点均有相邻两个晶闸管被触发；另一种方法是在触发某一号晶闸管时，触发电路设法同时给前一号晶闸管补发一个脉冲（称为辅助脉冲），例如触发 VT_3 管的同时，对 VT_2 管补发辅助脉冲；触发 VT_4 管的同时，对 VT_3 管补发辅助脉冲。这样，就能保证每个换流点同时有两个脉冲触发相邻的晶闸管，作用与单宽脉冲一样，其脉宽一般为 20°~30°，这种方式称为双窄脉冲触发。双窄脉冲虽然触发电路比较复杂，但可减小触发电路功率与脉冲变压器体积，故目前采用较多。

5）晶闸管两端电压波形与三相半波可控整流电路时完全一样，晶闸管承受的最大电压为 $\sqrt{6}\,U_{2p}$。由于桥式整流电路的输出电压比三相半波整流电路增大一倍，所以在同样的 U_d 值时，三相桥式整流电路对晶闸管电压的要求降低了一半。流过晶闸管的电流 i_{VT} 与三相半波时完全相同，为 $I_{dVT}=\dfrac{1}{3}I_d$，$I_{VT}=\sqrt{\dfrac{1}{3}}I_d=0.577I_d$。变压器利用率提高，其二次侧每个周期240°范围内有电流流过且电流波形正、负面积相等，无直流分量。

6）三相桥式全控整流电路触发延迟角 α 的起算点（自然换流点）与三相半波可控整流电路时相同，为相邻相电压的交点（包括正向与负向），距波形原点30°，但是在线电压波形上，是相邻正向线电压的交点。由于线电压超前对应的相电压30°，因此在对应线电压波形上，$\alpha=0°$ 的点距波形原点为60°。

当 α 改变时，整流电路的工作情况也将发生变化。如图 2-22 所示为 $\alpha=30°$ 时的波形。从 ωt_1 开始把一个周期等分为6段，u_d 波形仍由6段线电压构成，每一段导通晶闸管的编号仍符合表 2-3 的规律。区别在于：晶闸管起始导通时刻推迟了30°，组成 u_d 的每一段线电压因此推迟 30°，u_d 平均值降低。晶闸管电压波形也相应发生了变化。图中整流变压器二次电流 i_a 波形显示其特点为：在 VT_1 管处于通态的 120° 期间，i_a 为正，i_a 波形的形状与同时段的 u_d 波形相同，在 VT_4 管处于通态的 120° 期间，i_a 波形的形状也与同时段的 u_d 波形相同，但为负值。

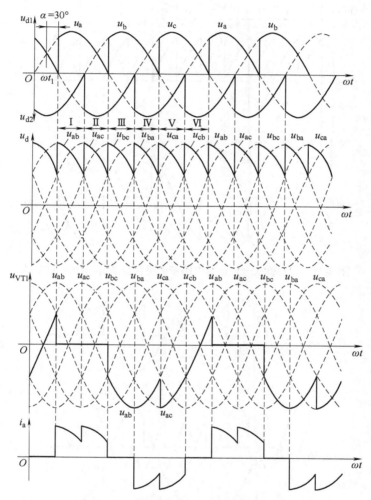

图 2-22　三相桥式全控整流电路带电阻性负载 $\alpha=30°$ 时的波形

图 2-23 所示为 $\alpha=60°$ 时的波形。u_d 波形中每段线电压的波形继续后移，u_d 平均值继续降低。当 $\alpha=60°$ 时 u_d 波形过零点。

由以上分析可见，当 $\alpha\leqslant60°$ 时，u_d 波形均连续，对于电阻性负载，i_d 波形与 u_d 波形形状一样，也连续。当 $\alpha>60°$ 时，u_d 波形每 60° 中有一段为零，u_d 波形不能出现负值。如图 2-24 所示为 $\alpha=90°$ 时的波形。此时 u_d 波形每 60° 中有 30° 为零，这时因为电阻性负载时，i_d 波形与 u_d 波形相同，一旦 u_d 降到零，i_d 也降到零，流过晶闸管的电流即降到零，晶闸管关断，输出整流电压 u_d 为零，因此 u_d 波形不能出现负值。若 α 继续增大到 120°，输出整流电压 u_d 的波形将全为零，其平均值也为零。故带电阻性负载时三相桥式全控整流电路 α 角的移相范围是 0°~120°。

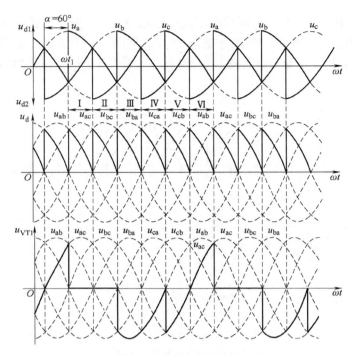

图 2-23 三相桥式全控整流电路带电阻性负载 $\alpha = 60°$ 时的波形

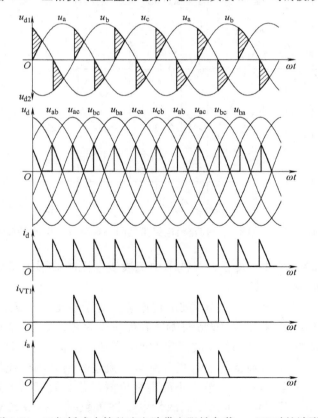

图 2-24 三相桥式全控整流电路带电阻性负载 $\alpha = 90°$ 时的波形

2. 电感性负载

当 $\alpha \leqslant 60°$ 时，u_d 波形连续，工作情况与带电阻性负载时十分相似，各晶闸管的通断情况、输出整流电压 u_d 波形、晶闸管承受的电压波形等都一样。区别在于：由于负载不同，同样的整流输出电压加到负载上，得到的负载电流 i_d 波形不同。带电感性负载时，由于电感的作用，使得负载电流波形变得平直，当电感足够大的时候，负载电流的波形可近似为一条水平线。当 $\alpha > 60°$ 时带电感性负载时的工作情况与带电阻性负载时不同，带电阻性负载时 u_d 波形不会出现负的部分，而带电感性负载时，由于电感 L 的作用，u_d 波形会出现负的部分，图 2-25 所示为三相桥式全控整流电路带电感性负载 $\alpha = 30°$ 和 $\alpha = 90°$ 时的波形，在 $\alpha = 90°$ 时，若电感 L 值足够大，u_d 波形中正负面积将基本相等，u_d 的平均值为零。故带电感性负载时，三相桥式全控整流电路的 α 角移相范围为 $0° \sim 90°$。

3. 整流输出电压平均值 U_d 的计算

当整流输出电压 u_d 连续时（即带电感性负载时，或带电阻性负载 $\alpha \leqslant 60°$ 时）的平均值为

$$U_d = \frac{6}{2\pi} \int_{\frac{\pi}{3}+\alpha}^{\frac{2\pi}{3}+\alpha} \sqrt{6} U_2 \sin\omega t d(\omega t) = 2.34 U_2 \cos\alpha \tag{2-42}$$

带电阻性负载且 $\alpha > 60°$ 时，整流输出电压平均值为

$$U_d = \frac{6}{2\pi} \int_{\frac{\pi}{3}+\alpha}^{\pi} \sqrt{6} U_2 \sin\omega t d(\omega t) = 2.34 U_2 \left[1 + \cos\left(\frac{\pi}{3} + \alpha\right) \right] \tag{2-43}$$

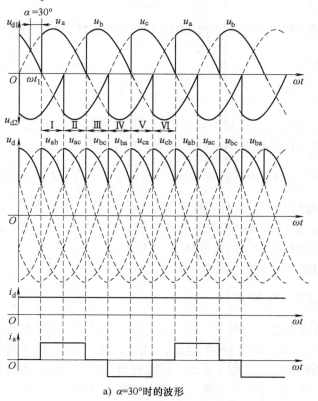

a) $\alpha = 30°$ 时的波形

图 2-25　三相桥式全控整流电路带电感性负载时的波形

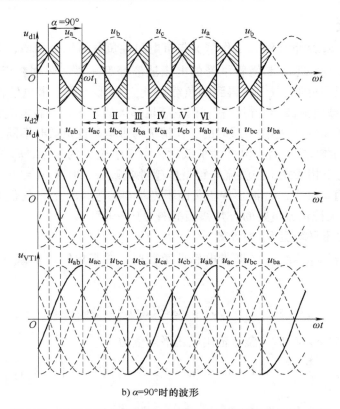

b) α=90°时的波形

图 2-25　三相桥式全控整流电路带电感性负载时的波形（续）

输出电流平均值为

$$I_d = \frac{U_d}{R} \tag{2-44}$$

图 2-20 所示的三相桥式全控整流电路中，整流变压器二次电流 i_a 波形如图 2-25a 所示，为正负半周各宽 120°、前沿相差 180°的矩形波，其有效值为

$$I_2 = \sqrt{\frac{1}{2\pi}\left(I_d^2 \times \frac{2}{3}\pi + (-I_d)^2 \times \frac{2}{3}\pi\right)} = \sqrt{\frac{2}{3}}I_d = 0.816I_d \tag{2-45}$$

i_b、i_c 两相电流波形相同，只是相位上依次相差 120°，电源电流 $i_B = i_{AP} - i_{BP}$，由于整流变压器采用 Dy 联结，使电源线电流波形上有两个阶梯，更接近正弦波，谐波影响小。故在整流装置中，三相整流变压器大多采用 Dy 或 Yd 联结。

晶闸管电压、电流等的定量分析与三相半波时一致。

2.3.4　三相桥式半控整流电路

在中等容量的整流装置或不要求可逆的电力拖动系统中，可采用比三相桥式全控整流电路更简单、更经济的三相桥式半控整流电路，如图 2-26a 所示，它由共阴极接法的三相半波可控整流电路与共阳极接法的三相半波不可控整流电路串联而成，因此这种电路兼有可控与不可控两者的特性。共阳极组 3 个整流二极管总是在自然换流点换流，使电流换到比阴极电位更低的一相中去；而共阴极组 3 个晶闸管则要在触发后才能换到阳极电位高的一相中去。

整流输出电压 u_d 的波形是两组整流电压波形之和，改变共阴极组晶闸管的触发延迟角 α，可获得 $0 \sim 2.34U_{2p}$ 的直流可调电压。

1. 电阻性负载

当 $\alpha = 0°$ 即触发脉冲在自然换流点出现时，整流电路输出电压最大，其数值为 $2.34U_{2p}$，u_d 波形与三相桥式全控整流电路在 $\alpha = 0°$ 时整流输出的电压波形一样。当 $\alpha < 60°$ 时，如图 2-26b 所示为 $\alpha = 30°$ 时的波形。在 ωt_1 时 u_{g1} 触发 VT$_1$ 管导通，电源电压 u_{ab} 通过 VT$_1$ 和 VD$_6$ 加于负载。在 ωt_2 时，共阳极组二极管自然换流，所以 ωt_2 之后，VD$_2$ 导通，VD$_6$ 关断，电源电压 u_{ac} 通过 VT$_1$ 和 VD$_2$ 加于负载。当 ωt_3 时刻，由于 u_{g3} 还未出现，VT$_3$ 管不能导通，VT$_1$ 管维持导通，到 ωt_4 时刻，触发 VT$_3$ 管导通后使 VT$_1$ 管承受反向电压而关断，电路转为 VT$_3$ 与 VD$_2$ 导通，以此类推，负载 R_d 在一个周期内得到的是 3 个缺角波前连接 3 个完整波前的脉动波形。当 $\alpha = 60°$ 时，u_d 波形只剩下 3 个波前，波形刚好维持连续。当 $60° < \alpha < 180°$ 时，如图 2-26c 所示为 $\alpha = 120°$ 时的波形，VT$_1$ 管在 u_{ac} 电压的作用下，在 ωt_1 时刻开始导通，到 ωt_2

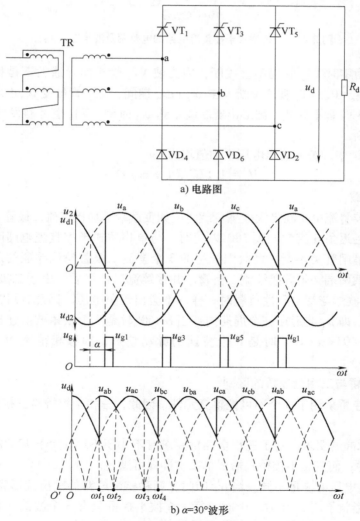

a) 电路图

b) $\alpha = 30°$波形

图 2-26 三相桥式半控整流电路的电路图及波形图

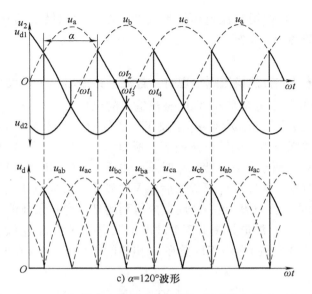

图 2-26 三相桥式半控整流电路的电路图及波形图（续）

时刻 a 相相电压为零时 VT$_1$ 管仍不会关断，因为使 VT$_1$ 管正向导通的不是相电压而是线电压，到 ωt_3 时刻 $u_{ac}=0$，VT$_1$ 管才关断。在 $\omega t_3 \sim \omega t_4$ 期间，VT$_3$ 管虽受 u_{ba} 正向电压，但门极无触发脉冲，故 VT$_3$ 管不导通，波形出现断续。到 ωt_4 时刻，VT$_3$ 管才触发导通，一直到 u_{ba} 线电压为零时关断。

在 $0° < \alpha \leqslant 180°$ 中，整流输出电压平均值均为

$$U_d = 1.17 U_{2p}(1 + \cos\alpha) \tag{2-46}$$

2. 电感性负载

三相桥式半控整流电路在带大电感负载时，如负载端不加接续流二极管，当突然切断触发信号或把触发延迟角 α 突然调到 180° 以后时，与单相桥式半控整流电路时一样，也会发生某个导通着的晶闸管关不断，而共阳极组的 3 个整流二极管轮流导通的现象，即失控现象。因此，在负载两端必须并接续流二极管。并接续流二极管后，由于二极管的续流作用，整流输出电压 u_d 波形与带电阻性负载时一样，不会出现负电压。因此，可参照带电阻性负载进行分析计算，即 u_d 波形在一个周期内：当 $\alpha < 60°$ 时是 3 个缺角波前连接 3 个完整波前的脉动波形，当 $60° < \alpha < 180°$ 时是 3 个波前的脉动波形，即移相范围为 $0° \sim 180°$，$U_d = 1.17 U_{2p}(1 + \cos\alpha)$。

3. 三相半控桥与三相全控桥的区别

由于三相半控桥采用了 3 个不可控整流元件，因此，三相半控桥与三相全控桥存在一定的区别。

1）对触发脉冲的要求。对于三相全控桥要求有不小于 60° 不大于 120° 的宽脉冲或不大于 60° 的双窄脉冲；而三相半控桥只需要单窄脉冲即可满足。

2）整流输出电压的波形不同。当 $\alpha = 0°$ 时，两种整流电路的输出波形完全一致；当 $\alpha > 0°$ 以后，两者波形就不同。当 $\alpha \geqslant 60°$ 时，每个周波半控桥只有 3 个波前，全控桥每个周波有 6 个波前。

3）触发延迟角 α 对整流输出平均电压和线电流的影响不同。在带电阻性负载时，全控桥在 $\alpha = 120°$ 时整流输出电压即可为零，而半控桥只有在 $\alpha = 180°$ 时整流输出电压才可为零；在带电感性负载时，全控桥在 $\alpha = 90°$ 时整流输出电压为零，$\alpha > 90°$ 以后整流输出为负值，而半控桥没有这样的功能。同时，为了保证整流元件可靠换流，半控桥需要在电感性负载两端并联续流二极管，而全控桥不需要这样做。当 α 改变时，半控桥整流输出的平均电压和线电流的变化较全控桥慢。

4）当触发脉冲移到自然换流点以前时，半控桥易发生跳相现象，因此，在设计整流电路时应尽可能避开这种情况。

5）在带大电感负载时，如果发生触发脉冲丢失，则半控桥极易发生失控现象，设计时必须采取措施保证触发回路的可靠工作。

2.3.5　带平衡电抗器的双反星形可控整流电路

在电解电镀生产中，常需要低压大电流可调直流电源，直流电压仅几伏到十几伏，而直流电流却高达几千安甚至几万安。如采用三相桥式整流电路，则大电流要流过两个整流元件，管子功率损耗也要变成两份，使效率降低。此外流过元件的平均电流为 $\frac{1}{3} I_d$，当 I_d 很大时，每个整流桥臂要由多个元件并联，这就带来均流、保护等一系列问题。

由于三相桥式整流电路是由两组三相半波整流电路串联而成，故它适宜使用在高压而电流不太大的场合。对于低压大电流负载，能否用两组三相半波整流电路并联工作，利用整流变压器二次侧适当连接的方法，达到消除三相半波整流电路变压器直流磁化的缺点，这就是本节要叙述的带平衡电抗器的双反星形可控整流电路。

如图 2-27a 所示是具有两组二次侧绕组的双反星形变压器，图 2-27b 为带平衡电抗器 L_B 的双反星形可控整流电路，由双反星形变压器供电。这种电路有两个特点：其一是整流变压器具有两组二次绕组，且都接成星形，但两绕组接到晶闸管的同名端相反，故称双反星形；其二，两组二次绕组的中性点是通过平衡电抗器 L_B（L_{B1}、L_{B2}）连接在一起的。所谓平衡电抗器就是一个带有中心抽头的铁心线圈，抽头两侧的匝数相等，两边电感量 $L_{B1} = L_{B2}$，在任一边线圈中有突变电流流过时，在 L_{B1} 与 L_{B2} 中均会有大小相同、方向一致的感应电动势产生。

1. 平衡电抗器的作用

（1）六相半波整流电路

为了说明平衡电抗器的作用，先将图 2-27b 中的 L_{B1} 和 L_{B2} 短接，并把晶闸管改成二极管，这就构成了通常的六相半波整流电路，变压器二次侧电压波形如图 2-28a 所示，细实线为 a、b、c 组的三相电压波形，细虚线为 a′、b′、c′ 组的三相电压波形。由于 6 个二极管为共阴极接法，因此在任何瞬间，只有相电压瞬时值最大的一相元件导通。如在 ωt_1 时刻 a 相相电压最大，VD_1 管导通，以 N 点作电位参考点，则共阴极点 K 电位最高，迫使其他 5 个二极管承受反压而不能导通。变压器二次侧以 a—c′—b—a′—c—b′ 的顺序依次达到电压最大值，所以整流二极管以 VD_1—VD_2—VD_3—VD_4—VD_5—VD_6 的顺序依次导通 60°，整流输出电压 u_d 波形为 6 个正向相电压波前的包络线，波形与三相桥式整流时相似，只是六相半波整流是相电压 U_{2p}，而三相桥式整流是线电压 U_{2L}，所以整流输出直流电压平均值 $U_d =$

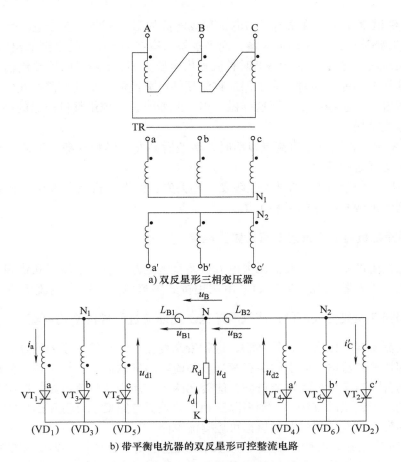

a) 双反星形三相变压器

b) 带平衡电抗器的双反星形可控整流电路

图 2-27　双反星形三相变压器及带平衡电抗器的双反星形可控整流电路

$2.34U_{2p}/\sqrt{3}=1.35U_{2p}$。由于任一瞬时只有一个管子导通，所以每个整流元件与变压器二次侧绕组就要流过全部负载电流，而导通角 θ 为 60°，仅为 1/6 个周期，a 相电流波形如图 2-28b 所示。所以流过二极管或变压器二次绕组的电流导电时间短、峰值高，即 i_{VT} 的波形系数 K_f 很大，使整流元件的额定电流与变压器导线截面积要选大，变压器利用率下降，这就体现不出供应大电流的优点，所以六相半波整流电路在大电流场合使用较少。

（2）带平衡电抗器的双反星形整流电路

现接入平衡电抗器，仍以不可控整流进行分析，它对应可控整流 $\alpha=0°$ 的情况。设在图 2-28a 中在 $\omega t_1\sim\omega t_2$ 期间合上变压器一次侧电源，此时 u_{aN1} 相电压最高，二极管 VD_1 导通，从图 2-27b 可见，VD_1 导通后 K 点与 a 点同电位，其他二极管承受反压而不导通。由于存在平衡电抗器，VD_1 管导通后使电流 i_a 逐渐增大，在平衡电抗器 L_{B1} 与 L_{B2} 中感应出电动势 e_B 阻碍电流增大，极性为右正左负（电压 u_B 极性与 e_B 极性相反）。以 N 点为电位参考点，u_{B1} 削弱左侧整流组管子的阳极电压，在 $\omega t_1\sim\omega t_2$ 期间是削弱 VD_1 管的阳极电压；u_{B2} 增强右侧整流组管子的阳极电压。在 $\omega t_1\sim\omega t_2$ 期间，除 u_{aN1} 最高外，右侧 $u_{c'N2}$ 相最高，在 u_{B2} 作用下，只要 u_B 的大小使 $u_{c'N2}+u_B>u_{aN1}$，则二极管 VD_2 亦受正压导通。因此 L_B 的存在使 VD_1、VD_2 管同时导通。当其同时导通时，$u_a=u_{c'}$，由于在此期间，$u_{aN1}>u_{c'N2}$，所以 VD_2 管导通后，

VD$_1$ 管不会关断。随着变压器二次侧相电压的变化，u_B 也相应变化，始终保持 u_a、$u_{c'}$ 电位相等，维持 VD$_1$ 和 VD$_2$ 管同时导通。电抗器 L_B 起两相导通的平衡作用，所以称为平衡电抗器。

在 $\omega t_2 \sim \omega t_3$ 期间，$u_{aN1} < u_{c'N2}$，由于 L_B 的作用，VD$_1$ 管也不会关断。因为当 i_a 开始减小时，L_B 上产生的 e_B 极性与上述相反，N$_1$ 点为正，N$_2$ 点为负，使 VD$_1$ 和 VD$_2$ 管仍能维持共同导通。在 ωt_3 之后，由于 $u_{bN1} > u_{aN1}$，电流从 VD$_1$ 管换到 VD$_3$ 管，与 $\omega t_1 \sim \omega t_2$ 期间情况相同，在 $\omega t_3 \sim \omega t_4$ 期间 VD$_2$ 管与 VD$_3$ 管同时导通，b 相的二极管 VD$_3$ 从 ωt_3 时刻开始导通，由于电抗器 L_B 的平衡作用，一直要维持到 ωt_6 时刻因 VD$_5$ 导通而关断，导通 120°。两组二极管同时导通的情况如图 2-28d 所示。

由此可见，由于接入平衡电抗器 L_B，使两组三相半波整流电路能同时工作，即在任一瞬间，两组各有一个元件同时导通，共同负担负载电流，同时每个元件的导通角由 60° 扩大为 120°，每隔 60° 有一元件换流，此时 i_a 波形如图 2-28c 所示。所以平衡电抗器的作用是使流过整流元件与变压器二次侧电流的波形系数 K_f 降低，在输出同样直流电流 I_d 时，可使二极管或晶闸管的额定电流减小并提高变压器的利用率，在大电流输出时，可少并联或不并联晶闸管。

由于两组三相半波整流电路并联运行，两者输出电压的瞬时值 u_{d1} 和 u_{d2} 不相等，

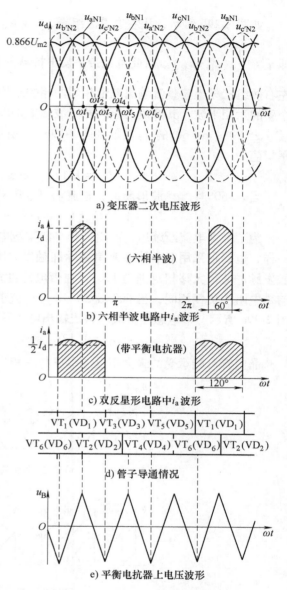

a) 变压器二次电压波形

b) 六相半波电路中 i_a 波形

c) 双反星形电路中 i_a 波形

d) 管子导通情况

e) 平衡电抗器上电压波形

图 2-28 带平衡电抗器的双反星形可控整流电路电压、电流波形

因而会产生环流，即不经过负载的两相之间的电流，因此必须由平衡电抗器 L_B 来限制。通常要求环流值限制在额定负载电流的 2% 左右，使并联运行的两组电流分配尽量均匀。当负载电流很小，其值与环流幅值相等时，工作电流与环流相反的管子由于流过电流小于维持电流而关断，失去并联导电性能，电路转为六相半波整流状态，整流输出电压 U_d 会增大，使外特性在小电流负载时上翘变软。

2. 带平衡电抗器的双反星形可控整流电路

由上述分析可知，带平衡电抗器的双反星形可控整流电路 $\alpha = 0°$ 的位置是三相半波整流时原来的自然换流点，α 从该点起算。

如图 2-29b 所示，从左边整流组看，$u_d = u_{d1} - \frac{1}{2} u_B$，从右边整流组看，$u_d = u_{d2} + \frac{1}{2} u_B$，

即 $u_d = \frac{1}{2} (u_{d1} + u_{d2})$。由此可见带平衡电抗器的双反星形整流电路的整流输出电压 u_d 波形是左右两组三相半波整流输出波形相邻两相的平均值，如图 2-29a 中粗实线所示。可以看成一个新的六相半波，其峰值为原六相半波峰值乘以 0.866。

$\alpha = 30°$、$\alpha = 60°$ 的 u_d 波形如图 2-29a、b 所示。当 $\alpha \leqslant 60°$ 时 u_d 波形连续，整流输出电压平均值为

$$U_d = 1.17 U_{2p} \cos\alpha \qquad 0° \leqslant \alpha \leqslant 60° \tag{2-47}$$

当 $\alpha > 60°$ 时，u_d 波形断续，整流输出电压平均值为

$$U_d = 1.17 U_{2p} [1 + \cos(\alpha + 60°)] \qquad 60° < \alpha < 120° \tag{2-48}$$

为了确保电流断续后，两组三相半波整流电路还能同时工作，与三相桥式全控整流电路一样，也要求采用双窄脉冲或单宽脉冲触发，窄脉冲脉宽应大于 30°。在带电阻性负载时，触发脉冲的最大移相范围为 120°。在带电感性负载时，当 $\alpha \leqslant 60°$ 时 u_d 波形不出现负电压，与带电阻性负载相同；当 $60° < \alpha < 90°$ 时，u_d 波形出现负电压；当 $\alpha = 90°$ 时，$U_d \approx 0$，波形如图 2-29c 所示，带电感性负载时整流输出电压平均值为

$$U_d = 1.17 U_{2p} \cos\alpha \qquad 0° < \alpha < 90° \tag{2-49}$$

晶闸管可能承受的最大正反向电压与三相半波整流时相同，也为 $\sqrt{6} \, U_{2p}$。

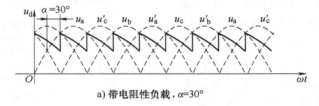

a) 带电阻性负载，$\alpha = 30°$

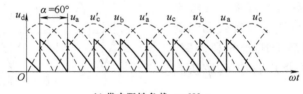

b) 带电阻性负载，$\alpha = 60°$

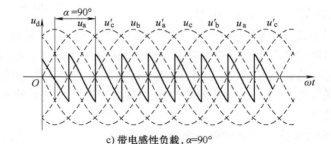

c) 带电感性负载，$\alpha = 90°$

图 2-29 带平衡电抗器的双反星形可控整流电路在不同触发延迟角 α 时 u_d 的波形

从上面分析可知，带平衡电抗器的双反星形可控整流电路有如下特点：

1）双反星形可控整流电路是两组三相半波可控整流电路的并联，输出的整流电压波形与六相半波整流时一样，所以脉动情况比三相半波整流小得多。双反星形可控整流电路输出的电压瞬时最大值为六相半波整流最大值的 0.866 倍。

2）由于同时有两相导通，整流变压器磁路平衡，不像三相半波整流存在直流磁化问题。

3）与六相半波整流相比，整流变压器二次绕组利用率提高了一倍，所以在输出同样的直流电流时，变压器的容量比六相半波整流时要小。

4）每一整流元件承担负载电流 I_d 的 1/6，导电时间比三相半波整流时增加一倍，提高了整流元件承受负载的能力。

双反星形可控整流电路与三相桥式全控整流电路的比较：

1）三相桥式全控整流电路为两组三相半波可控整流电路的串联，而双反星形可控整流电路为两组三相半波可控整流电路的并联，且后者需用平衡电抗器。

2）当 U_2 相等时，双反星形可控整流电路的 U_d 是三相桥式全控整流电路的 1/2，而 I_d 是三相桥式全控整流电路的 2 倍。

3）两种电路中，晶闸管的导通及触发脉冲的分配关系一样。

2.4 整流电路的有源逆变工作状态

2.4.1 逆变的概念

1. 什么是逆变？为什么要逆变？

在生产实际中除了将交流电转变为电压高低可调的直流电外，还常需要将直流电转变为交流电。这种对应于整流的逆过程称为逆变，能够实现直流电逆变成交流电的电路称为逆变电路。在许多场合，同一晶闸管电路既可用作整流又能用于逆变，这两种工作状态可依照不同的工作条件相互转化，故此类电路称为变流电路或变流器。

逆变电路可分为有源逆变与无源逆变两类。如电路的交流侧接在交流电网，直流电逆变成与电网同频率、同相位的交流电返送至电网，此类逆变称为有源逆变。有源逆变的主要应用有：①晶闸管整流供电的电力机车下坡行驶和电梯、卷扬机重物下放时，直流电动机工作在发电状态实现制动，变流电路将直流电能逆变成交流电送回电网；②电动机快速正反转时，为使电动机迅速制动再反向加速，制动时使电路工作在有源逆变状态；③交流绕线转子电动机的串级调速；④高压直流输电。无源逆变是将直流电逆变为某一频率或频率可调的交流电供给用电器，主要用于变频电路、不间断电源设备（UPS）、开关电源和逆变焊机等场合。

2. 直流发电机-电动机系统电能的流转

如图 2-30 所示直流发电机-电动机系统中，M 为电动机，G 为发电机，励磁回路未画出。控制发电机电动势的大小和极性，可实现电动机四象限的运转状态。在图 2-30a 中，M 作电动机运行，$E_G > E_M$，电流 I_d 从 G 流向 M，M 吸收电功率；图 2-30b 是回馈制动状态，M 作发电机运行，此时，$E_M > E_G$，电流反向，从 M 流向 G，故 M 输出电功率，G 则吸收电功率，M 轴上输入的机械能转变为电能返送给 G；在图 2-30c 中两电动势顺向串联，向电阻 R_Σ 供电，G 和 M 均输出功率，由于 R_Σ 一般都很小，实际上形成了短路，在工作中必须严防这类事故发生。

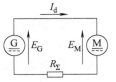 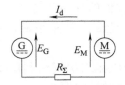 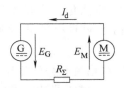

a) 两电动势同极性 $E_G > E_M$ b) 两电动势同极性 $E_M > E_G$ c) 两电动势反极性，形成短路

图 2-30 直流发电机-电动机之间电能的流转

2.4.2 有源逆变产生的条件

用单相全波电路代替上述发电机，给直流电动机供电，分析此时电路内电能的流向。如图 2-31a 所示，设直流电机 M 作电动机运行，单相全波电路工作在整流状态，α 的范围在 0°～90°之间，直流侧输出平均电压 $U_d = 0.9 U_2 \cos\alpha$ 为正值，并且 $U_d > E_M$，才能输出 I_d，交流电网输出电功率，直流电动机则输入电功率。如图 2-31b 所示，设直流电机 M 作发电回馈制动运行，由于晶闸管的单向导电性，电路内 I_d 方向不变，欲改变电能的输送方向，只能改变 E_M 极性。为了防止两电动势顺向串联，U_d 极性也必须反过来，即 U_d 应为负值，且 $|E_M| > |U_d|$，才能把电能从直流侧送到交流侧，实现逆变。电路内电能的流向与整流时相反，直流电机 M 输出电功率，电网吸收电功率。直流电机轴上输入的机械功率越大，则逆变的功率也越大。E_M 的大小取决于直流电机转速的高低，而 U_d 可通过改变 α 来进行调节，由于逆变状态时 U_d 为负值，故逆变时 α 在 90°～180°之间变化。

根据以上分析，可归纳出产生逆变的条件是：

1）要有直流电动势，其极性和晶闸管导通方向一致，其值应大于变流器直流侧的平均电压。

2）要求晶闸管的触发延迟角 $\alpha > 90°$，

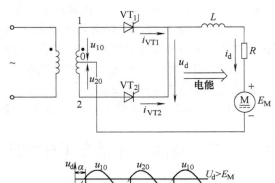

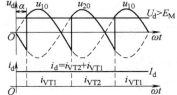

a)单相全波电路工作在整流状态

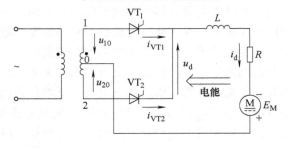

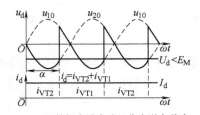

b)单相全波电路工作在逆变状态

图 2-31 单相全波电路的整流和逆变

使 U_d 为负值。

这两个条件缺一不可。由于半控桥或有续流二极管的晶闸管电路,因其整流输出电压 U_d 不能出现负值,也不允许直流侧出现负极性的电动势,故不能实现有源逆变。欲实现有源逆变,只能采用全控电路。

2.4.3 逆变角 β 及逆变电压的计算

当变流器运行于逆变状态时,触发延迟角 $\alpha > 90°$,整流输出电压的平均值 U_d 为负值,为计算方便,若令 $\alpha = 180° - \beta$,则 $\cos\alpha = \cos(180° - \beta) = -\cos\beta$,于是,整流输出电压就可写成 $U_d = U_{d0}\cos\alpha = -U_{d0}\cos\beta$,当 $\alpha > 90°$ 时,$\beta = 180° - \alpha < 90°$,则用 $U_d = -U_{d0}\cos\beta$ 来计算就方便了。因为 $\alpha > 90°$($\beta < 90°$)是处于逆变状态,用 β 来计算时总是在逆变状态下,所以 β 称为逆变角。

图 2-32a 画出了三相半波电路在 4 种不同的触发延迟角 α 时的波形。在 ωt_1 时刻触发晶闸管时 $\alpha_1 = 60°$,如果分别在 ωt_2、ωt_3、ωt_4 时触发晶闸管,则对应 $\alpha_2 = 90°$、$\alpha_3 = 120°$、$\alpha_4 = 180°$,根据 $\alpha = 180° - \beta$,可得 $\beta = 180° - \alpha$,因此和 α_1、α_2、α_3、α_4 分别对应的逆变角应为 $\beta_1 = 120°$、$\beta_2 = 90°$、$\beta_3 = 60°$、$\beta_4 = 0°$。由此我们把 $\alpha = 180°$ 处作为计算 β 的起始点,即 $\beta = 0°$(ωt_4 处),然后向左计算出 β 的大小。从图中可以看出,α 和 β 是从两个方向来表示晶闸管

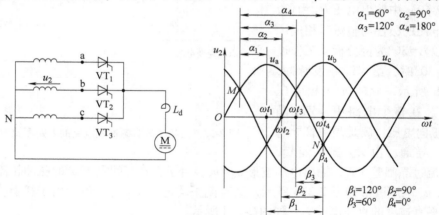

a) 三相逆变电路中逆变角 β 的表示

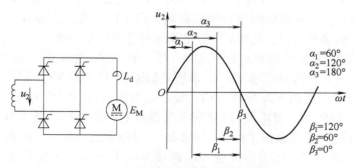

b) 单相逆变电路中逆变角 β 的表示

图 2-32 逆变角 β 的表示法

触发导通的时刻，从自然换相点 M 向右计算得到触发延迟角 α，如 ωt_1 处 $\alpha_1 = 60°$；而从 N 点（与自然换相点相差 $180°$）向左计算到 ωt_1 处，得到的就是 $\beta_1 = 120°$。无论用 α_1 表示还是用 β_1 表示，触发晶闸管的时刻都是同一个。图 2-32b 所示的是单相电路中逆变角 β 的表示法，它与三相电路相同，也是以 $\alpha = 180°$ 处作为计算 β 的起始点，方向向左。

2.4.4 常用的晶闸管有源逆变电路

1. 三相半波有源逆变电路

图 2-33a 所示为三相半波有源逆变电路，直流电动机电动势 E_M 的极性为下正上负，晶闸管 VT_1、VT_3、VT_5 的触发延迟角 α 必须大于 $90°$，即 $\beta < 90°$。当 $|E_M| > |U_d|$ 时，由于电路中接有大电感，符合有源逆变的条件，故电路可工作在有源逆变状态，变流器输出的直流电压为

$$U_d = -1.17U_{2p}\cos\beta \quad (2\text{-}50)$$

式（2-50）中输出电压 U_d 为负，说明输出电压的极性与整流时相反。

下面以 $\beta = 30°$ 为例分析其工作过程。当 $\beta = 30°$ 时，给 VT_1 触发脉冲，如图 2-33b 所示，此时 a 相相电压 $u_a = 0$，但是在整个电路中，VT_1 晶闸管承受正向电压，满足晶闸管导通条件，VT_1 导通。由 E_M 提供能量，

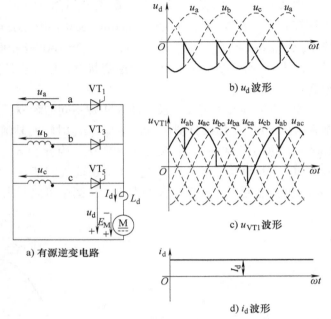

b) u_d 波形

c) u_{VT1} 波形

d) i_d 波形

a) 有源逆变电路

图 2-33 三相半波有源逆变电路的电路图及波形图

有电流 I_d 流过晶闸管 VT_1，输出电压波形 $u_d = u_a$。由于有相互间隔 $120°$ 的脉冲轮流触发相应的晶闸管，u_d 电压波形如图 2-33b 所示，其直流平均电压 U_d 为负值，由于接有大电感 L_d，因而 i_d 为平直连续的直流电流 I_d，如图 2-33d 所示。

逆变电路与整流电路一样，晶闸管的关断是靠承受反压使电流过零来实现的，图 2-33b 中当 $\beta = 30°$ 时，触发 VT_1，因此时 VT_5 已导通，VT_1 承受 u_{ac} 正向电压，故 VT_1 具备了导通条件。一旦 VT_1 导通后，若不考虑换相重叠角的影响，则 VT_5 承受反向电压 u_{ca} 而被迫关断，完成了由 VT_3 向 VT_1 的换相过程。其他晶闸管的换相过程可以此类推。

逆变时晶闸管两端电压波形的画法与整流时一样。图 2-33c 画出了 $\beta = 30°$ 时 VT_1 管两端的电压波形 u_{VT1}。在一个周期内导通 $120°$，紧接着后面的 $120°$ 内 VT_3 管导通，VT_1 关断，VT_1 承受 u_{ab} 电压，最后 $120°$ 内 VT_5 导通，VT_1 承受 u_{ac} 电压。由波形图可见，逆变时总是正面积大于负面积，当 $\beta = 0°$ 时正面积最大；而整流时晶闸管两端的电压波形总是负面积大于正面积；只有当 $\beta = \alpha$ 时，正负面积才相等。图 2-34 中分别给出了触发延迟角 α 为 $60°$、$90°$ 和 $150°$ 时输出电压 u_d 的波形，以及晶闸管 VT_1 两端的电压波形。可以看出，在整流状态，晶闸管阻断时主要承受反向电压；而在逆变状态，晶闸管阻断时主要承受正向电压。晶闸管可能承受的最大正反向电压也为 $\sqrt{6}\,U_{2p}$，即变压器二次侧线电压的峰值。

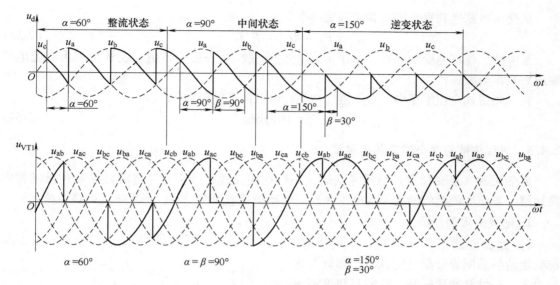

图 2-34　三相半波电路输出电压 u_d 和晶闸管 VT_1 两端电压 u_{VT1} 的波形

2. 三相桥式全控有源逆变电路

三相桥式全控电路工作于有源逆变状态时的电压波形如图 2-35 所示。有源逆变状态时各电量的计算归纳为

$$U_{\mathrm{d}} = -2.34U_{2\mathrm{p}}\cos\beta = -1.35U_{2\mathrm{L}}\cos\beta \tag{2-51}$$

每个晶闸管导通 $120°$，故流过晶闸管的电流有效值为（忽略 i_{d} 的脉动）

$$I_{\mathrm{VT}} = 0.577I_{\mathrm{d}} \tag{2-52}$$

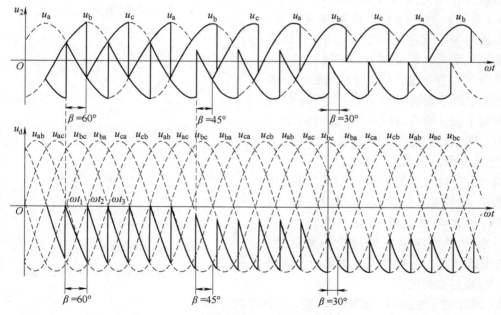

图 2-35　三相桥式全控整流电路工作于有源逆变状态时的电压波形

从交流电源送到直流侧负载的有功功率为

$$P_d = RI_d{}^2 + E_M I_d \qquad (2\text{-}53)$$

当电路工作在逆变状态时，由于 E_M 为负值，故 P_d 一般为负值，表示功率由直流电源输送到交流电源。

在三相桥式全控电路中，变压器二次侧线电流的有效值为

$$I_2 = 0.816 I_d \qquad (2\text{-}54)$$

2.4.5 逆变失败与最小逆变角的确定

逆变失败（逆变颠覆）是指逆变时，一旦换相失败，外接直流电源就会通过晶闸管电路短路，或使变流器的输出平均电压和直流电动势变成顺向串联，形成很大短路电流。

1. 逆变失败的原因

1）触发电路工作不可靠，不能适时、准确地给各晶闸管分配触发脉冲，如触发脉冲丢失、触发脉冲延时等，致使晶闸管不能正常换相。

如图 2-36 所示为三相半波逆变电路及逆变失败的波形。

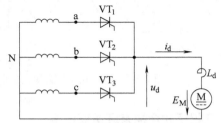

a) 逆变电路

在正常工作条件下，u_{g1}、u_{g2}、u_{g3} 触发脉冲间隔 $120°$，轮流触发 VT_1、VT_2、VT_3 晶闸管，每当一个晶闸管被触发导通，就使前一个晶闸管承受反向电压而被关断。

当触发脉冲丢失时（如图 2-36b 所示，假设 u_{g2} 丢失）则 VT_2 管不能被触发导通，原来导通的 VT_1 管未受到反向电压，将继续导通直到正半周，即使到 ωt_3 时刻 u_{g3} 来到，但这时因 VT_1 管导通，VT_3 管所承受的阳极电压 $u_c < u_a$ 而不能被触发导通，则 VT_1 管将一直导通下去，输出电压 $u_d = u_a$，当 u_a 为正半周时，输出电压变为上正下负，与电动势 E_M 顺极性串联，出现逆变失败。

当触发脉冲发生滞后时（如图 2-36c 所示，假设 u_{g2} 滞后），因 u_{g2} 出现时（ωt_2 时刻）VT_2 管的阳极电压 u_b 已变为低于 u_a，故 VT_2 管承受反向电压无法被触发导通，VT_1 管继续导通，直到导通至正半波，形成短路，造成逆变失败。

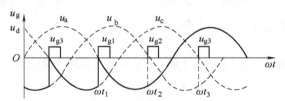

b) 触发脉冲丢失引起逆变失败

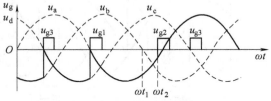

c) 触发脉冲滞后引起逆变失败

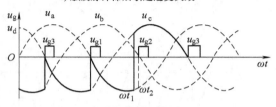

d) VT_3 误导通引起逆变失败

图 2-36 三相半波电路逆变失败的波形

2）晶闸管发生故障，该断时不断，或该通时不通。

无论是整流还是逆变，晶闸管都在按规律关断或导通，电路处于正常工作状态。若晶闸管本身没有按预定的规律工作，就可能造成逆变失败。例如，应该导通的晶闸管因管子故障

未导通（这和前面说的触发脉冲丢失的效果是一样的），会造成逆变失败。在关断状态下误导通，也会造成逆变失败。如图 2-36d 所示，VT$_2$ 管本应在 ωt_2 时刻导通，但由于某种原因在 ωt_1 时刻 VT$_3$ 管导通了，则 $u_d = u_c$。这样到 ωt_2 时刻虽然 VT$_2$ 管被触发，但因 VT$_2$ 管阳极电压 $u_b < u_c$ 而不能导通，则 VT$_3$ 管继续导通，使逆变发生失败。除晶闸管本身不导通或误导通外，晶闸管连接线的松脱、保护器件的动作等原因也会引起逆变失败。

3）交流电源断相或突然消失。

三相电源有时因某种原因（如一相熔丝熔断引起断相，突然停电等）也会造成逆变失败。电源断一相的情况如同一相晶闸管不导通一样，导通的前一相晶闸管就会继续导通到正半波，造成逆变失败。电源突然断电时，虽然变压器的一次侧无电压，输出直流电压为零，但在一般情况下，电动机带动生产机械都存在一定的惯性，即不可能立即停车，反电动势在瞬间也不会为零，这样，在 E_M 的作用下晶闸管继续导通，但因 $U_d = 0$，这时电流 $I_d = E_M / R$ 仍然会很大，因而造成事故使逆变失败。另外，电源电压有时不稳定，波动很大，如果采用的触发电路对此没有保护措施，就会工作不可靠而造成触发脉冲故障，引起逆变失败。

4）换相的裕量角不足，引起换相失败。

2. 换相重叠角的影响

如图 2-37 所示，当 $\beta > \gamma$ 时，在换相结束时，晶闸管能承受反压而关断。当 $\beta < \gamma$ 时，该通的晶闸管 VT$_2$ 会关断，而应关断的晶闸管 VT$_1$ 不能关断，最终导致逆变失败。

3. 确定最小逆变角 β_{min} 的依据

逆变时允许采用的最小逆变角 β 应为

$$\beta_{min} = \delta + \gamma + \theta \qquad (2-55)$$

式中，δ 为晶闸管的关断时间 t_q 折合的电角度，t_q 大的可达 $200 \sim 300\mu s$，折算到电角度为 $4° \sim 5°$；γ 为换相重叠角，它随直流平均电流和换相电抗的增加而增大，一般为 $15° \sim 25°$；θ 为安

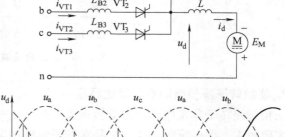

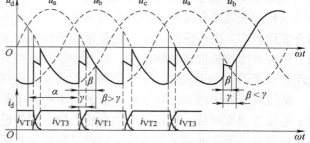

图 2-37　交流侧电抗对逆变换相过程的影响

全裕量角，考虑到脉冲调整时不对称、电网波动、畸变与温度等影响，还必须留一个安全裕量角，一般取 θ 为 $10°$ 左右。综上所述，$\beta_{min} \geq \gamma + \delta + \theta \approx 30° \sim 35°$。

为可靠防止 β 进入 β_{min} 区内，在要求较高的场合，可在触发电路中加一套保护电路，使 β 在减小时移不到 β_{min} 区内；也可在 β_{min} 处设置产生不移动的附加安全脉冲的装置，万一当工作脉冲移入 β_{min} 区内时，则安全脉冲保证在 β_{min} 处触发晶闸管。

在有环流可逆传动电路中，对最小整流触发延迟角 α_{min} 也必须限制，一般取 $\alpha_{min} > \beta_{min}$。

由于换相重叠角 γ 随电路运行条件而变化，为了提高电路的功率因数，应使 β_{min} 尽量减小，可使 β_{min} 随负载条件变化而自动调节，直流电动机空载或轻载时 β_{min} 值减小，满载时则增大，此种方式称为自调式逆变角限制。

2.4.6 有源逆变的应用

随着电力电子技术的发展，有源逆变电路的工程应用将会更加普遍。下面介绍有源逆变电路的几个典型应用实例。

1. 高压直流输电

高压直流输电在跨越江河、海峡和大容量远距离的电缆输电、联系两个不同频率的交流电网、同频率两个相邻交流电网的非同期并联等方面发挥着重要的作用。随着电力电子技术的发展，高压直流输电获得了迅速的发展，为减少输电线中的能量损耗，目前世界范围内的高压直流输电以每年约 1500MW 的速度增长。

如图 2-38 所示为高压直流输电系统。两组晶闸管变流器的交流侧分别与两个交流系统 u_1、u_2 连接，变流器的直流侧相互关联，中间的直流环节虽未接有负载，但可以起到传递功率的作用，通过分别控制两个变流器的工作状态，就可控制功率的流向。总之，在送电端，变流器工作于整流状态；在受电端，变流器工作于逆变状态。

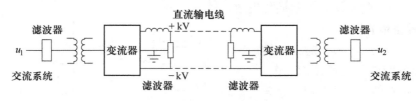

图 2-38　高压直流输电系统

2. 绕线转子异步电动机的串级调速

三相绕线转子异步电动机起动转矩大，并可在一定的范围内调速，在需要重负荷起动的场合应用较多。但传统的调速方法是在转子回路中串接三相电阻，用改变电阻的方法进行调速。这种方法使得设备的体积大，且有大量的电能消耗在电阻上，现在已逐渐被淘汰，而是改用在转子回路中引入附加电动势来实现调速，这就是串级调速。

绕线转子异步电动机转子电动势的大小和频率都与其转速有关，若在转子回路中串接与转子电动势频率一致、相位相反的交流附加电动势进行调速，则实现起来技术比较复杂、价格比较昂贵，因此通常采用将转子电动势整流为直流，引入直流附加反电动势并进行调节的办法实现调速。

图 2-39 中绕线转子异步电动机的定子绕组通过低压断路器 QF 和交流接触器 KM_1 接电源，转子绕组通过接触器 KM_2 接频敏变阻器，起动时 KM_2 接通频敏变阻器，以限制起动电流。起动后断开 KM_2，转子绕组经过二极管整流电路将交流电动势变换为直流电压。绕线转子异步电动机工作时，转子线电动势 E_{2L} 可表示为 $E_{2L} = sE_{20}$，式中，E_{20} 为转子开路线电动势（转速 $n=0$），s 为电动机的转差率。将转子线电动势经三相桥式不可控整流得到直流电压 $U_d = 1.35E_{2L}$。由晶闸管 $VT_1 \sim VT_6$ 组成的有源逆变电路将转子能量返送电网，逆变电压 $U_{d\beta}$ 即为引入的反电动势。当电动机转速稳定时，忽略直流回路电阻，则整流电压 U_d 与逆变电压 $U_{d\beta}$ 大小相等、方向相反。当逆变变压器 T1 二次线电压为 U_{2L} 时，则逆变电压为

$$U_{d\beta} = 1.35 U_{2L} \cos\beta \approx U_d = 1.35 s E_{20} \tag{2-56}$$

转差率为

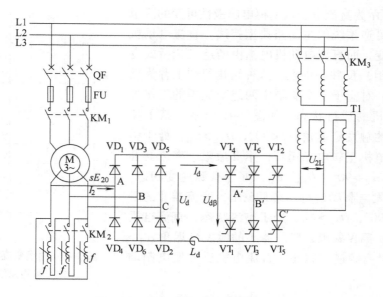

图 2-39 串级调速系统主电路原理图

$$s = \frac{U_{2L}}{E_{20}}\cos\beta \qquad (2\text{-}57)$$

改变逆变角 β 的大小即可改变电动机的转差率，从而实现了调速。调速过程分析如下：当电动机带负载稳定运行在某转速时，$U_d = U_{d\beta}$。如调节 β 使之增大，则 $U_{d\beta}$ 减小，转子电流增加，使转速 n 升高，转差率 s 减小。当 U_d 减小到与 $U_{d\beta}$ 相等时，电动机稳定运行在较高转速上；当 $\beta = 90°$ 时，$U_{d\beta} = 0$，相当于转子绕组经二极管整流桥短接，转速最高。反之减小 β 角可使电动机转速下降。这种调速方式属恒转矩调速，因为电动机产生的电磁转矩由负载转矩决定，所以改变逆变角 β，可以很方便地实现调速。

绕线转子异步电动机串级调速具有良好的节能效果，值得推广应用。但它的调速范围较小，这是由于绕线转子异步电动机的转子线电压一般不大，当转差率为 0.5 时，整流器输出的电压 U_d 已经较小，限制了 $U_{d\beta}$ 的调节范围。所以串级调速只适用于调速范围要求不大的装置，如水泵、风机等。

3. 直流可逆电力拖动系统

有很多生产机械，如可逆轧机、矿井提升机、电梯、龙门刨床等，在生产过程中都要求电动机频繁地起动、制动、反向和调速，为了加快过渡过程，它们的拖动电动机都具有工作于四个象限的机械特性。如在电动机减速换向的过程中，使电动机工作于发电制动状态，进行快速制动，这时使一组变流器进入有源逆变状态，使电动机进入发电制动状态，将机械能变成电能回送到交流电网中去。

控制他励直流电动机可逆运转，即正反转的方法有两种：一种是改变励磁电压的极性，另一种是改变电枢电压的极性。前者由于励磁回路的电磁惯性大、快速性差、控制较复杂，一般用于大容量、快速性要求不高的可逆调速系统中。在快速的可逆系统中，多采用改变电枢电压的极性来实现可逆运行。

图 2-40 所示为直流电动机电枢电压极性可变的两组变流器反并联可逆系统的主回路典型接线。直流电动机的磁场方向不变，而直流电动机电枢由两组三相桥式变流器（Ⅰ、Ⅱ组）反并联供电，这种结构习惯上称为反并联可逆电路。对应于 4 个象限中两组变流器的工作方式和直流电动机的运行状态，如图 2-41 所示。第 Ⅰ 象限，变流器 Ⅰ 的触发延迟角 $\alpha_{\mathrm{I}}<90°$，$U_{\mathrm{dI}}>E_{\mathrm{M}}$，处于整流状态，直流电机正转电动运行；第 Ⅱ 象限，变流器 Ⅱ 的触发延迟角 $\alpha_{\mathrm{II}}>90°$，$U_{\mathrm{dII}}<E_{\mathrm{M}}$，处于有源逆变状态，直流电机正转发电制动运行；第 Ⅲ 象限，变流器 Ⅱ 的触发延迟角 $\alpha_{\mathrm{II}}<90°$，$U_{\mathrm{dII}}>E_{\mathrm{M}}$，处于整流状态，直流电机反转电动运行；第 Ⅳ 象限，变流器 Ⅰ 的触发延迟角 $\alpha_{\mathrm{I}}>90°$，$U_{\mathrm{dI}}<E_{\mathrm{M}}$，有源逆变状态，直流电机反转发电制动运行。

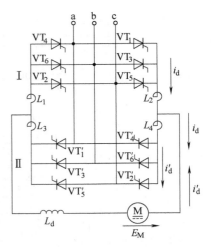

图 2-40 两组变流器反并联的可逆系统

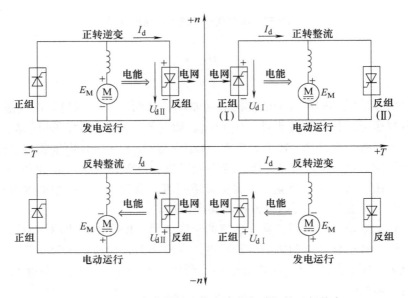

图 2-41 两组变流器的工作方式和电动机的运行状态

在反并联可逆系统中，直流电机由电动运行转变为发电制动运行，相应的变流器由整流转换成逆变，这一过程不是在同一组桥内实现的。具体地说，由一组桥整流，使直流电机作电动运转，而通过反并联的另一组桥来实现逆变，使直流电机作发电制动运转，实现能量的回馈。在反并联可逆电路中，还存在着对环流（即不通过负载而在两组变流器中流过的电流）的处理方式及两组变流器之间的切换问题，这是可逆控制的关键技术。根据反并联可逆电路对环流的处理方式又有几种不同的控制方案，如配合控制有环流可逆系统、逻辑控制无环流系统以及错位控制无环流系统等。晶闸管变流器供电的直流可逆电力拖动系统以及关于各种有环流或无环流的可逆调速系统，将在后续课程"电力拖动自动控制系统"中作深入的分析和讨论。

2.5　整流电路的换相压降、外特性和直流电动机的机械特性

在前面可控整流电路的分析中，都认为晶闸管的换流过程是瞬时完成的，实际上交流电源都存在内阻抗，其中主要是变压器的漏感及线路的杂散电感，这些电感可等效成变压器二次侧回路中一集中电感 L_B，如图 2-42a 所示。由于 L_B 的存在，使得晶闸管的换流不能瞬时完成，在换相过程中会出现两条电路同时导电的所谓重叠导通现象。

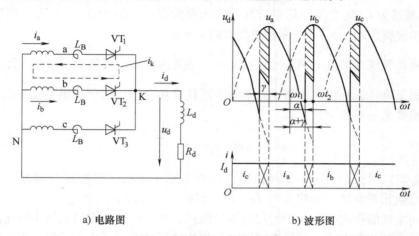

a) 电路图　　　　　　　　　　　b) 波形图

图 2-42　考虑变压器漏抗的可控整流电路及其电压、电流波形图

2.5.1　换流期间的输出电压、换相重叠角 γ 及外特性

1. 换相期间的输出电压与换相重叠角 γ

变压器存在漏抗，使电路换相时电流不能突变，图 2-42b 中在 ωt_1 时刻触发 VT$_2$ 管时，b 相电流 i_b 不能瞬时上升到 I_d 值，a 相电流 i_a 不能瞬时下降为零，使电流换相需要一段时间。在换相过程的 $\omega t_1 \sim \omega t_2$ 期间，两个相邻相的晶闸管同时导通，对应的电角度称为换相重叠角，用 γ 表示。在换相重叠角 γ 期间，a、b 两相同时导通，相当于 a、b 两相线间短路，$u_b - u_a$ 为短路电压，产生一个假想的短路电流 i_k，如图 2-42a 中虚线所示（实际上晶闸管都是单向导电的，相当于在原有电流上叠加一个 i_k）。a 相电流 $i_a = I_d - i_k$，随着 i_k 的增大而逐渐减小；而 $i_b = i_k$ 将逐渐增大。当 i_b 增大到 I_d 也就是 i_a 下降为零时，VT$_1$ 管关断，VT$_2$ 管电流达到稳定值 I_d，完成了 a 相到 b 相之间的换流。换流期间，短路电压由两个漏抗电动势所平衡，即

$$u_b - u_a = 2L_B \frac{di_k}{dt} \tag{2-58}$$

而整流输出电压为

$$u_d = u_b - L_B \frac{di_k}{dt} = u_a + L_B \frac{di_k}{dt} \tag{2-59}$$

故

$$u_d = \frac{1}{2}(u_a + u_b) \tag{2-60}$$

式（2-60）说明，在换流期间，整流输出电压 u_d 的波形既不是 u_a 也不是 u_b，而是换流的两相电压的平均值，如图 2-42b 所示。与不考虑漏抗（即 $\gamma = 0°$）相比，整流输出电压波形减少了一块阴影面积，使输出直流平均电压 U_d 减小。这块减少的面积是由负载电流 I_d 换相引起的，相当于 I_d 在某电阻上产生一个压降，称为换相压降，其大小为图中 3 块阴影面积在一周期内的平均值。对此阴影面积进行积分运算后可得出换相压降为

$$U_\gamma = \frac{m}{2\pi}\int_\alpha^{\alpha+\gamma}(u_b - u_d)\,\mathrm{d}(\omega t) = \frac{m}{2\pi}\int_\alpha^{\alpha+\gamma}L_B\frac{\mathrm{d}i_k}{\mathrm{d}t}\mathrm{d}(\omega t) = \frac{m}{2\pi}X_B I_d \tag{2-61}$$

式中，X_B 是漏感为 L_B 的变压器每相折算到二次侧的漏抗，$X_B = \omega L_B$；m 为一周期内的换相次数，三相半波整流时 $m = 3$，三相桥式整流时 $m = 6$。

换相压降可看成在整流电路直流侧增加一个等效内电阻，其值为 $\frac{m}{2\pi}X_B$，负载电流 I_d 在它上面产生的压降，区别仅在于这项内阻并不消耗有功功率。对于三相半波与三相桥式整流电路，换相重叠角 γ 可由下式计算

$$\cos\alpha - \cos(\alpha + \gamma) = \frac{2I_d X_B}{\sqrt{6}\,U_{2p}} \tag{2-62}$$

由式（2-62）可见，当 α 一定时，X_B、I_d 增大则 γ 增大，即换流时间增大，因此大电流时更要考虑换相重叠角的影响。当 X_B、I_d 一定时，α 越大 γ 越小。

由于换相电抗的存在，相当于增加电源内阻抗，所以使换流期间的输出电压降低，可能使交流电源的电压相间短路，波形出现缺口，造成波形畸变，形成干扰源。用示波器观察电压波形时，在换流点上出现"毛刺"。但是，对于限制短路电流，使换流过程的 $\mathrm{d}i/\mathrm{d}t$ 与 $\mathrm{d}u/\mathrm{d}t$ 不超过晶闸管的允许值，有时单靠变压器的漏抗电感还不够大，而特意在交流侧串入进线电抗。因此在工程实践中要全面权衡利弊来考虑。

2. 可控整流电路的外特性

可控整流电路对直流负载来说，是一个带内阻的可变直流电源，考虑到换相压降 U_γ、整流变压器电阻 R_T（为变压器二次绕组每相电阻与一次绕组折算到二次侧的每相电阻之和）以及晶闸管导通压降 ΔU 后，整流输出电压为

$$U_d = U_{d0}\cos\alpha - N\Delta U - \left(R_T + \frac{m}{2\pi}X_B\right)I_d = U_{d0}\cos\alpha - N\Delta U - R_i I_d \tag{2-63}$$

式中，U_{d0} 为电路 $\alpha = 0°$ 时空载整流输出电压；R_i 为整流桥路内阻，$R_i = \left(R_T + \frac{m}{2\pi}X_B\right)$；$\Delta U$ 是一个晶闸管的正向导通压降，可以以 1V 计算；N 为整流桥路工作时电流所流过整流元件数，在三相半波整流时流经一个整流元件即 $N = 1$，在三相桥式整流时流经两个整流元件即 $N = 2$。

考虑变压器漏抗的可控整流电路外特性曲线如图 2-43 所示。

例 2-1 某机床传动的直流电动机由三相半波可

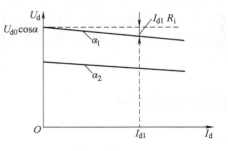

图 2-43 考虑变压器漏抗的可控整流电路外特性曲线

控整流电路供电，整流变压器二次侧相电压为 220V，其每相折算到二次侧的漏感 $L_B = 100\mu H$，负载电流 $I_d = 300A$，求换相压降、$\alpha = 0°$ 时的换相重叠角与内阻 R_i，并列出 $\alpha = 60°$ 时的外特性方程。

解： $\Delta U_d = \dfrac{3}{2\pi} X_B I_d = \dfrac{3}{2\pi} \times 314 \times 0.1 \times 10^{-3} \times 300V = 4.5V$

$$\cos\alpha - \cos(\alpha + \gamma) = \dfrac{2I_d X_B}{\sqrt{2}\,U_{2p}} = \dfrac{2 \times 300 \times 314 \times 0.1 \times 10^{-3}}{\sqrt{6} \times 220} = 0.035$$

$\alpha = 0°$ 时　　　　　　　$\cos\gamma = 0.0965$　　　　$\gamma = 15°$

电路内电阻

$$R_i = \dfrac{\Delta U_d}{I_d} = \dfrac{4.5}{300}\Omega = 0.015\Omega$$

$$U_d = 1.17 U_{2p}\cos\alpha - \Delta U - R_i I_d = 1.17 \times 220 \times 0.5V - 1V - 0.015\Omega \times I_d$$

所以外特性方程为

$$U_d = 127.7V - 0.015 \times I_d$$

2.5.2　晶闸管可控整流电路供电的直流电动机机械特性

晶闸管可控整流电路供电的直流电动机调速系统，具有起动性能好、调速范围宽、动态和静态性能好等优点。此类调速装置应特别注意以下两个特殊问题：①晶闸管整流电路输出的直流电压是脉动的，如主电路平波电感量不够大或直流电动机轻载或空载时均会出现电流不连续，而电流连续与不连续时直流电动机的机械特性差别很大；②由于晶闸管的单向导电特性，整流装置的输出电流不能反向，因此当直流电动机需要可逆运转时，必须用开关切换直流电动机电枢或励磁电压的极性，要求高的需增添另一套反向整流装置。

1. 电流连续时直流电动机的机械特性

现以三相半波可控整流电路为例进行分析，图 2-44a 为主电路，当平波电感足够大且直流电动机的负载电流也较大时，i_d 的波形是一条较平稳的直线，基本无脉动，此时可写出下列方程：

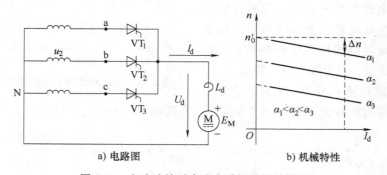

a) 电路图　　　　　　　　　　b) 机械特性

图 2-44　电流连续时直流电动机的机械特性

直流电动机电枢回路电压方程

$$U_d = E_M - R_a I_d \tag{2-64}$$

直流电动机的机械特性

$$n = \frac{1}{C_e \Phi}(U_d - R_a I_d) \tag{2-65}$$

直流电动机的反电动势

$$E_M = C_e \Phi n \tag{2-66}$$

直流电动机的电磁转矩

$$T = C_M \Phi I_d \tag{2-67}$$

式中，Φ 为电动机磁通；n 为电动机转速；C_e、C_M 为电动机结构常数；R_a 为电动机电枢电阻。

将式（2-63）代入式（2-65），可得晶闸管可控整流供电、电流连续的机械特性为

$$n = \frac{1}{C_e \Phi}(U_{d0}\cos\alpha - N\Delta U - R_\Sigma I_d) = n_0' - \Delta n \tag{2-68}$$

式中，R_Σ 是直流回路总电阻，$R_\Sigma = R_T + \frac{3}{2\pi}X_B + R_a$；$\Delta n = I_d R_\Sigma / (C_e \Phi)$。

画出机械特性曲线如图 2-44b 实线所示（虚线部分是假定电流连续时画出的，实际上 I_d 很小时，电流 i_d 会变得不连续，要按电流断续情况来分析），随着直流电动机负载增大即电流 I_d 增大，转速将有适当下降，属于硬特性。改变晶闸管的触发延迟角 α 值，即可方便地连续调节直流电动机转速。由于晶闸管整流供电时存在换相等效电阻，所以机械特性比直流发电机供电时要软一些。

2. 电流断续时直流电动机的机械特性

当平波电抗的电感 L_d 不够大或直流电动机运行在轻载时，由于前相电流维持不到后相晶闸管导通，出现电流断续，而直流电动机因惯性在电流断流期间转速 n 还来不及下降，故其反电动势 E_M 保持不变。当电流断续期间，u_d 波形中出现幅值为 E_M 的阶梯波，使直流平均电压 U_d 值升高。因此电流断续时 u_d 波形与直流电动机反电动势（即转速）有关，使机械特性呈现显著的非线性，经推导可求得电流断续时电动机的机械特性，如图 2-45 实线部分所示。它主要有以下特点：

1）理想空载转速 n_0 升高。n_0 是指直流电动机电流 I_d 为零时的转速。以 $\alpha = 60°$ 为例，按电流连续时的公式计算为

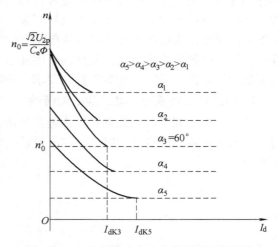

图 2-45　电流断续时直流电动机的机械特性

$$n_0' = \frac{1}{C_e \Phi}(1.17U_{2p}\cos\alpha - \Delta U) \approx \frac{1}{C_e \Phi} \times 1.17U_{2p}\cos60° = \frac{0.585U_{2p}}{C_e \Phi} \tag{2-69}$$

但实际上在电流断续时，要真正使电流 $i_d = 0$，必须使直流电动机反电动势 $E_M \geq \sqrt{2}U_{2p}$，晶闸管才不会导通，才会有 $i_d = 0$。而 $E_M = C_e \Phi n$，所以 $i_d = 0$ 时，$E_M = C_e \Phi n_0 = \sqrt{2}U_{2p}$，可得 $\alpha \leq 60°$ 的情况下的理想空载转速为

$$n_0 = \frac{\sqrt{2}\,U_2}{C_e \varPhi} \tag{2-70}$$

可见理想空载转速大大高于电流连续时的理想空载转速。在 $\alpha \leqslant 60°$ 的情况下，电流连续时的理想空载转速各不相同，而电流断续时，只要触发脉冲宽度足够，不同的触发延迟角 α 所对应的理想空载转速是相同的。

当 $\alpha > 60°$ 时，u_d 波形最大瞬时值为 $\sqrt{2}\,U_{2p}\sin(150° - \alpha)$，所以要使 $i_d = 0$，E_M 只需大于 u_d 波形最大瞬时值即可，故 n_0' 随 α 的增大而下降，即

$$n_0' = \frac{\sqrt{2}\,U_{2p}}{C_e \varPhi}\sin(150° - \alpha) \tag{2-71}$$

由式（2-71）可见，当 $\alpha > 60°$ 时的理想空载转速比电流连续时的值大，如图 2-45 所示。

2）直流电动机机械特性显著变软，即直流电动机轴上负载转矩的很小变化能引起直流电动机转速的很大变化。这是由于电流断续后，晶闸管导通角变小，而平均电流 I_d 与电流 i_d 波形面积成正比，因此为了产生一定的 ΔI_d 值，在电流波形底宽很小时，电流峰值的变化必须很大，这就要求 $(u_d - E_M)$ 变化很大，当 u_d 一定时即反电动势必须显著降低，才能产生足够的 ΔI_d 值。因此电流断续时，随着 I_d 的增大，反电动势 E_M 与转速 n 的降落较显著，即机械特性较软。

所以，直流电动机由晶闸管可控整流电路供电时，其机械特性在电流连续时与直流发电机恒压供电时相似，基本上是一条平线，特性很硬；电流断续时特性变软，空载转速升高，与串励电动机的特性相似。

3. 临界电流 I_{dK}

直流电动机机械特性上电流连续与断续的临界值，称为临界电流，用 I_{dK} 表示。由上述分析可知，电流连续与否对直流电动机机械特性影响很大。为了改善直流电动机运行情况，使其始终工作在特性较硬的区域，直流电动机负载中大多串联电抗器 L_d，使临界电流减小。L_d 越大临界电流越小，但过大的 L_d 不仅将影响系统的快速性，而且电抗器 L_d 的体积和费用均增大。通常是根据直流电动机拖动的生产机械在空载时对应的最小工作电流 I_{dmin} 来确定临界电流 I_{dK}（一般为电动机额定电流的 5% ~ 10%），按此电流值计算保证电流连续时所需的最大电感量 L_d，就可使 $I_{dK} < I_{dmin}$，保证直流电动机工作在电流连续区域。

2.6　晶闸管触发电路

2.6.1　概述

1. 触发电路及其分类

晶闸管的导通条件除了其阳极须承受正向电压之外，还必须同时满足门极上加正向电压。同时根据普通晶闸管门极的伏安特性，一旦门极加正向电压使晶闸管导通后，门极上电压就失去了作用。因此使晶闸管导通的门极电压可以用交流正半周的一部分，也可用直流，还可用短暂的正脉冲电压。为门极提供触发电压与电流的电路称为触发电路，它决定每个晶闸管的触发导通时刻，是晶闸管装置中的重要部分。

触发电路根据控制晶闸管的通断状况可分为移相触发和过零触发两类。移相触发就是改变晶闸管每周期导通的起始点触发延迟角 α 的大小，以达到改变输出电压、功率的目的；而过零触发是晶闸管在设定的时间间隔内，通过改变导通的周波数来实现电压或功率的控制。一般在常用的整流或逆变电路中，广泛使用的触发电路通常都是移相触发电路。过零触发电路一般只应用于交流调功电路及晶闸管交流开关电路中。在本节仅讨论移相触发电路。

2. 对触发电路的要求

为使晶闸管变流装置能准确无误地工作，对触发电路有如下要求：

（1）触发电路送出的触发信号应有足够大的电压和功率

晶闸管门极的伏安特性如图 2-46 所示，其中可靠触发区为 *A-B-C-D-E-F-G-A*，参数 U_{GT} 与 I_{GT} 即为元件出厂时给出的触发电压和触发电流，由图中可见，U_{GT} 与 I_{GT} 不是元件的触发允许值，而是指该型号的所有合格元件都能被触发的最小门极电压、电流值。为此，所设置的触发电路的触发电压和触发功率都必须大于晶闸管的给定参数，才能可靠触发导通。此外，元件给出的参数指的是直流值，而实际触发电流送出的触发信号通常是脉冲式的。因此，触发电压和触发电流的幅值允许比给定参数 U_{GT} 和 I_{GT} 大得多。脉冲越窄，允许的幅值就越大，但只要触发功率不超过规定值即可。

（2）门极正向偏压越小越好

有些触发电路在发出触发脉冲之前，会有正的门极偏压存在，如图 2-47 所示。为了避免晶闸管误触发，要求正向偏压越小越好，最大不得超过晶闸管的不触发电压值。

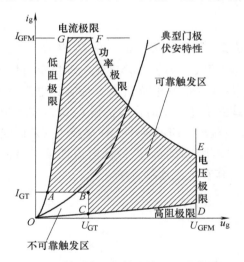

图 2-46　晶闸管门极的伏安特性与可靠触发区

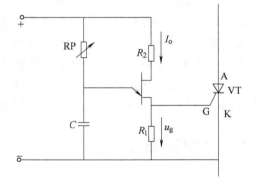

图 2-47　触发前门极所加的正向偏压

（3）触发脉冲的前沿要陡，脉冲宽度应满足要求

触发脉冲的前沿陡，就能更精确地控制晶闸管的导通。由于晶闸管门极特性的不同，同系列的管子其触发电压、电流不尽相同。如果触发脉冲不陡，就会造成各个晶闸管导通的时刻有先后，使整流输出电压 u_d 波形不均匀，如图 2-48 所示。所以要求触发脉冲前沿要陡，一般要求脉冲上升时间小于 $10\mu s$。

触发脉冲的宽度应该大于被触发晶闸管的阳极电流达到擎住电流所需的时间。否则若触发脉冲一消失，晶闸管就关断了。显然对不同容量的晶闸管和不同的负载，所需要的这段时间也不同，为了保证对各种情况下均能可靠地触发晶闸管，一般在使用单窄脉冲触发时要求脉宽达到 1ms 左右（即 50Hz 时对应 18°电角度）。

（4）满足主电路移相范围的要求

不同形式与不同负载的可控整流电路要求有不同的移相范围。触发电路发出的触发脉冲能移相的范围应超过所要求的移相范围。如三相桥式半控整流电路要求移相范围为 0°~180°，三相桥式全控整流电路带电感性负载在整流状态时只要求移相范围为 0°~90°，触发电路脉冲的移相范围应能满足这些要求。

（5）触发脉冲必须与晶闸管的阳极电压取得同步

所谓同步，即要求触发脉冲在整个移相范围内均处于晶闸管承受正向电压的范围内，这样才能使触发脉冲加到晶闸管门极上时能可靠触发晶闸管；且要求在移相控制电压不变时，触发电路都能在每周期相同的触发延迟角 α 时刻送出触发脉冲，以保证负载两端得到稳定不变的整流输出电压。

（6）应有良好的抗干扰性能、温度稳定性及与主电路的电气隔离

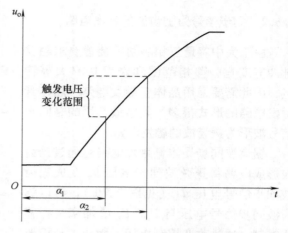

图 2-48　前沿不陡引起各个晶闸管导通时刻不同

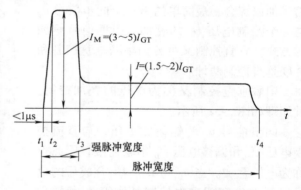

图 2-49　理想的触发脉冲电流波形

一般采用脉冲变压器或光电耦合器进行隔离。理想的触发脉冲电流波形如图 2-49 所示，常见的晶闸管触发电路如图 2-50 所示，在该电路中 TP 为脉冲变压器。图 2-51 为光电耦合器及其接法。

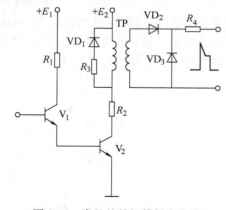

图 2-50　常见的晶闸管触发电路

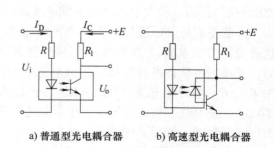

a) 普通型光电耦合器　　b) 高速型光电耦合器

图 2-51　光电耦合器及其接法

2.6.2 同步信号为锯齿波的触发电路

由于大中容量三相晶闸管装置要求触发脉冲宽度宽、移相范围和触发功率大等特点，因此需要采用晶体管触发电路。晶体管触发电路的形式很多，其中最常用的是同步信号波形为锯齿波的触发电路。

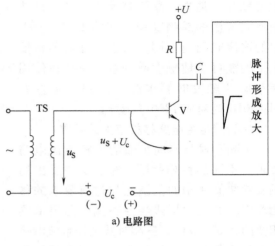

a) 电路图

锯齿波同步晶体管触发电路是通过锯齿波形成电路将正弦波同步电压 u_S 变成锯齿波同步信号电压 $u_③$（见图 2-52b），再以锯齿波同步信号电压与 U_c、U_b 叠加来进行移相控制。通过改变控制电压的大小，从而改变晶体管翻转时刻，这种方式称为垂直控制或正交控制。在实际应用中，经常需要几个信号加以综合，最简单的是一个同步信号 u_S 与一个控制电压 U_c 的叠加。根据信号叠加的方式，垂直控制又可分为串联垂直控制和并联垂直控制两种。

串联垂直控制又称为电压的叠加控制。其原理如图 2-52 所示。

同步信号 u_S 为锯齿波电压，与直流控制电压 U_c 和偏移电压 U_b 串联连接，因此也称为电压叠加。当 u_S 与 U_c、U_b 合成后的信号电压由负变正时去控制晶体管 V 翻转导通。如图 2-52 所示，偏移电压 U_b 一般取负的固定值（整定 $U_c = 0$ 时，触发脉冲的位置），当控制电压 U_c 改变其大小时，u_S 与

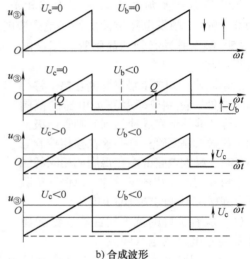

b) 合成波形

图 2-52 串联垂直控制原理

U_c 合成后的正弦波上下浮动，使其由负变正的过零点左右移动，亦即晶体管 V 由截止而变为导通的时刻前后变化。控制电压 U_c 增大时晶体管 V 导通时刻提前，控制电压 U_c 减小时晶体管 V 导通时刻移后。若以晶体管 V 从截止变导通的时刻去控制产生触发脉冲，则只要改变控制电压 U_c 的大小就可改变脉冲发出的先后，亦即改变触发延迟角 α 的大小。

并联垂直控制原理如图 2-53 所示（设 $U_b = 0$）。这种控制方式实际上是将电压信号经过较大电阻后，变换为电流再进行叠加，故称电流叠加。如图中 R_S、R_c 均为阻值较大的电阻（一般为 10 ~ 20kΩ），应用电工基础的知识，可以把电压源变换为电流源形式，如图 2-54 所示。

图 2-54 中，因为电流 $i_S = u_S/R_S$，$i_c = U_c/R_c$，则

$$I = i_S + i_c = u_S/R_S + U_c/R_c \qquad (2-72)$$

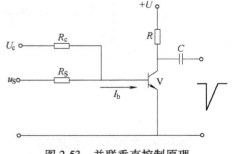

图 2-53 并联垂直控制原理

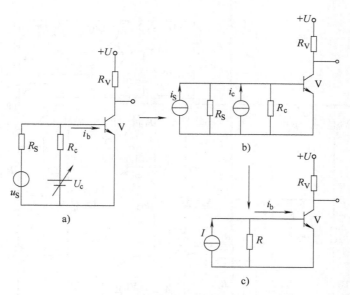

图 2-54 电压源变换为电流源形式

当 $R_S = R_c = R'$ 时，有

$$I = (u_S + U_c)/R' = g(u_S + U_c) \tag{2-73}$$

$$R = R_S // R_c = R_S R_c/(R_S + R_c) = R'/2 \tag{2-74}$$

当满足 $R \gg r_{be}$（r_{be} 为 V 发射结电阻）时，可忽略 R 对 I 的分流作用，$i_b \approx I = g(u_S + U_c)$。

对于 NPN 型晶体管 V 来说，$i_b > 0$ 翻转导通，$i_b \leqslant 0$ 则截止。因此 V 的导通与否仍取决于 u_S 与 U_c 两个电压信号的叠加，与串联叠加形式相同。

并联垂直控制实现比较简单而且有公共接点，同时由于各信号串联了较大电阻，调整时互不影响，因此在实际中使用较多。

锯齿波同步晶体管触发电路如图 2-55 所示，其基本构造与正弦波触发器类似，同样包含同步移相、脉冲形成与脉冲输出三大基本部分。其不同之处仅在于以锯齿波同步信号电压代替正弦波同步信号电压，以及增设了双窄脉冲环节、脉冲封锁环节及强触发环节等辅助环节。

1. 锯齿波形成、同步移相环节

锯齿波同步晶体管触发电路移相原理与正弦波同步晶体管触发电路相似，即以锯齿波电压为基础，再叠加上直流偏置电压 U_b（与控制电压 U_c 极性相反的直流电压，为调整触发脉冲初始相位而设置，调整完毕即固定不变）和控制移相电压 U_c，通过改变 U_c 的大小改变触发脉冲发出的时刻（即改变触发延迟角 α）。

与正弦波同步晶体管触发电路不同的是，在正弦波同步晶体管触发电路中是直接以同步变压器的二次绕组所输出的同步电压与 U_c、U_b 叠加来进行移相控制，而锯齿波同步晶体管触发电路则是通过锯齿波形成电路将正弦波同步电压变成锯齿波同步信号电压，再以锯齿波同步信号电压与 U_c、U_b 叠加来进行移相控制。

锯齿波形成电路由图 2-55 中的恒流源（VS、R_2、R_3、R_4、V_1）及电容 C_2 和开关管 V_2

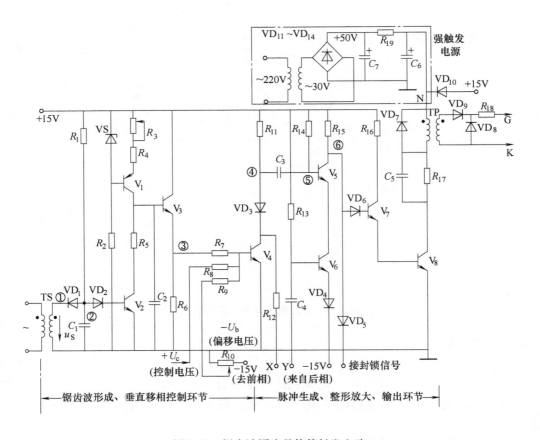

图 2-55　锯齿波同步晶体管触发电路

所组成。

由 VS、R_2 组成的稳压电路对 V_1 管设置了一个固定基极电压，则 V_1 发射极电压也恒定，R_3、R_4 中的电流也恒定。从而形成恒定电流对 C_2 充电，使 C_2 上电压以恒定斜率线性上升。调节 R_3 则可改变 V_1 集电极电流，从而改变 C_2 上电压上升的斜率。

u_S 是来自同步变压器的交流电压，用于控制对 V_2 管周期性地开与关。当 V_2 管导通时；电容 C_2 经过 V_2 管集电极对地放电，而当 V_2 管截止时，C_2 上电压线性上升。当 V_2 管周期性通断变化时，在电容 C_2 上就产生周期变化的锯齿波。锯齿波的宽度由 V_2 管基极电压确定。在 u_S 负半周下降段，VD_1 管导通对 C_1 反压充电，由于充电回路时间常数较小，所以②点的电压在此区间与 u_S 相同，如图 2-56 所示；而在 u_S 负半周上升段，C_1 上电压变化要比 u_S 的变化缓慢（由稳压电源+15V 通过 R_1 对 C_1 充电，时间常数为 R_1C_1），故 VD_1 管截止，②点的电压波形按 RC 充电时的指数规律变化缓慢上升，从而使 V_2 管基极承受负电压的时间被延长，V_2 管截止的时间在一周期中达到 240°以上，即锯齿波的底宽可达 240°以上，触发脉冲可以移相的范围被加宽了。V_3 管是射极跟随器，目的是提高带负载的能力，所以③点的电压也是锯齿波，它与 C_2 两端的电压仅相差 0.7V。

电路脉冲移相原理以及并联垂直控制电路的分析与正弦波同步晶体管触发电路相同。触发脉冲发出的时刻由 V_4 管从截止翻转到导通的时刻所决定。

2. 脉冲形成整形和放大输出环节

当 V_4 管截止时，电源（+15V）分别经 R_{13} 和 R_{14} 向 V_6 管与 V_5 管供给足够大的基极电流，使 V_5、V_6 管饱和导通。⑥点电位对地为-13.7V，使 V_7、V_8 管处于截止状态，电路无输出脉冲。与此同时，电源（+15V）经 R_{11}、V_5 管基极、发射极、V_6 管及电源（-15V）对 C_3 充电，充电结果使 C_3 上电压呈左正右负，电压为 28.3V，这期间电路处于"稳态"。

当 V_4 管由截止翻转为导通时，其集电极电位迅速下跌，④点电位从+15V 下跳到 1V，由于 C_3 上电压不能突变，使⑤点电位也下跳了 14V，从原来的-13.3V 突降到-27.3V，使 V_5 管基极处于反偏而立即截止，V_5 集电极（即⑥点）电位迅速上升，到+2.1V 时被钳位。V_7、V_8 管饱和导通，电路通过脉冲变压器的二次绕组输出触发脉冲。但是这种状态只是暂时的（称为"暂态"），因为与此同时，C_3 经+15V 电源、R_{14}、VD_3 和 V_4 管反向充电，⑤点电位随着 C_3 的反充电而不断升高，并力图要达到+15V。但当⑤点电位从-27.3V 上升到-13.3V 时，V_5 管与 V_6 管又被导通，⑥点电位又突降到-13.7V。于是 V_7、V_8 管子又被截止，输出触发脉冲被终止，电路又恢复到"稳态"。电路的暂态时间亦即输出触发脉冲的宽度是由 C_3 的反充电回路时间常数 $\tau_3 = R_{14}C_3$ 所确定的，调节 R_{14} 或 C_3 的参数即可调整输出脉宽。

3. 其他环节

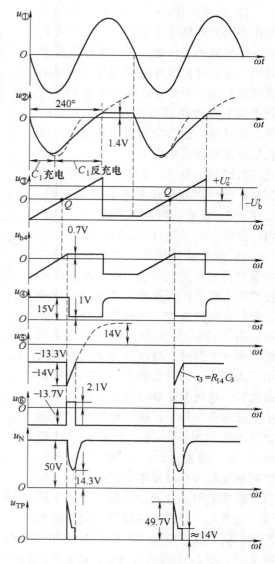

图 2-56　锯齿波同步晶体管触发电路的电压波形

1）强触发环节：一方面，采用强触发脉冲可以缩短晶闸管开通的时间，以用来提高晶闸管承受电流变化率的能力；另一方面，强触发脉冲也有利于改善晶闸管串联或并联使用时动态均压或动态均流，以提高系统的可靠性。一些大中容量系统的触发电路往往带有强触发环节，强触发环节实际就是一个电压较高的触发电源。如图 2-55 中所示，触发电源由单相桥式整流电路供电，使 C_7 两端获得电压为 50V 的强触发电源，在 V_8 管导通前，50V 电源经 R_{19} 对 C_6 充电，使 N 点电位为 50V。当 V_8 管导通时，C_6 经过脉冲变压器、R_{17} 和 V_8 迅速放电，由于 C_6 容量很小，仅 1μF，放电回路电阻又很小，因此 N 点电位迅速下降，一旦 N 点电位下降到 14.3V，VD_{10} 管导通，脉冲变压器就改由+15V 稳定电源供电。加上强触发环节后脉冲变压器一次电压 u_{TP} 波形如图 2-56 所示。

2）脉冲封锁环节：在事故情况下或在逻辑无环流可逆系统中，系统要求当一组整流桥工作时，另一组整流桥要封锁，这时可将脉冲封锁信号置于零电位或负电位，于是⑥点电位通过 VD_5 管被钳位于零电位或负电位，使 V_7、V_8 管无法导通，触发电路无脉冲输出，整流桥就被封锁而停止工作，达到了保护或逻辑控制的要求。串联 VD_5 管是为了当封锁信号用接零电位来封锁电路时，可用 VD_5 管来切断零电位经 V_5、V_6、VD_4 管到 $-15V$ 的通路以防止短路。

3）双窄脉冲环节：双窄脉冲是三相全控桥式整流电路或三相双反星形可控整流电路的特殊要求。实现双窄脉冲控制可有两种方法：一种是"外双窄脉冲电路"，每一触发单元在一个周期内仅产生一个脉冲，通过脉冲变压器的两个二次绕组，同时去触发本相和前相的晶闸管，这种电路脉冲变压器的二次绕组数要增多，每单元触发电路输出功率也要增大；另一种是"内双窄脉冲电路"，每一触发单元经过脉冲变压器输出的触发脉冲只触发本相的晶闸管，而双窄脉冲的形成是通过对触发单元电路作一些改动，并通过各触发单元的适当

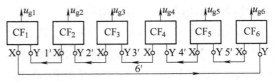

a) X、Y间连接

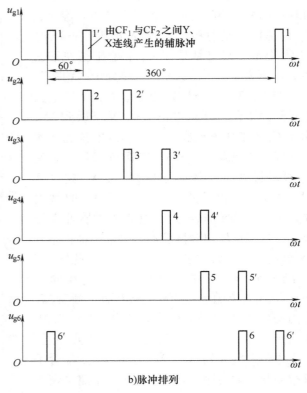

b)脉冲排列

图 2-57 双窄脉冲的产生

连接，就可在一周期内发出间隔 $60°$ 的两个窄脉冲，这种电路所需触发功率较小，故目前常被采用。图 2-55 所示电路中就是在 V_5 管的发射极通路上串联了一个 V_6 管，并从 V_4 管集电极和 V_6 管基极分别引出 X 和 Y 接头，供各触发单元进行连接而构成"内双窄脉冲电路"的。

在图 2-55 中，V_5 与 V_6 管是相串联的，任何一个管子处于截止状态都能使⑥点电位被升高而使 V_7、V_8 管导通，输出触发脉冲。因此只要用适当的信号控制 V_5 及 V_6 管能在一周期内间隔 $60°$ 分别被截止一次就可以获得双窄触发脉冲。第一个主脉冲是由本相触发电路的控制电压 U_c 控制同步移相环节使 V_1 从截止向导通翻转，使 V_5 管截止一次而产生的。而相隔 $60°$ 的第二个辅脉冲则是当后相的触发电路在发出本相的触发脉冲时，通过后相触发电路的 X 端将一个下跳的电位输入到本相触发电路的 Y 端，控制本相触发电路的 V_6 管截止一次而产生的。触发单元之间的连接（以三相桥式全控整流电路为例）及双窄脉冲的波形如图 2-57 所示。图中 $CF_1 \sim CF_6$ 分别为三相全控桥式整流电路（见图 2-20）$VT_1 \sim VT_6$ 管所对应的触发单元。每个触发单元的同步电压均为依次滞后 $60°$，因此当所有触发单元的控制电压 U_c 都相等时，各触发单元所发出的触发脉冲依次滞后 $60°$，且触发延迟角 α 都相同。每个触

发单元在本相的同步电压及控制电压作用下发出一个主脉冲，同时给其前相的触发单元一个控制信号，使其发出一个与本相主脉冲相隔 60° 的辅脉冲。

2.6.3 集成触发器

随着电力电子技术的不断发展，对变流装置的可靠性提出了更高的要求，如何简化调试手段、更加方便维修等问题也更引人注目。采用集成电路取代以分立元件构成的触发器，具有体积小、工作可靠、电路简单、使用方便的特点，已被各种变流装置广泛使用。目前常用的集成触发电路有 KC（KJ）系列共十余品种，本节介绍 KC 系列中的 KC04、KC41C、KC42 组成的三相集成触发电路和功能更强的 TC787 集成触发器，同时考虑到微机控制的数字触发电路具有调节灵活、使用方便且易于实现自动化的特点，故也作一些简单介绍。

1. KC04 移相触发电路

KC04 移相触发电路的内部原理和外形图如图 2-58 所示。引脚顺序由缺口起，按逆时

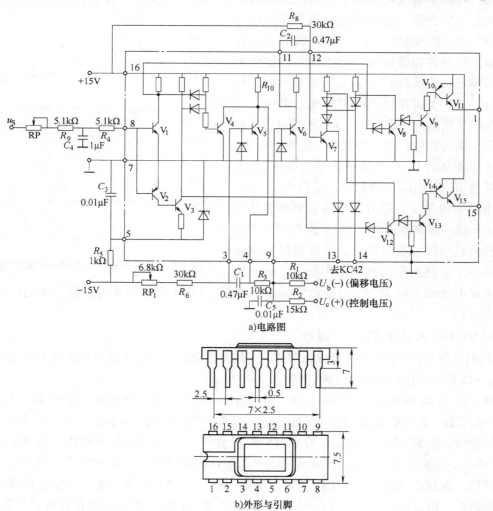

图 2-58　KC04 移相触发电路的内部原理和外形图

针方向排列。它的内部电路与分立元件组成的锯齿波同步晶体管触发电路相似，由锯齿波形成、垂直移相控制、脉冲形成及整形放大输出等基本环节组成。但它在电源的一周期内，在集成电路的①引脚和⑮引脚分别输出相位差为180°的两个单窄脉冲，可以作为三相桥式全控整流电路主电路同一相上下晶闸管的主触发脉冲。⑯引脚接+15V 电源，⑤引脚接−15V 电源，⑦引脚接地，⑧引脚输入同步电压，但在同步电压输入之前，一般都经外接的微调电位器 RP、5.1kΩ 电阻和 1μF 电容组成的滤波电路滤波移相，以减小电网电压畸变和换流缺口的干扰。如图 2-58 所示，按所配的参数使同步电压产生 30°~50°的相位滞后，可以通过微调电位器的调整，确保各相输出脉冲间隔均匀。③引脚与④引脚之间外接的电容 C_1 上形成锯齿波，可以通过调节③引脚外接的 6.8kΩ 电位器使三相桥式全控整流电路所需的 3 片 KC04 的锯齿波斜率一致。锯齿波电压通过电阻 R_3 送到⑨引脚，与直流偏移电压 U_b 和直流移相控制电压 U_c 进行并联叠加。⑪引脚与⑫引脚上所接 R_8、C_2 决定输出脉冲的宽度，⑬引脚与⑭引脚提供脉冲列调制和脉冲封锁控制端。KC04 主要用于单相或三相桥式全控整流电路，其脉冲输出幅值可达 13V 以上，最大输出能力达 100mA，脉冲宽

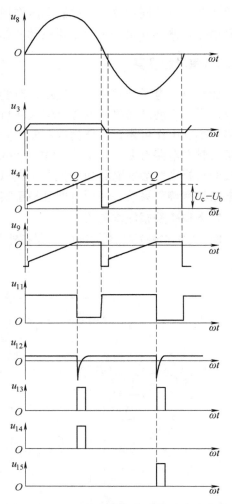

图 2-59　KC04 移相触发电路各引脚的波形

度可在 0.4~2ms 之间调节，移相范围不小于 170°。KC04 移相触发电路各引脚的波形如图 2-59 所示。

2. KC41C 六路双窄脉冲形成器

KC41C 与 KC04 配合可以组成三相桥式全控整流电路等所要求具有双窄脉冲输出的触发电路。KC41C 的电路图和外部接线图如图 2-60 所示。

把 3 片 KC04 移相触发器的①引脚、⑮引脚产生的 6 个主脉冲分别接到 KC41C 集成电路的①~⑥引脚，经内部集成二极管完成"或"运算的功能形成双窄脉冲，再由内部 6 个集成晶体管放大，从⑩~⑮引脚输出，分别引到外接的 V_1~V_6 晶体管的基极作为功率放大，可得到 800mA 的触发脉冲电流，可实现大功率晶闸管的有效触发。KC41C 不仅具有双窄脉冲形成功能，而且还具有电子开关控制封锁功能。KC41C 的⑧引脚接地。当⑦引脚接地或处于低电位时，内部集成开关管 V_7 截止，各路正常输出脉冲；当⑦引脚接高电位或悬空时，V_7 管饱和导通，各路无脉冲输出。KC41C 各引脚的脉冲波形如图 2-61 所示。

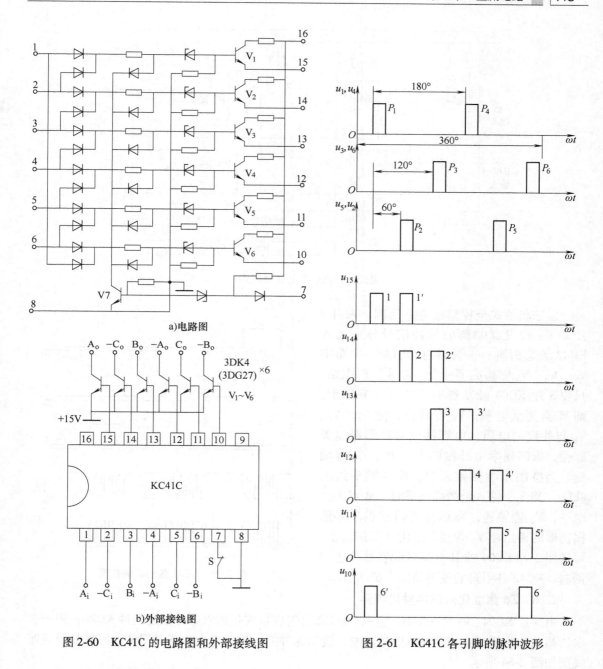

图 2-60　KC41C 的电路图和外部接线图

图 2-61　KC41C 各引脚的脉冲波形

3. KC42 脉冲列调制电路

在大功率晶闸管触发电路中，为了降低触发电源功率，减小脉冲变压器体积，提高脉冲前沿陡度，常采用脉冲列式触发器。KC42 为脉冲列调制电路，具有脉冲占空比可调性好、频率调节范围宽、触发脉冲上升沿可与调制信号同步等优点。其电气原理图如图 2-62 所示。

KC42 是一种脉冲列调制电路，它可以利用 KC04 的⑬引脚输出的控制信号来启动片内的振荡电路，产生一系列窄脉冲，回送到 KC04 的⑭引脚，对 KC04 输出的触发脉冲进行调制。

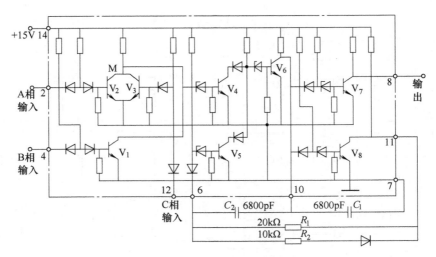

图 2-62　KC42 电气原理图

以三相桥式全控整流电路为例，来自 3 片 KC04 触发器⑬脚的脉冲信号分别送入 KC42 的②引脚、④引脚与⑫引脚。电路中 V_1、V_2、V_3 管构成了一个"或非"门电路，只要 3 片 KC04 触发器中任意一片有输出，则 M 点为低电平，V_4 管截止，使 V_5、V_6、V_8 与外接的电阻、电容构成的环形振荡器起振，振荡频率由外接的 R_1、R_2、C_2 等确定。当按图示参数接入时，振荡频率约为 8kHz。当 3 个输入全为低电平时，M 点为高电平，V_4 管导通，环形振荡器停振。环形振荡器的输出经 V_7 管整形后由⑧引脚输出，可送回 3 片 KC04 的⑭引脚对触发脉冲进行调制。KC42 各引脚的波形如图 2-63 所示。

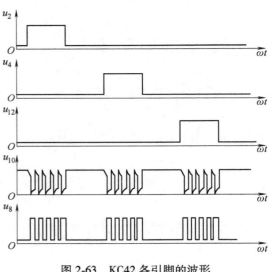

图 2-63　KC42 各引脚的波形

4. KCZ6 集成化六脉冲触发组件

由 3 片 KC04、一片 KC41C 与一片 KC42 可组成集成化的六脉冲触发组件 KCZ6，用于要求较高的三相桥式全控整流电路的触发，输出脉冲能可靠驱动大功率晶闸管。组件的原理接线图如图 2-64 所示。

本组件具有以下功能与特点：

1）同步电压经 *RC* 滤波电路，不受电网电压波形畸变和换流缺口的干扰，且电位器 RP_5、RP_6、RP_7 可微调各相同步电压的相位，保证六相脉冲间隔均匀。

2）同步电压值范围较宽且只需三相同步电压。

3）输出是脉冲列式的双脉冲，脉冲变压器体积小。

4）能方便地与调节系统匹配，只需调节输入信号的上下限即可调整最小触发延迟角与最小逆变角。

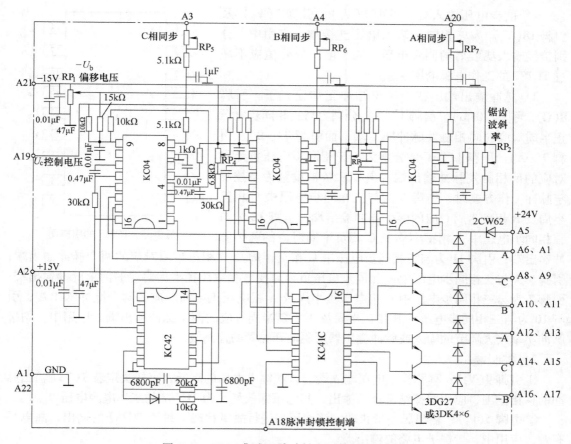

图 2-64　KCZ6 集成六脉冲触发组件原理接线图

5）具有脉冲输出控制端（A18），用以控制脉冲的输出并可用于逻辑控制可逆系统中作逻辑切换控制。

6）体积小，调试维修方便，一片组件板就可对三相桥式全控整流电路或三相双反星形可控整流电路进行触发控制。对线路稍加修改，即可用于双向晶闸管或反并联晶闸管的三相交流调压电路。

组件的电路原理可根据本节前面介绍的 KC04、KC41C、KC42 集成电路的原理与引脚号自行读图分析。

5. TC787 集成触发电路

TC787 是采用先进 IC 工艺设计制作的单片集成电路，与 KC 系列触发电路相比，具有功耗小、功能强、输入阻抗高、抗干扰性能好、移相范围宽、外接元件少等优点，而且装调简便，使用可靠。主要适用于三相晶闸管移相触发电路和三相晶体管脉宽调制电路，以构成多种调压调速和变流装置。

（1）TC787 引脚图

TC787 是标准双列直插式 18 引脚的集成电路，它的引脚排列如图 2-65 所示。

（2）TC787 各引脚的功能及用法

1）同步电压输入端：引脚 1（V_c）、引脚 2（V_b）及引脚 18（V_a）为三相同步输入电压连接端。应用中，分别接经输入滤波后的同步电压，同步电压的峰值应不超过 TC787 的工作电源电压 V_{DD}。

2）脉冲输出端：在半控单脉冲工作模式下，引脚 8（C）、引脚 10（B）、引脚 12（A）分别为与三相同步电压正半周对应的同相触发脉冲输出端，而引脚 7（-B）、引脚 9（-A）、引脚 11（-C）分别为与三相同步电压负半周对应的反相触发脉冲输出端。当 TC787 被设置为全控双窄脉冲工作方式时，引脚 8 为与三相同步电压中 C 相正半周及 B 相负半周对应的两个脉冲输出端；引脚 12 为与三相同步电压中 A 相正半周及 C 相负半周对应的两个脉

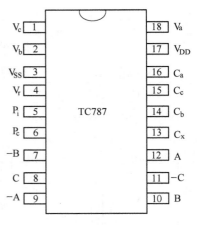

图 2-65　TC787 的引脚图

冲输出端；引脚 11 为与三相同步电压中 C 相负半周及 B 相正半周对应的两个脉冲输出端；引脚 9 为与三相同步电压中 A 相同步电压负半周及 C 相电压正半周对应的两个脉冲输出端；引脚 7 为与三相同步电压中 B 相电压负半周及 A 相电压正半周对应的两个脉冲输出端；引脚 10 为与三相同步电压中 B 相正半周及 A 相负半周对应的两个脉冲输出端。应用中，均接脉冲功率放大环节的输入或脉冲变压器所驱动开关管的控制极。

3）控制端：

①引脚 4（V_r）：移相控制电压输入端。该端输入电压的高低，直接决定着 TC787 输出脉冲的移相范围，应用中接给定环节输出，其电压幅值最大为 TC787 的工作电源电压 V_{DD}。

②引脚 5（P_i）：输出脉冲禁止端。该端用来进行故障状态下封锁 TC787 的输出，高电平有效，应用中，接保护电路的输出。

③引脚 6（P_c）：TC787 工作方式设置端。当该端接高电平时，TC787 输出双脉冲列；而当该端接低电平时，输出单脉冲列。

④引脚 13（C_x）：该端连接的电容 C_x 的容量决定着 TC787 或输出脉冲的宽度，电容的容量越大，则脉冲宽度越宽。

⑤引脚 14（C_b）、引脚 15（C_c）、引脚 16（C_a）：对应三相同步电压的锯齿波电容连接端。该端连接的电容值大小决定了移相锯齿波的斜率和幅值，应用中分别通过一个相同容量的电容接地。

⑥电源端：TC787 可单电源工作，亦可双电源工作。单电源工作时引脚 3（V_{SS}）接地，而引脚 17（V_{DD}）允许施加的电压为 8～18V。双电源工作时，引脚 3（V_{SS}）接负电源，其允许施加的电压幅值为-4～-9V，引脚 17（V_{DD}）接正电源，允许施加的电压为+4～+9V。

（3）TC787 工作原理

TC787 的内部结构及工作原理框图如图 2-66 所示。由图可知，TC787 内部集成有 3 个过零和极性检测单元、3 个锯齿波形成单元、3 个比较器、1 个脉冲发生器、1 个抗干扰锁定电路、1 个脉冲形成电路、1 个脉冲分配及驱动电路。工作原理可简述为：经滤波后的三相同步电压通过过零和极性检测单元检测出零点和极性后，作为内部 3 个恒流源的控制信号。3 个恒流源输出的恒值电流给 3 个等值电容 C_a、C_b、C_c 恒流充电，形成良好的等斜率锯齿波。锯齿波形成单元输出的锯齿波与移相控制电压 V_r 比较后取得交相点，该交相点经集成电路

内部的抗干扰锁定电路锁定，保证交相唯一而稳定，使交相点以后的锯齿波或移相电压的波动不影响输出。该交相信号与脉冲发生器输出的调制脉冲信号，经脉冲形成电路处理后变为与三相输入同步信号相位对应且与移相电压大小适应的脉冲信号送到脉冲分配及驱动电路。假设系统未发生过电流、过电压或其他非正常情况，则引脚 5 禁止端的信号无效，此时脉冲分配电路根据用户在引脚 6 设定的状态完成双脉冲（引脚 6 为高电平）或单脉冲（引脚 6 为低电平）的分配功能，并经输出驱动电路功率放大后输出；一旦系统发生过电流、过电压或其他非正常情况，则引脚 5 禁止信号有效，脉冲分配和驱动电路内部的逻辑电路动作，封锁脉冲输出，确保集成电路的 6 个引脚 12、11、10、9、8、7 输出全为低电平。

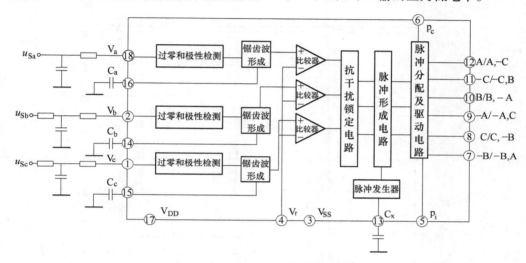

图 2-66　TC787 的内部结构及工作原理框图

（4）TC787 的波形图

TC787 的各点波形图如图 2-67 所示。

（5）TC787 的特点

1）TC787 适用于主功率器件是晶闸管的三相桥式全控整流电路或其他拓扑结构电路的系统中作为晶闸管的移相触发电路。而 TC788 适用于以电力晶体管（GTR）或绝缘栅双极型晶体管（IGBT）为功率单元的三相桥式全控整流电路或其他拓扑结构电路的系统中作为脉宽调制波产生电路，且任一种芯片均可同时产生 6 路相序互差 60° 的输出脉冲。

2）TC787 在单、双电源下均可工作，使其适用电源的范围较广泛，它们输出三相触发脉冲的触发延迟角可在 0°~180° 范围内连续同步改变。它们对零点的识别非常可靠，使它们可方便地用作过零开关，同时器件内部设计有移相控制电压与同步锯齿波电压交点（交相）的锁定电路，抗干扰能力极强。电路自身具有输出禁止端，使用户可在过电流、过电压时进行保护，保证系统安全。

3）TC787 分别具有 A 型和 B 型器件，使用户可方便地根据自己应用系统所需要的工作频率来选择（工频时选 A 型器件，中频 100~400Hz 时选 B 型器件）。同时，TC787 输出为脉冲列，适用于触发晶闸管及感性负载；输出为方波，适用于驱动晶体管。因两种集成电路引脚完全相同，故增加了用户控制用印制电路板的通用性，使同一印制电路板只需要互换集

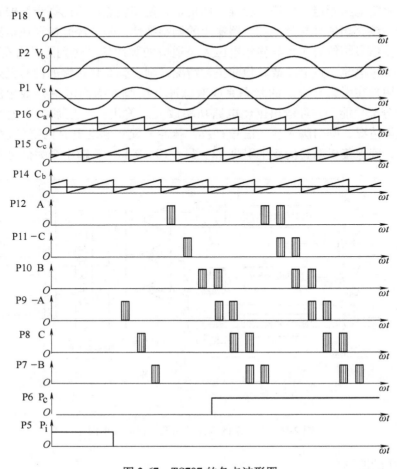

图 2-67 TC787 的各点波形图

成电路便可用于控制晶闸管或晶体管。

4) TC787 可方便地通过改变引脚 6 的电平高低，来设置其输出为双脉冲列还是单脉冲列。

（6）TC787 的主要参数和限制条件

工作电源电压 V_{DD}：8~18V 或±5~±9V；

输入同步电压有效值：$\leqslant(1/2\sqrt{2})V_{DD}$；

输入控制信号电压范围：0~V_{DD}；

输出脉冲电流最大值：20mA；

锯齿波电容取值范围：0.1~0.15μF；

脉宽电容取值范围：3300pF~0.01μF；

移相范围：0°~177°；

工作温度范围：0~+55℃。

（7）TC787 的应用

由 TC787 构成的三相六脉冲触发电路如图 2-68 所示。380V 三相交流电经过同步变压器

TS 变压为 30V 的同步信号 u_a、u_b、u_c 后，经过电位器 RP_1、RP_2、RP_3 及 RC T 形网络滤波接入到 TC787 的同步电压输入端，通过调节 RP_1、RP_2、RP_3 可微调各相电压的相位，以保证同步信号与主电路的匹配。C_a、C_b、C_c 为积分电容，TC787 芯片锯齿波的线性、幅度由 C_a、C_b、C_c 电容值决定，因此，为了保证锯齿波有良好的线性及三相锯齿波斜率的一致性，选择 C_a、C_b、C_c 时要求其 3 个电容值的相对误差要非常小，以产生的锯齿波线性好、幅度大且不平顶为宜。C_a、C_b、C_c 电容量的参考值为 $0.15\mu F$。连接在 13 引脚的电容 C_x 决定输出脉冲的宽度，C_x 越大，脉冲越宽，可得到 $0° \sim 80°$ 范围的方波，不过脉冲太宽会增大驱动级的损耗。C_x 参考值为 $3300pF \sim 0.1\mu F$。调节 RP 可以使输

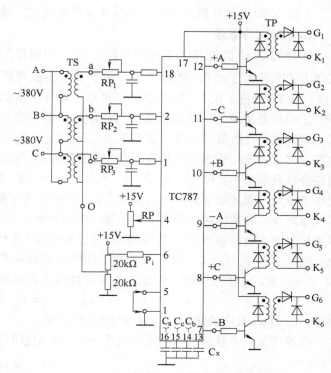

图 2-68　TC787 构成的三相六脉冲触发电路

入 4 引脚的电压在 $0 \sim 12V$ 之间连续变化，从而使输出脉冲在 $0° \sim 180°$ 之间变化，$7 \sim 12$ 引脚的输出端有大于 25mA 的输出能力，采用 6 个驱动管扩展电流，经脉冲变压器 TP 隔离后将脉冲接到晶闸管的门极（G）和阴极（K）之间，以触发晶闸管。

2.6.4　数字移相触发电路

　　数字移相触发电路的形式很多，而微机组成的数字触发电路最为简单、控制灵活、准确可靠。图 2-69 所示为微机控制数字触发系统组成框图，图中触发延迟角 α 设定值以数字形式通过接口送给微机，微机以基准点作为计时起点开始计数，当计数值与触发延迟角 α 对应的数值一致时，微机就发出触发信号，该信号经输出脉冲放大，由隔离电路送至晶闸管。

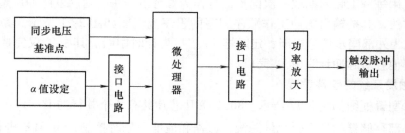

图 2-69　微机控制数字触发系统组成框图

下面以 8031 单片机组成的三相桥式全控整流电路的触发系统为例进行分析。

1. 系统工作原理

MCS-51 系列 8031 单片机内部有两个 16 位可编程定时器/计数器 T_0、T_1，可将 T_0 或 T_1 工作方式设置为方式 1，组成 16 位计数器，对机器周期进行计数。首先将初值装入 TL（低 8 位）及 TH（高 8 位），然后启动定时器，即开始从初值加 1 计数，当计数值溢出时，向 CPU 发出中断申请，CPU 响应后执行相应的中断程序。在中断程序中让单片机发出触发信号，因此改变计数器的初值，就可改变定时长短。三相桥式全控整流电路如图 2-70a 所示，由前面讲过的三相桥式全控整流电路工作原理可知，该电路在一个工频周期内，6 个晶闸管的组合触发顺序为：6、1，1、2，2、3，3、4，4、5，5、6。若系统采用双脉冲触发方式，则每工频周期要发出 6 对脉冲，如图 2-70b 所示。为了使微机输出的脉冲与晶闸管承受的电源电压同步，必须设法在交流电源的每一周期产生一个同步基准信号，本系统采用线电压过零点作为同步电压参考点（又叫基准点），如图 2-70b 所示的 A 点，即是线电压 u_{ac} 的过零点。电路工作时，设 α_1 为触发延迟角，即第一对脉冲距离同步参考点的电角度，后面每隔 60° 发一次脉冲，共发 6 对。各脉冲位置与时间关系如图 2-70b 所示，设 $t_1 = t_{\alpha 1}$，则有：

$$t_n = t_{\alpha 1} + (n-1)t_{60} \qquad n = 1, 2, 3, 4, 5, 6$$

式中，$t_{\alpha 1}$ 为 α_1 对应的时间；t_{60} 为 60° 对应的时间。

这种用前一个脉冲为基准来确定后一个脉冲形成时刻的方法，称为相对触发方式。

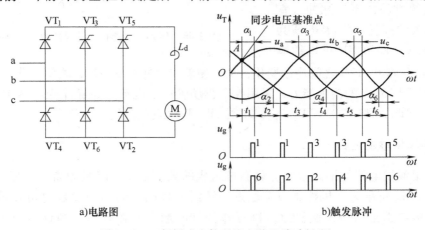

a)电路图   b)触发脉冲

图 2-70 三相桥式全控整流电路及脉冲触发

本系统采用每一工频周期取一次同步信号作为参考点、每一对触发脉冲调整一次移相触发延迟角的方法，其按输出脉冲工作顺序编写的程序流程图如图 2-71 所示。系统共用 3 个中断源，INT_0 为外部同步信号中断，定时器 T_0、T_1 为计时中断。其中 T_0 仅完成对第一对脉冲的计时，其他各对脉冲计时由 T_1 完成。

2. 微机触发系统的硬件设置

系统硬件配置框图如图 2-72 所示。8031 CPU 芯片共有 4 个并行的 I/O 口：用 P_0 口作为数据总线和外部存储器的低 8 位地址总线，数据和地址为分时控制，由 ALE 进行地址锁存；P_2 口作为外部存储器的高 8 位地址总线口；P_1 口为输入口，用于读取触发延迟角 α 的设定值；P_3 口为双功能口，其第一功能作为同步电压信号输入端，第二功能作为外部中断 INT_0

输入端。由于 8031 内部没有程序存储器，因此外接一片 EPROM 2716。74LS373 为地址锁存器，输出脉冲通过并行接口芯片 8155 输出，再经功率放大后与晶闸管门极相连。

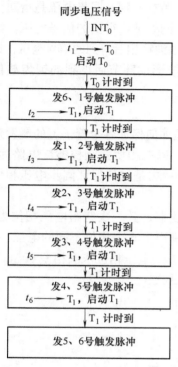

图 2-71　输出脉冲程序流程图

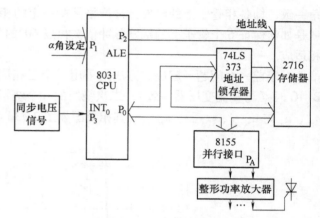

图 2-72　系统硬件配置框图

2.6.5　触发电路的定相

1. 定相（同步）的概念

在晶闸管电路的应用过程中，有时会发生这种现象：分别检查主电路和各相触发单元一切正常，但将触发电路与主电路连接后，却出现工作不正常，输出的 u_d 波形很不规则，甚至根本就没有输出波形的情况。究其原因，很可能就在于触发电路与主电路不同步，造成晶闸管工作时触发延迟角不一致，甚至个别晶闸管在阳极电压为反向电压时才被触发，那当然不能工作。因此，在三相变流装置中，如何理顺触发电路的同步电压与主电路电压的相位关系是很重要的，故也将触发电路的同步称为定相。

所谓定相（同步），就是要求触发脉冲和加于晶闸管的电源电压之间必须保持频率一致和相适应的相位。从主电路对触发脉冲的相位要求来看，首先要求触发脉冲在晶闸管阳极承受正向电压时加到门极；其次要求触发脉冲移相范围要与主电路的移相范围相适应；再次要求应每隔 360° 发一次脉冲；最后各相触发单元发触发脉冲的次序要与主电路晶闸管的导通顺序一致。

触发电路中脉冲发出的时刻是由加在其上的同步电压 u_s 来定位的，由偏移电压 U_b 来调整初始相位，由控制移相电压 U_c 来实现移相。因此要使主电路与触发电路相适配，就要根据被触发晶闸管的阳极电压相位（称为主电压或桥臂电压），通过正确提供各触发单元特定相位的同步电压来实现。正确选择同步电压相位以及得到不同相位同步电压的方法，称为晶闸管装置的定相或同步。

这里需要指出的是，同步电压和同步信号电压在概念上稍有差别：同步电压是指同步变压器二次侧相电压，而同步信号电压是指对同步电压经过不同处理后得到的信号电压。如正弦波触发器的正弦波同步信号电压，就是同步电压经过 RC 滤波移相后得到的信号电压；锯齿波触发器的同步信号电压，就是正弦波同步电压经过锯齿波形成环节后得到的锯齿波信号电压。

2. 实现定相（同步）的方法

三相变流装置要实现同步主要是要解决两个问题：一是如何保证各个管子上的触发延迟角一致，即各相管子上的触发脉冲严格保持一定的相位差，以三相桥式全控整流电路为例，就是如何保证 6 个管子上的触发脉冲依次相隔 60°的相位差；二是如何保证同步电压相位的相适应。

对于前一个问题，解决的方法是采用一个三相同步变压器，其一次绕组电压相位为 A、B、C 时（与整流变压器一致），二次绕组的 6 个绕组上分别产生 6 个相位不同的电压：u_{sa}、u_{sb}、u_{sc} 与 $u_{s(-a)}$、$u_{s(-b)}$、$u_{s(-c)}$，其相量图如图 2-73d 所示，6 个电压相位依次相差 60°。

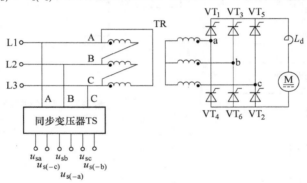

a) 三相全控桥式整流电路

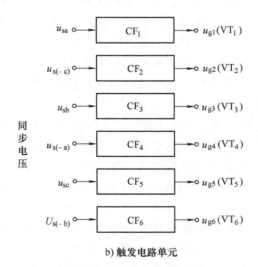

b) 触发电路单元

图 2-73 同步变压器所产生的 6 相电压

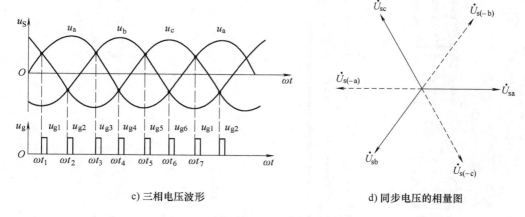

c) 三相电压波形　　　　　　　　　d) 同步电压的相量图

图 2-73　同步变压器所产生的 6 相电压（续）

只要将此 6 个同步电压分别加到 6 个触发单元上，就可保证 6 个触发单元所发出的脉冲保持严格的相位差，依次相差 60°。若使 6 个触发单元的控制移相电压 U_c 一样大小，则 6 个触发脉冲的触发延迟角也总是一样。

这样，同步的问题就归结为如何来确定哪一个触发单元、应选择什么相位的同步电压。显然，我们可只选择某一个触发单元来进行讨论，因为只要一个触发单元的同步电压能符合相位要求，其余 5 个触发单元的同步电压只要依次相差 60°即可。

同步电压相位的确定，取决于不同的主电路形式、不同的负载性质、不同的移相要求及采用不同的触发电路。例如，主电路为三相桥式全控整流电路，带大电感负载，在整流时移相范围为 0°~90°即可。但若要求同时还要考虑用于可逆系统，则移相范围需要以 $\alpha = 90°$ 为中心，正、负向都移相 90°，即 0°~180°的移相范围。因此，我们在确定某一触发单元的同步电压相位时，要根据主电路的形式、整流变压器的联结组标号、负载性质及要求的移相范围以及所使用的触发电路形式，经过简便的方法来确定同步电压的相位，然后通过同步变压器的不同联结组标号或再配合阻容移相来得到要求相位的同步电压。

三相变压器的联结组标号共有 24 种，即 Dd、Yy、Dy、Yd 各 6 种联结组，以 30°为一个单位均匀地分布在一个周期中，通常形象地以钟点数来表示。因同步变压器二次电压要分别接到各触发单元，而各触发单元的印制电路板又均有公共"接地"端点，所以，同步变压器二次侧只能是星形联结，即只要考虑 Dy 和 Yy 共 12 种接法就可以了。我们可以用简单的方法来帮助自己对这 12 种联结组标号加深记忆，如图 2-74 所示。

首先记住 Yy12 和 Dy11（D 为顺相序连接时的）两种联结组，在此基础上，将一次绕组的接法固定不动，二次绕组的相序向右移动一个位置，其联结组就滞后 4h；再移动一个位置，就再滞后 4h，这样就得到 Yy4、Yy8 和 Dy3、Dy7 共 6 个联结组。然后将二次绕组的同名端全部反接，就又可得到与前述 6 个联结组各自相差 6h（即反相）的另 6 个联结组：Yy6、Yy10、Yy2 和 Dy5、Dy9、Dy1。

对同步电压相位的确定，可采取下述简便的步骤：

1）根据触发电路的工作原理和主电路所要求的移相范围，画出当 $U_C = 0$V 时，反映同步

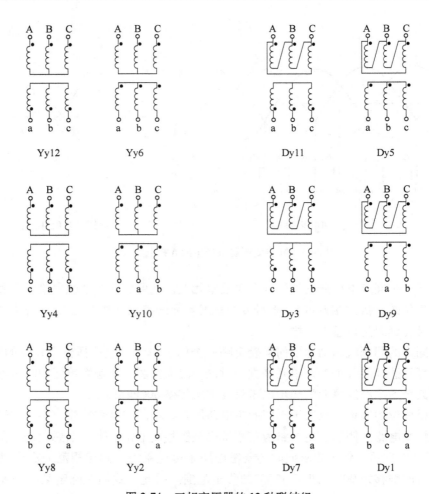

图 2-74 三相变压器的 12 种联结组

电压与输出脉冲之间相位关系的波形图。

2）根据主电路的型式和负载的性质，画出晶闸管桥臂电压与使 $U_d = 0$ 的触发脉冲波形图。

3）将上述两图以脉冲为基准重叠在一起，从而可确定触发电路上的同步电压与主电路上桥臂电压之间的相位关系。

4）根据整流变压器的联结组标号及在第 3）步中确定的相位关系，确定同步变压器的联结组标号及加到 1 号触发单元上的同步电压的相位。

5）将相隔 60°（或 120°）的 6 个（或 3 个）同步电压依次加到 6 个（或 3 个）触发单元上。

3. 同步实例

例 2-2 三相桥式全控整流电路，带直流电动机负载，串接电抗器，不要求可逆运转，整流变压器 TR 为 Dy11 接法，采用本节如图 2-55 所示的锯齿波同步晶体管触发电路。试确定同步变压器 TS 的联结组标号及各触发单元上同步电压的接法。

解：同步定相的方法如图 2-75 所示。

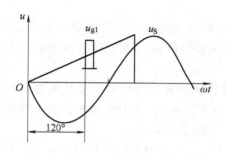

a) 触发电路同步电压u_S波形

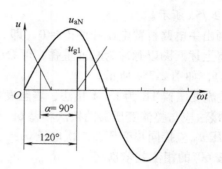

b) 主电路桥臂电压u_{aN}波形

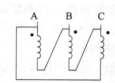

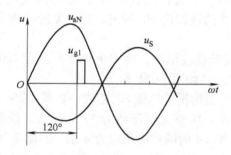

c) 同步电压与桥臂电压的相位关系

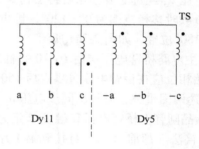

d) 同步变压器的联结组标号与同步电压的接法

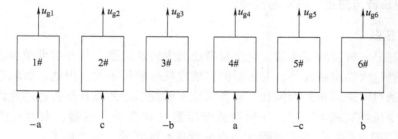

e) 各触发单元上同步电压的接法

图 2-75 同步定相的方法

确定同步电压的步骤如下：

1）画出锯齿波同步晶体管触发电路中同步电压 u_S、锯齿波同步信号电压及当 $U_c = 0V$ 时触发脉冲的波形图。考虑主电路为三相桥式全控整流电路在大电感负载时的移相范围为 $0° \sim 90°$，锯齿波前端再留出 30°的裕量，则触发脉冲的初始相位应在锯齿波起点 120°处的位置，如图 2-75a 所示。

2）画出主电路桥臂电压和使 $U_d = 0$（即 $\alpha = 90°$）的触发脉冲波形图，如图 2-75b 所示。

3）将上述两图以脉冲为基准重叠，可看出同步电压 u_S 应与桥臂电压为反相关系（相位差为 180°），如图 2-75c 所示。

4）整流变压器 TR 为 Dy11 接法，若触发单元和桥臂电压均以 1 号晶闸管为例，则同步变压器的接法应与整流变压器的接法相差 6h（反相关系），为 Dy5 接法，且 1 号触发单元上的同步电压 u_{S1} 应接同步变压器二次电压 $u_{(-a)}$，如图 2-75d 所示。

5）按 60° 的相位差依次将 u_c、$u_{(-b)}$、u_a、$u_{(-c)}$、u_b 分别接到 2、3、4、5、6 号触发单元作为同步电压。

例 2-3 三相桥式全控整流电路，带电阻性负载，不可逆。整流变压器为 Yy0 接法，采用 KCZ6 集成六脉冲触发组件，试确定同步变压器的接法及三路同步电压的相位。

解： 同步定相的方法如图 2-76 所示。

确定同步电压的步骤如下：

1）画出触发电路中同步电压 u_S、锯齿波同步信号电压及触发脉冲波形图。注意加到组件上的同步电压 u_{S1} 经过滤波移相后再加到 KC04 上，相位滞后约 30°。三相桥式全控整流电路，带电阻负载时移相范围为 0°～120°，锯齿波前端留出 30° 裕量，故触发脉冲在同步电压 u_{S1} 过零点后 180° 位置，如图 2-76a 所示。

2）画出主电路桥臂电压与使 $U_d = 0$ 的触发脉冲波形图。因 $U_d = 0$ 时 α 应为 120°，故触发脉冲的初始相位应在桥臂电压过零点后 150° 处，如图 2-76b 所示。

3）将上述两图重叠，可看出同步电压 u_{S1} 应超前桥臂电压 30° 相位，如图 2-76c 所示。

4）以 1#晶闸管上桥臂电压和触发单元为例，因整流变压器为 Yy12 接法，故同步变压器应为 Dy11 接法（超前 30°），且接到第 1 片 KC04 的同步电压应为 a 相，如图 2-76d 所示。

5）将相位差为 120° 的另两路同步电压 b 相、c 相分别接到第 2、第 3 片 KC04 上作为同步电压，如图 2-76e 所示。

2.6.6 脉冲变压器与防止误触发的措施

1. 脉冲变压器

脉冲变压器是一种宽频变压器，它主要考虑波形传送问题，其外形可做得比通信用变压器小很多，除通过大功率脉冲外，变压器的传输损耗一般还不大。因此，所取磁心的尺寸大小取决于脉冲通过时磁通量是否饱和，或者取决于铁耗引起的温升是否超过允许值。

所有脉冲变压器其基本原理与一般普通变压器（如音频变压器、电力变压器、电源变压器等）相同，但就磁心的磁化过程这一点来看是有区别的，分析如下：

1）脉冲变压器是一个工作在暂态中的变压器，也就是说，脉冲过程在短暂的时间内发生，是一个顶部平滑的方波，而一般普通变压器是工作在连续不变的磁化中的，其交变信号按正弦波形变化。

2）脉冲信号是断续的重复信号，且只有正的或负的电压值，而交变信号是连续的重复信号，它既有正的也有负的电压值。

3）脉冲变压器要求波形传输时不失真，也就是要求波形的前沿、顶降都要尽可能小，然而这两个指标是矛盾的。

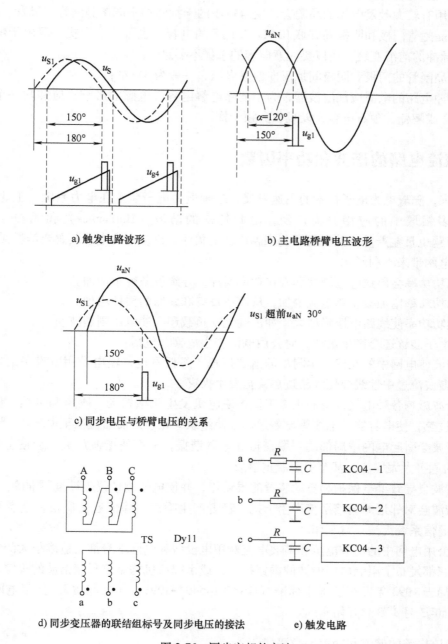

a) 触发电路波形　　　　　　　　　b) 主电路桥臂电压波形

c) 同步电压与桥臂电压的关系

d) 同步变压器的联结组标号及同步电压的接法　　　e) 触发电路

图 2-76　同步定相的方法

2. 防止误触发的措施

防止晶闸管误触发的措施如下：

1）触发电路电源变压器、同步变压器应具有静电隔离功能。脉冲变压器必要时也可加静电隔离屏蔽层。

2）尽量避免门极电路靠近大的电感元件，也不要与大电流的母线靠得太近。脉冲电路的输入线及输出到晶闸管门极的控制线采用屏蔽线。

3）选用有较大触发电流的晶闸管，使得较小的干扰脉冲不能使晶闸管被触发。

4）在晶闸管门极和阴极间并联 $0.01 \sim 0.1 \mu F$ 的电容，也可减小干扰。但由于电容会使正常触发脉冲的前沿变缓，所以要注意电容的选择不要过大。

5）在晶闸管的门极和阴极间加反向偏置电压，一般为3V左右。

6）脉冲电路的电源应加滤波器，为了消除电解电容、电感的影响，应并联一个小容量的金属纸介或陶瓷、独石电容，以吸收高频干扰。

2.7　整流电路的谐波和功率因数

近年来，随着电力电子技术的飞速发展，各种电力电子装置在电力系统、工业、交通、家庭等众多领域中的应用日益广泛，由此带来的谐波（Harmonics）和无功（Reactive Power）问题也日益严重，并引起了越来越广泛的关注。许多电力电子装置要消耗无功功率，会对公用电网带来不利影响：

1）无功功率会导致电流增大和视在功率增加，导致设备容量增加。

2）无功功率增加会使总电流增加，从而使设备和线路的损耗增加。

3）无功功率使线路电压降增大，冲击性无功负载还会使电压剧烈波动。

电力电子装置还会产生谐波，对公用电网产生危害，包括：

1）谐波使电网中的元件产生附加的谐波损耗，降低发电、输电及用电设备的效率，大量的3次谐波流过中性线会使线路过热甚至发生火灾。

2）谐波影响各种电气设备的正常工作，使电机发生机械振动、噪声和过热，使变压器局部严重过热，使电容器、电缆等设备过热，使绝缘老化、寿命缩短以至损坏。

3）谐波会引起电网中局部的并联谐振和串联谐振，从而使谐波放大，会使上述1）和2）两项的危害大大增加，甚至引起严重事故。

4）谐波会导致继电保护和自动装置的误动作，并使电气测量仪表计量不准确。

5）谐波会对邻近的通信系统产生干扰，轻者产生噪声，降低通信质量，重者导致信息丢失，使通信系统无法正常工作。

由于公用电网中的谐波电压和谐波电流对用电设备和电网本身都会造成很大的危害，世界许多国家都发布了限制电网谐波的国家标准，或由权威机构制定限制谐波的规定。我国由技术监督局于1993年发布了国家标准（GB/T 14549—1993）《电能质量 公用电网谐波》，并从1994年3月1日起开始实施。

2.7.1　整流电路的谐波和功率因数概述

1. 谐波

非正弦电压（电流）一般满足狄里赫利条件，可分解为傅里叶级数。在傅里叶级数中频率与工频相同的分量称为基波（Fundamental），频率为基波频率整数倍（大于1）的分量称为谐波。谐波次数为谐波频率和基波频率的整数比。n 次谐波电流含有率以 HRI_n（Harmonic Ratio for I_n）表示：

$$HRI_n = \frac{I_n}{I_1} \times 100\% \tag{2-75}$$

式中，I_n 为第 n 次谐波电流有效值；I_1 为基波电流有效值。

电流谐波总畸变率 THD_i（Total Harmonic Distortion）定义为

$$THD_i = \frac{I_h}{I_1} \times 100\% \tag{2-76}$$

式中，I_h 为总谐波电流有效值。

2. 功率因数

正弦电路中，电路的有功功率就是其平均功率

$$P = \frac{1}{2\pi} \int_0^{2\pi} u i d(\omega t) = U I \cos\varphi \tag{2-77}$$

式中，U、I 分别为电压和电流的有效值；φ 为电流滞后于电压的相位差。

视在功率为电压、电流有效值的乘积，即

$$S = UI \tag{2-78}$$

无功功率定义为

$$Q = U I \sin\varphi \tag{2-79}$$

功率因数 λ 定义为有功功率 P 和视在功率 S 的比值，即

$$\lambda = \frac{P}{S} \tag{2-80}$$

此时无功功率 Q 与有功功率 P、视在功率 S 之间有如下关系：

$$S^2 = P^2 + Q^2 \tag{2-81}$$

在正弦电路中，功率因数是由电压和电流的相位差 φ 决定的，其值为

$$\lambda = \cos\varphi \tag{2-82}$$

在非正弦电路中，有功功率、视在功率、功率因数的定义均和正弦电路相同，功率因数仍为有功功率 P 和视在功率 S 的比值。在公用电网中，通常电压的波形畸变很小，而电流波形的畸变可能很大。因此，不考虑电压畸变，研究电压波形为正弦波、电流波形为非正弦波的情况有很大的实际意义。

设正弦波电压有效值为 U，畸变电流有效值为 I，基波电流有效值及与电压的相位差分别为 I_1 和 φ_1。这时有功功率为

$$P = U I_1 \cos\varphi_1 \tag{2-83}$$

功率因数为

$$\lambda = \frac{P}{S} = \frac{U I_1 \cos\varphi_1}{UI} = \frac{I_1}{I} \cos\varphi_1 = \nu \cos\varphi_1 \tag{2-84}$$

式中，ν 为基波电流有效值和总电流有效值之比，$\nu = I_1/I$，称为基波因数；$\cos\varphi_1$ 称为位移因数或基波功率因数。可见，功率因数由基波电流相移和电流波形畸变这两个因素共同决定。

含有谐波的非正弦电路的无功功率情况比较复杂，定义很多，但至今尚无被广泛接受的科学而权威的定义。一种简单的定义为

$$Q = \sqrt{S^2 - P^2} \tag{2-85}$$

这样定义的无功功率 Q 反映了能量的流动和交换，目前被较广泛的接受，但该定义对

无功功率的描述很粗糙。

参照式（2-79）定义无功功率，为和式（2-84）区别，采用符号为 Q_f，忽略电压中的谐波，则有

$$Q_f = UI_1 \sin\varphi_1 \tag{2-86}$$

在非正弦情况下，$S^2 \neq P^2 + Q_f^2$，因此引入畸变功率 D，使得

$$S^2 = P^2 + Q_f^2 + D^2 \tag{2-87}$$

比较式（2-85）和式（2-87）可得

$$Q^2 = Q_f^2 + D^2 \tag{2-88}$$

忽略电压谐波时

$$D^2 = \sqrt{S^2 - P^2 - Q_f^2} = U\sqrt{\sum_{n=2}^{\infty} I_n^2} \tag{2-89}$$

这种情况下，Q_f 为由基波电流所产生的无功功率，D 是谐波电流产生的无功功率。

2.7.2　整流电路交流侧谐波和功率因数分析

1. 单相桥式全控整流电路

忽略换相过程和电流脉动时，带阻感负载的单相桥式全控整流电路中，当直流电感 L 为足够大时，变压器二次电流波形近似为理想方波，将电流 i_2 的波形分解为傅里叶级数，可得

$$
\begin{aligned}
i_2 &= \frac{4}{\pi} I_d \left(\sin\omega t + \frac{1}{3}\sin3\omega t + \frac{1}{5}\sin5\omega t + \cdots \right. \\
&= \frac{4}{\pi} I_d \sum_{n=1,3,5} \frac{1}{n}\sin n\omega t = \sum_{n=1,3,5} \sqrt{2} I_n \sin n\omega t
\end{aligned}
\tag{2-90}
$$

其中基波和各次谐波有效值为

$$I_n = \frac{2\sqrt{2} I_d}{n\pi} \qquad n = 1,3,5,\cdots \tag{2-91}$$

可见，电流中仅含奇次谐波，各次谐波有效值与谐波次数成反比，且与基波有效值的比值为谐波次数的倒数。

由式（2-91）可得基波电流有效值为

$$I_1 = \frac{2\sqrt{2} I_d}{\pi} \tag{2-92}$$

而 i_2 的有效值 $I = I_d$，则可得基波因数为

$$\nu = \frac{I_1}{I} = \frac{2\sqrt{2}}{\pi} \approx 0.9 \tag{2-93}$$

根据电流基波与电压的相位差就等于触发延迟角 α，则位移因数为

$$\lambda_1 = \cos\varphi_1 = \cos\alpha \tag{2-94}$$

所以，功率因数为

$$\lambda = \nu\lambda_1 = \frac{I_1}{I}\cos\varphi_1 = \frac{2\sqrt{2}}{\pi}\cos\alpha \approx 0.9\cos\alpha \tag{2-95}$$

2. 三相桥式全控整流电路

三相桥式全控整流电路带阻感负载，忽略换相过程和电流脉动，若直流电感 L 为足够大，以 $\alpha = 30°$ 为例，交流侧电压 u_a 和电流 i_a 波形和如图 2-77 所示。此时，电流为正负半周各 120° 的方波，三相电流波形相同，且依次相差 120°，其有效值与直流电流的关系为

$$I = \sqrt{\frac{2}{3}} I_d \qquad (2\text{-}96)$$

同样可将变压器电流波形分解为傅里叶级数。以 a 相电流为例，将电流负、正两半波的中点作为时间零点，则有

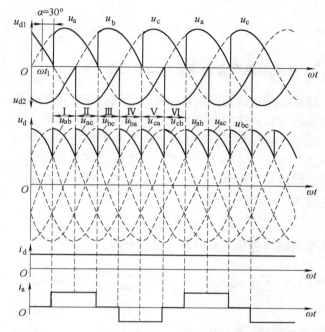

图 2-77　三相桥式全控整流电路带阻感负载 $\alpha = 30°$ 时的波形

$$i_a = \frac{2\sqrt{3}}{\pi} I_d \left[\sin\omega t - \frac{1}{5}\sin5\omega t - \frac{1}{7}\sin7\omega t + \frac{1}{11}\sin11\omega t + \frac{1}{13}\sin13\omega t - \cdots \right]$$

$$= \frac{2\sqrt{3}}{\pi} I_d \sin\omega t + \frac{2\sqrt{3}}{\pi} \sum_{\substack{n = 6k \pm 1 \\ k = 1,2,3,\cdots}} (-1)^k \frac{1}{n} \sin n\omega t$$

$$= \sqrt{2} I_n \sin\omega t + \sum_{\substack{n = 6k \pm 1 \\ k = 1,2,3,\cdots}} (-1)^k \sqrt{2} I_n \sin n\omega t \qquad (2\text{-}97)$$

由式（2-97）可得电流基波 I_1 和各次谐波有效值 I_n 分别为

$$I_1 = \frac{\sqrt{6}}{\pi} I_d \qquad (2\text{-}98)$$

$$I_n = \frac{\sqrt{6}}{n\pi} I_d \qquad n = 6k \pm 1, k = 1,2,3,\cdots \qquad (2\text{-}99)$$

由此可得以下结论：电流中仅含 $6k \pm 1$（k 为正整数）次谐波，各次谐波有效值与谐波次数成反比，且与基波有效值的比值为谐波次数的倒数。

由式（2-96）和式（2-98）得基波因数为

$$\nu = \frac{I_1}{I} = \frac{3}{\pi} \approx 0.955 \qquad (2\text{-}100)$$

因为电流基波与电压的相位差仍为 α，故位移因数仍为

$$\lambda_1 = \cos\varphi_1 = \cos\alpha \qquad (2\text{-}101)$$

则功率因数为

$$\lambda = \nu \lambda_1 = \frac{I_1}{I} \cos\varphi_1 = \frac{3}{\pi} \cos\alpha \approx 0.955 \cos\alpha \qquad (2\text{-}102)$$

2.7.3 整流电路直流侧谐波和功率因数分析

整流电路直流侧的输出电压是周期性的非正弦函数，其中主要成分为直流，同时包含各种频率的谐波，这些谐波对于负载的工作是不利的。

设当 $\alpha = 0°$ 时，m 脉波整流电路的整流电压波形如图 2-78 所示（以 $m = 3$ 为例）。将纵坐标选在整流电压的峰值处，则在 $-\pi/m \sim \pi/m$ 区间，整流电压的表达式为

$$u_{d0} = \sqrt{2}\,U_2 \cos\omega t \qquad (2\text{-}103)$$

对该整流输出电压进行傅里叶级数分解，得

$$u_{d0} = U_{d0} + \sum_{n=mk}^{\infty} b_n \cos n\omega t = U_{d0}\left[1 - \sum_{n=mk}^{\infty} \frac{2\cos k\pi}{n^2-1}\cos n\omega t\right] \qquad (2\text{-}104)$$

式中，$k = 1, 2, 3, \cdots$；且

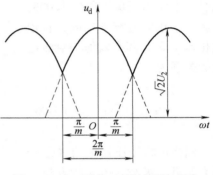

图 2-78　$\alpha = 0°$ 时，m 脉波整流电路的整流电压波形

$$U_{d0} = \sqrt{2}\,U_2 \frac{m}{\pi} \sin\frac{m}{\pi} \qquad (2\text{-}105)$$

$$b_n = -\frac{2\cos k\pi}{n^2-1} U_{d0} \qquad (2\text{-}106)$$

为了描述整流电压 u_{d0} 中所含谐波的总体情况，定义电压纹波因数为 u_{d0} 中谐波分量有效值 U_R 与整流电压平均值 U_{d0} 之比

$$\gamma_u = \frac{U_R}{U_{d0}} \qquad (2\text{-}107)$$

其中

$$U_R = \sqrt{\sum_{n=mk}^{\infty} U_n^2} = \sqrt{U^2 - U_{d0}^2} \qquad (2\text{-}108)$$

且

$$U = \sqrt{\frac{m}{2\pi} \int_{-\frac{\pi}{m}}^{\frac{\pi}{m}} \left(\sqrt{2}\,U_2 \cos\omega t\right)^2 \mathrm{d}(\omega t)} = U_2 \sqrt{1 + \frac{\sin\frac{2\pi}{m}}{\frac{2\pi}{m}}} \qquad (2\text{-}109)$$

则电压纹波因数为

$$\gamma_u = \frac{U_R}{U_{d0}} = \frac{\left[\dfrac{1}{2} + \dfrac{m}{4\pi}\sin\dfrac{2\pi}{m} - \dfrac{m^2}{\pi^2}\sin^2\dfrac{\pi}{m}\right]^{\frac{1}{2}}}{\dfrac{m}{\pi}\sin\dfrac{\pi}{m}} \qquad (2\text{-}110)$$

表 2-4 给出了不同脉波数 m 时的电压纹波因数值。

表 2-4　不同脉波数 m 时的电压纹波因数值

m	2	3	6	12	∞
γ_u（%）	48.2	18.27	4.18	0.994	0

负载电流的傅里叶级数可由整流电压的傅里叶级数求得

$$i_d = I_d + \sum_{n=mk}^{\infty} d_n \cos(n\omega t - \varphi_n) \tag{2-111}$$

当负载为 R、L 和反电动势 E 串联时，式（2-111）中：

$$I_d = \frac{U_{d0} - E}{R} \tag{2-112}$$

n 次谐波电流的幅值 d_n 为

$$d_n = \frac{b_n}{z_n} = \frac{b_n}{\sqrt{R^2 + (n\omega L)^2}} \tag{2-113}$$

n 次谐波电流的滞后角为

$$\varphi_n = \arctan \frac{n\omega L}{R} \tag{2-114}$$

由上述分析可得出 $\alpha = 0°$ 时整流电压、电流中的谐波有如下规律：

1）m 脉波整流电压 u_{d0} 的谐波次数为 mk（$k=1$，2，3，…）次，即 m 的倍数次；整流电流的谐波由整流电压的谐波决定，也为 mk 次。

2）当 m 一定时，随谐波次数增大，谐波幅值迅速减小，表明最低次（m 次）谐波是最主要的，其他次数的谐波相对较少；当负载中有电感时，负载电流谐波幅值 d_n 的减小更为迅速。

3）当 m 增加时，最低次谐波次数增大，且幅值迅速减小，电压纹波因数迅速下降。

以上是 $\alpha = 0°$ 时的情况分析。若 α 不为 $0°$ 时，则 m 脉波整流电压谐波的一般表达式十分复杂，本节对此不再详述。下面给出三相桥式整流电路的结果，说明谐波电压与 α 角的关系。

以 n 为参变量，n 次谐波幅值（取标幺值 $c_n/\sqrt{2}U_{2l}$）对 α 的关系如图 2-79 所示，当 α 从 $0° \sim 90°$ 变化时，u_d 的谐波幅值随 α 增大而增大，当 $\alpha = 90°$ 时谐波幅值最大。α 在 $90° \sim 180°$ 之间，电路工作于有源逆变工作状态，u_d 的谐波幅值随 α 增大而减小。

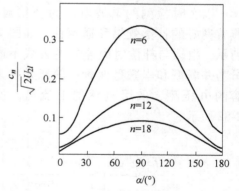

图 2-79　三相全控桥电流连续时以 n 为参变量的 n 次谐波幅值与 α 的关系

2.7.4　抑制谐波与改善功率因数

1. 谐波抑制措施

（1）增加整流装置的相数

（2）装设无源电力谐波滤波器

无源电力谐波滤波器又称 LC 滤波器，它由电力电容器、电抗器和电阻器按一定方式连接而成。如图 2-80 所示，可分为调谐滤波器和高通滤波器。调谐滤波器包括单调谐滤波器和双调谐滤波器，可以滤除某一次（单调谐）或两次（双调谐）谐波，该谐波的频率称为调谐滤波器的谐振频率；高通滤波器也称为减幅滤波器，主要包括一阶高通滤波器、二阶高通滤波器、三阶高通滤波器和 C 型滤波器，用来大幅衰减低于某一频率的谐波，该频率称为高通滤波器的截止频率。其中，一阶高通滤波器：基波功率损耗太大，一般不采用；二阶高通滤波器：基波损耗较小、阻抗频率特性较好、结构简单，工程上用得最多；三阶高通滤波器：基波损耗更小，但特性不如二阶高通滤波器，用得不多；C 型滤波器：一种新型的高通型式，特性介于二阶与三阶高通滤波器之间，基波损耗很小，只是它对工频偏差及元件参数变化较为敏感。

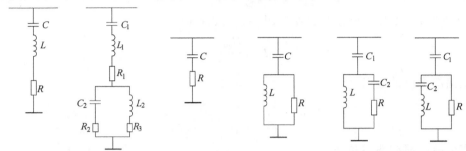

a) 单调谐滤波器 b) 双调谐滤波器 c) 一阶高通滤波器 d) 二阶高通滤波器 e) 三阶高通滤波器 f) C 型滤波器

图 2-80　无源电力谐波滤波器

无源电力滤波器有下列缺点：

1）有效材料消耗多，体积大。

2）滤波要求和无功补偿、调压要求有时难以协调。

3）滤波效果不够理想，只能做成对某几次谐波有滤波效果，而很可能对其他几次谐波有放大作用。

4）在某些条件下可能和系统发生谐振，引发事故。

5）当谐波源增大时，滤波器负担加重，可能因谐波过载不能运行。

（3）装设有源电力滤波器

以实时检测的谐波电流为补偿对象，具有良好的补偿效果和通用性，如图 2-81 所示。根据与补偿对象连接的方式不同而分为并联型和串联型两种：储能元件为电容的电压型、采用电感的电流型，如图 2-82 所示。

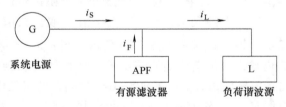

图 2-81　装设有源电力滤波器

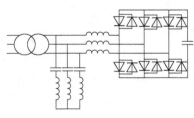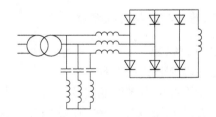

a) 采用电容的电压型　　　　　　b) 采用电感的电流型

图 2-82　装设有源电力滤波器类型

补偿原理：设负荷电流 i_L 是方波电流，如图 2-83a 所示，其中所含的高次谐波分量为 i_H，如图 2-83b 所示。有源电力滤波器如果产生一个如图 2-83c 所示的与图 2-83b 所示的幅值相等且相位相反的电流 i_F，则 i_F 和 i_L 综合后，电源侧的电流 i_S 就变成如图 2-83d 所示的正弦波形。

有源电力滤波器由高次谐波电流的检测、调节和控制器、脉宽调制器（PWM）的逆变器和直流电源等主要环节组成，如图 2-84 所示。

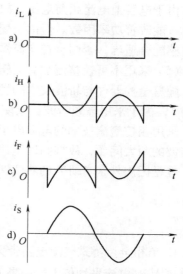

2. 提高晶闸管的相控变流电路功率因数的措施

（1）小触发延迟角（逆变角）运行

对于长时间运行在深调压、深调速的晶闸管装置，可采取整流变压器二次侧抽头或星三角变换等方法降低变压器二次电压，使装置尽量运行在小触发延迟角状态。

图 2-83 补偿原理波形图

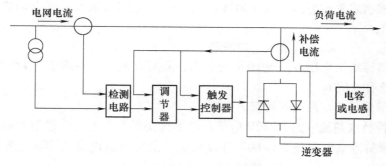

图 2-84 有源电力滤波器补偿原理

（2）采用两组变流器的串联供电

对于大容量且电压较高的负载，可采用图 2-85 所示的两组桥式电路串联供电。当负载要求高电压时，两组晶闸管均工作在小 α 值的整流状态，负载电压为两组整流电压之和；当负载要求低电压时，使 Ⅰ 组晶闸管工作在小 α 值的整流状态，而 Ⅱ 组晶闸管工作在小 β 值的逆变状态，此时负载电压为两组整流电压之差。当 $\alpha_I = \beta_{II}$ 时，$U_d = 0$，此时两组桥的功率因数都比较高。若输出电压不要求负值时，即 Ⅰ 组不要求工作在逆变状态，那么可以采用整流二极管代替晶闸管。

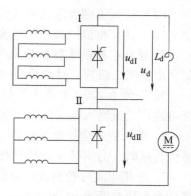

图 2-85 两组变流器的串联供电

（3）增加整流相数

整流相数越多，电流中的高次谐波的最低次数越高，且幅值也减小，使畸变系数更接近 1，从而提高了功率因数。

（4）设置补偿电容

由于电容上电流超前电压，故当电容与用电设备并联时，可以使总电流与电压的角位移减小，能改善功率因数。但由于变流电路有高次谐波存在，必须注意所选的电容值与电路中的电感配合适当，否则会在变流器的某个谐波附近产生谐振而造成供电电压进一步畸变。

（5）采用不可控整流加直流斩波器调压来替代相控整流

随着全控器件与斩波技术的发展，上述方式得到广泛使用，这样可使变流电路的位移因数为1，由于采用高频斩波，故使直流滤波变得简单。

采用相控变流技术的电力电子装置，存在着电网侧功率因数低以及投网运行时向电网注入谐波的两大问题，故抑制以至消除这些电力公害是电力电子技术领域中一项重要的研究课题，也是国内外学者研究的热门课题。

思考题和习题

1. 单相全控桥式整流电路带大电感负载，$U_2 = 220V$，$R_d = 4\Omega$，计算 $\alpha = 60°$ 时，整流输出电压 U_d、电流平均值 I_d。如果负载端并接续流二极管，其 U_d 和 I_d 又为多少？并求流过晶闸管和续流二极管的平均电流和有效值电流，画出这两种情况的电压和电流波形。

2. 单相全控桥式整流电路，$U_2 = 200V$，$R_d = 2\Omega$，电感 L 极大，反电动势 $E = 100V$，当 $\alpha = 45°$ 时，试求：

（1）画出 u_d、i_d、i_{VT1}、i_2 和 u_{VT1} 的波形。

（2）计算整流输出电压 U_d、电流平均值 I_d、晶闸管电流的平均值 I_{dVT} 和有效值 I_{VT} 以及变压器二次电流有效值 I_2。

（3）按 2 倍裕量确定晶闸管的额定电流。

3. 单相半控桥式整流电路，220V 电压，经整流变压器供电，负载为大电感，并接有续流二极管，要求整流输出电压 $20 \sim 80V$ 连续可调，最大负载电流为 20A，最小触发延迟角 $\alpha_{min} = 30°$。试求：

（1）画出 u_d、i_{VT1} 波形（$\alpha = 30°$ 时）。

（2）计算晶闸管电流有效值。

（3）计算整流二极管的电流平均值。

4. 单相半控桥式整流电路带电阻性负载，若其中一个晶闸管的阳、阴极之间被烧断，试画出整流二极管、晶闸管两端和负载电阻两端的电压波形。

5. 一台由 220V 交流电网供电的 1kW 烘干电炉，为了自动恒温，现改用单相半控桥整流电路，交流输入电压仍为 220V。试计算并选择晶闸管与整流二极管。

6. 单相桥式全控整流电路、三相桥式全控整流电路中，当负载分别为电阻性负载或电感性负载时，晶闸管 α 角的移相范围分别是多少？

7. 三相半波可控整流电路带电阻性负载，如在自然换流点之前加入窄触发脉冲，会出现什么现象？画出 u_d 的波形。

8. 三相半波可控整流电路中，若将 3 个晶闸管的门极连在一起，用一组触发电路每隔 120° 送出一个触发脉冲，电路能否正常工作？

9. 三相半波可控整流电路带电阻性负载，如果 VT_2 管无触发脉冲，试画出当 $\alpha = 30°$ 和 $\alpha = 60°$ 两种情况下的 u_d 波形，并画出 $\alpha = 30°$ 时 VT_1 两端电压 u_{VT1} 的波形。

10. 三相半波可控整流电路带大电感负载，画出 $\alpha = 90°$ 时 VT_1 管两端电压的波形。从波形上查看晶闸管承受的最大正反向电压为多少？

11. 三相半波可控整流电路带大电感负载，$R_d = 5\Omega$，整流变压器侧相电压 $U_2 = 100V$。当 $\alpha = 60°$ 时，试求：

（1）画出 u_d、i_d、i_a 和 u_{VT1} 的波形。

（2）计算整流输出电压 U_d、电流平均值 I_d、流过晶闸管的电流平均值 I_{dVT} 和有效值 I_{VT}。

12. 在三相全控桥式整流电路中，其中 $L_d = 0.2H$，$R_d = 4\Omega$，要求 $U_d = 0 \sim 220V$ 可变。试求：

（1）变压器二次相电压有效值。

（2）晶闸管的电压、电流。如电压、电流裕量取 2 倍，选择晶闸管型号。

（3）变压器二次电流有效值 I_2。

（4）变压器二次侧容量 S。

（5）当 $\alpha = 0°$ 时电路的功率因数。

（6）当触发脉冲距对应二次相电压波形原点何处时 U_d 等于零。

13. 理想的三相全控桥式整流电路，带电阻性负载，当触发延迟角 $\alpha = 30°$ 时，回答下列问题：

（1）各换流点分别为哪些元件换流？

（2）各晶闸管的触发脉冲相位及波形是怎样的？

（3）各晶闸管的导通角为多少？

（4）同一相的两个晶闸管的触发信号在相位上有何关系？

（5）画出输出电压 u_d 的波形及表达式。

14. 三相全控桥式整流电路带大电感负载，$U_2 = 100V$，$R_d = 5\Omega$，L 值极大。当 $\alpha = 60°$ 时，要求：

（1）画出 u_d、i_d、i_a 和 u_{VT1} 的波形。

（2）计算整流输出电压 U_d、电流平均值 I_d、流过晶闸管中电流的平均值 I_{dVT} 和有效值 I_{VT}。

15. 比较带平衡电抗器的双反星形可控整流电路与三相全控桥式整流电路的主要异同点。

16. 试述晶闸管变流装置主电路对门极触发电路的一般要求是什么？

17. 在锯齿波同步晶体管触发电路中，双脉冲是如何产生的？为什么电源电压的波动和波形畸变对锯齿波同步晶体管触发电路影响较小？

18. 一个三相全控桥式整流电路，采用图 2-55 所示的锯齿波同步晶体管触发电路。

（1）如果发现输出整流电压 u_d 的波前有高有低，可能是什么原因引起的？

（2）如果把原来的双窄脉冲触发方式改为宽脉冲触发方式，触发电路应进行哪些调整？

19. 图 2-55 中的锯齿波同步晶体管触发电路的同步环节采用 PNP 型晶体管，RC 滤波网络的移相角为 $60°$，求：

（1）同步信号电压 u_{Sa} 与对应的晶闸管阳极电压 u_a 的相位关系。

（2）确定同步变压器的联结组标号，同时列出晶闸管阳极电压和同步信号电压的对应关系表。

20. 三相全控桥式整流电路，带直流电动机负载，要求可逆运行，整流变压器的联结组标号是 Dy5，采用 NPN 型锯齿波触发器，并附有滞后 $30°$ 的 RC 滤波器，决定晶闸管的同步电压和同步变压器的联结形式。

21. 区别下列概念：

（1）整流与待整流。

（2）逆变与待逆变。

（3）有源逆变与无源逆变。

22. 为什么有源逆变工作时，变流器直流侧会出现负的直流电压，而如果变流器带电阻负载或电阻串接大电感负载时却不能在直流侧出现负的直流电压？

23. 如图 2-86 所示的两台直流电机，一台工作在整流电动机状态，另一台工作在逆变发电机状态。

（1）标出 U_d、E_M 及 i_d 的方向。

（2）说明 E_M 与 U_d 的大小关系。

（3）当 α 与 β 的最小值均为 $30°$ 时，触发延迟角 α 的移相范围为多少？

24. 如图 2-87 所示，其中 $U_2 = 220\text{V}$，$E_M = -120\text{V}$，电枢回路总电阻 $R = 1\Omega$。说明当逆变角 $\beta = 60°$ 时电路能否进行有源逆变？计算此时直流电动机的制动电流，画出输出电压波形。（设电流连续）

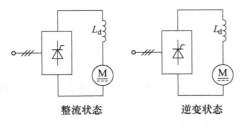

整流状态　　　逆变状态

图 2-86　两台直流电机的工作状态

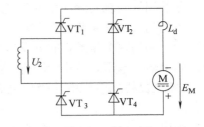

图 2-87　题 24 图

25. 已知三相全控桥式整流电路中 $U_2 = 230\text{V}$，$E_M = -290\text{V}$，电枢回路总电阻 $R = 0.8\Omega$，若电路工作于逆变状态，而且电流连续。如允许 $I_{dmin} = 30\text{A}$，求 β_{max} 并按此选择晶闸管的电流及电压额定值。

26. 试画出三相半波共阳极接法、$\beta = 60°$ 时的 u_d 与 u_{VT3}（VT_3 管两端的电压）的波形。

27. 单相全控桥式变流电路，工作于有源逆变状态。$\beta = 60°$，$U_2 = 220\text{V}$，$E_M = -150\text{V}$，回路总电阻 $R_\Sigma = 1\Omega$，L 足够大，可使负载电流连续，试求：

（1）画出输出电压 u_d 的波形。

（2）画出晶闸管 VT_2 的电流波形 i_{VT2}。

（3）计算晶闸管 VT_2 的电流有效值 I_{VT2}。

28. 三相桥式全控有源逆变电路，变压器侧相电压的有效值 $U_{2p} = 220\text{V}$，回路总电阻 $R_\Sigma = 0.5\Omega$，平波电抗器 L_d 足够大，可使负载电流连续，若 $E_M = -280\text{V}$，要求直流电动机在制动过程中的负载电流 $I_d = 45.2\text{A}$，试回答下列各题：

（1）求出此时的逆变控制角 β。

（2）计算变压器侧的总容量 S_2。

29. 三相半波逆变电路，当 $\alpha > 90°$ 时，若 $E_M > U_d$ 情况如何？若 $E_M < U_d$ 情况又如何？

30. 单相全控桥整流电路，带反电动势阻感负载，$U_2 = 100V$，$R = 10\Omega$，电感 L 极大，$E_M = 40V$，$L_B = 0.5mH$，当 $\alpha = 60°$ 时，求 U_d、I_d 与 γ 的数值，并画出整流电压 u_d 的波形。

31. 三相半波可控整流电路，带反电动势阻感负载，$U_{2p} = 100V$，$R = 1\Omega$，电感 L 极大，$E_M = 50V$，$L_B = 1mH$，当 $\alpha = 30°$ 时，求 U_d、I_d 与 γ 的数值，并画出整流电压 u_d 与 i_{VT1}、i_{VT2} 的波形。

32. 三相全控桥式整流电路，带反电动势阻感负载，$U_{2p} = 220V$，$R = 1\Omega$，电感 L 极大，$E_M = 200V$，当 $\alpha = 60°$ 时，在 $L_B = 0$ 或 $L_B = 1mH$ 的情况下，分别求 U_d、I_d 的值，并画出整流电压 u_d 和 i_d、i_{VT1} 的波形。

33. 三相全控桥式整流电路，带反电动势阻感负载，$U_{2p} = 220V$，$R = 1\Omega$，电感 L 极大，$L_B = 1mH$。当 $\alpha = 60°$ 时，在 $E_M = -400V$ 时，分别求 U_d、I_d 与 γ 的值，以及此时送回电网的有功功率是多少？

34. 什么是逆变失败？如何防止逆变失败？

35. 单相全控桥式整流电路和三相全控桥式整流电路，其整流输出电压中含有哪些次数的谐波？其中幅值最大的是哪一次？变压器二次电流中含有哪些次数的谐波？其中主要的是哪几次？

36. 整流电路多重化的主要目的是什么？

第3章 直流-直流变换电路

将直流电源的恒定直流电压，通过电力电子器件的开关作用，变换为可调直流电压的电路称为直流/直流变换电路，或称直流斩波器（DC Chopper）。它具有效率高、体积小、重量轻、成本低等优点，广泛应用于直流牵引变速拖动中，如直流电网供电的地铁车辆、城市无轨电车和电动汽车等。直流斩波器还广泛应用于可调整直流开关电源和电池供电的设备中，如通信电源、笔记本式计算机、计算器、远程控制器和手提电话等。

由于全控型电力电子器件及控制技术的迅速发展，也极大地促进了直流变流技术的发展，有效地提高了斩波器的频率，减少了低频谐波分量，降低了对滤波元器件的要求。由于变压器、电感和电容的体积与电源频率的平方根成反比，从而减少了整个装置的体积和重量。随着各种新型斩波电路不断出现，为进一步提高直流变换电路的动态性能、降低开关损耗、减少电磁干扰开辟了新的途径。

直流斩波电路有多种拓扑结构，通常根据输入、输出是否隔离分为非隔离型斩波和隔离型斩波电路。根据电路形式的不同，非隔离型电路可分为降压斩波电路、升压斩波电路、升降压斩波电路、Cuk 斩波电路、Sepic 斩波电路和 Zeta 斩波电路等几种形式；隔离型电路可分为正激变换电路、反激变换电路、推挽变换电路、半桥变换电路和全桥变换电路等几种形式。下面分别讨论这些基本电路。

3.1 斩波电路的工作原理

斩波电路原理图及输出电压波形如图 3-1 所示。图 3-1a 中的 S 为理想开关，当 S 在 t_{on} 期间闭合时，输出电压 $u_o = E$；当 S 在 t_{off} 期间断开时，输出电压 $u_o = 0$。负载电压的平均值为

$$U_o = \frac{t_{on}}{t_{on} + t_{off}}E = \frac{t_{on}}{T}E = \alpha E \tag{3-1}$$

式中，t_{on} 为 S 导通的时间；t_{off} 为 S 关断的时间；T 为开关周期 $T = t_{on} + t_{off}$；α 称为占空比。

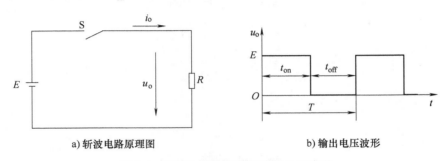

a) 斩波电路原理图　　　　　　　　　　b) 输出电压波形

图 3-1　斩波电路原理图及输出电压波形

$$\alpha = \frac{t_{on}}{T} \tag{3-2}$$

由式（3-1）可知，改变占空比 α，输出电压 U_o 也随之改变。电路中的理想开关 S 一般采用全控型器件；如采用半控型器件晶闸管时，需要加入关断辅助电路，因为晶闸管在直流电路中一旦导通就无法关断。

根据对输出电压平均值进行调制方式的不同，斩波电路有以下 3 种控制方式：

1）脉冲宽度控制（Pulse Width Modulation），也称 PWM。此方式电力电子器件的通断频率（周期 T）一定，调节脉冲宽度 t_{on}，t_{on} 值在 $0 \sim T$ 之间变化，负载电压在 $0 \sim E$ 之间变化。

2）脉冲频率控制（Pulse Frequency Modulation），也称 PFM。此方式脉冲宽度 t_{on} 一定，改变电力电子器件通断频率 f，$f = 1/T$。f 增加 T 减小，当 $T = t_{on}$ 时电路全导通，$u_o = E$；f 下降周期 T 增大时，输出电压 u_o 减小。

3）脉冲混合控制。即同时改变 f 和 t_{on}，使占空比 α 改变。

以上 3 种控制方式都是通过改变通断比，实现改变斩波器的输出电压。较常用的是脉冲宽度控制方式，即 PWM 控制方式。

3.2　基本直流斩波电路

在降压、升压、升降压、Cuk、Sepic 和 Zeta 6 种斩波电路中，降压斩波电路和升压斩波电路是最基本的斩波电路，下面分别介绍其基本电路及工作原理。

3.2.1　降压斩波电路

降压斩波电路又称 Buck 斩波电路，如图 3-2a 所示，电路的拓扑结构由电压源、串联开关器件和负载组成。开关器件 V 为全控型器件 IGBT，VD 为续流管，电路中的负载为电动机或蓄电池等反电动势负载，若负载中无反电动势，可令 $E_M = 0$，以下的分析和表达式均可适用。在分析稳态特性时，为简化推导公式的过程，假定电路中的器件均为理想元件。

在图 3-2b 中的 U_{GE} 是加在 V 的栅射极的驱动电压，在 $t = 0$ 时刻驱动 V 导通，电源 E 向负载供电，负载电压 $u_o = E$，负载电流 i_o 按指数曲线上升。

在 $t = t_1$ 时刻，控制 V 关断，负载电流经二极管 VD 续流，如忽略二极管 VD 的压降，负载电压 $u_o = 0$，负载电流按指数曲线下降。

直至一个周期结束，再重复上一个周期的工作过程。为了保持电流连续平稳，通常串接较大的电感。

当电路工作于稳态时，负载电压的平均值为

$$U_o = \frac{1}{T} \int_0^{t_{on}} u_o \mathrm{d}t = \frac{t_{on}}{T} E = \alpha E \tag{3-3}$$

式中，t_{on} 为 V 导通的时间；T 为 V 的开关周期，$T = t_{on} + t_{off}$；α 为占空比。

由式（3-3）可知，改变占空比，可得到电压在 $0 \sim E$ 之间连续可调的直流电压。由于 $t_{on} \leqslant T$，所以 $U_o \leqslant E$，即负载上得到的直流平均电压小于直流输入电压，故称为降压斩波器，其在电流连续时输出电压、电流波形如图 3-2b 所示。

由于电感 L 极大，可认为负载电流连续且平稳。从能量传递关系看，电源在 V 导通时提供能量 EI_ot_{on}；负载在整个周期 T 中消耗的能量为（$RI_o^2T + E_MI_oT$）。忽略电路中的损耗，则电源提供的能量与负载消耗的能量相等，即

$$EI_ot_{on} = RI_o^2T + E_MI_oT \qquad (3-4)$$

负载电流的平均值为

$$I_o = \frac{\alpha E - E_M}{R} = \frac{U_o - E_M}{R} \qquad (3-5)$$

同样，在负载电流平直的条件下，设 I_1 为电源的平均电流，不考虑电路元器件损耗，则斩波电路的输入功率与输出功率相等，即

$$EI_1 = U_oI_o \qquad (3-6)$$

则有

$$\frac{U_o}{E} = \frac{I_1}{I_o} = \alpha \qquad (3-7)$$

所以，在电流连续工作模式下，降压斩波电路可看成一个降压直流变压器。

如果负载回路中 L 较小，则有可能出现电流断续现象，如图 3-2c 所示。电流波形在一个开关周期结束之前已经下降到零，续流二极管关断，负载两端电压 $U_o = E_M$。输出电压的平均值为

$$U_o = \frac{t_{on}E + (T - t_{on} - t_x)E_M}{T} \qquad (3-8)$$

可见，U_o 不仅和占空比有关，也和反电动势 E_M 有关。

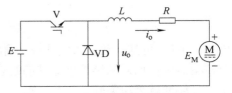

a) 降压斩波电路原理图

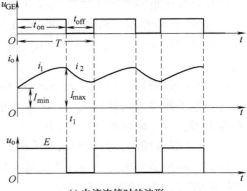

b) 电流连续时的波形

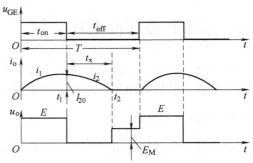

c) 电流断续时的波形

图 3-2　降压斩波电路的原理图和波形

3.2.2　升压斩波电路

升压斩波电路又称 Boost 斩波电路，如图 3-3a 所示，电路的拓扑结构由电压源、并串联开关器件和负载组成。

假设电路中电感 L 和电容 C 都极大，当 V 处于导通状态时，电源 E 向电感 L 储能，稳态时充电电流基本恒定为 I_1，同时电容 C 向负载放电，因电容很大，基本保持输出电压 u_o 恒定，二极管 VD 受反压截止。当 V 处于阻断状态时，电源和电感 L 储能同时向负载供电，并对电容充电。波形如图 3-3b 所示。

V 处于导通状态的时间为 t_{on}，在此阶段电感上储存的能量为 EI_1t_{on}；V 处于阻断状态的时间为 t_{off}，在此阶段电感上释放的能量为 $(U_o-E)I_1t_{off}$。当电路工作于稳态时，一个周期 T 中电感 L 储存的能量与释放的能量相等，即

$$EI_1t_{on} = (U_o - E)I_1t_{off} \qquad (3-9)$$

化简得

$$U_o = \frac{t_{on} + t_{off}}{t_{off}}E = \frac{T}{t_{off}}E \qquad (3\text{-}10)$$

从式（3-10）中可知，$T/t_{off} \geq 1$，输出电压高于输入电压，故该电路称为升压斩波电路。

式（3-10）中 T/t_{off} 表示升压比，调节其大小，可改变输出电压的大小。将升压比的倒数记作 β，$\beta = t_{off}/T$，则 β 和 α 有如下关系：

$$\alpha + \beta = 1 \qquad (3\text{-}11)$$

因此，式（3-10）可表示为

$$U_o = \frac{1}{\beta}E = \frac{1}{1-\alpha}E \qquad (3\text{-}12)$$

升压斩波电路的输出电压之所以能高于电源电压，主要原因是电感 L 储能之后具有使输出电压泵升的作用；另外，与负载并联的电容 C 极大，使输出电压 U_o 保持不变。但实际上，

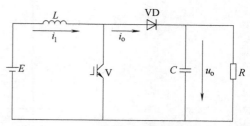

a) 升压斩波电路原理图

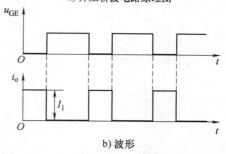

b) 波形

图 3-3　升压斩波电路的原理图和波形

电容 C 不可能无穷大，在 V 导通期间电容 C 向负载放电，U_o 会下降，实际输出电压会略低于式（3-12）所得的结果。

如果忽略电路中的损耗，则输入功率等于输出功率，即

$$EI_1 = U_oI_o \qquad (3\text{-}13)$$

式（3-12）表明升压斩波电路可以看成升压直流变压器。

输出电流平均值 I_o 为

$$I_o = \frac{U_o}{R} = \frac{1}{\beta}\frac{E}{R} \qquad (3\text{-}14)$$

由式（3-12）可得出电源电流 I_1 为

$$I_1 = \frac{U_o}{E}I_o = \frac{1}{\beta^2}\frac{E}{R} \qquad (3\text{-}15)$$

斩波电路的典型应用是用于直流电动机传动控制，降压斩波电路和升压斩波电路组合，通过改变降压斩波电路的占空比 α，来改变电枢电压，实现电动机在电动状态的速度控制；通过改变升压斩波电路的升压比，来改变制动时的电能回馈，实现直流电动机的再生回馈制动。

用于直流电动机回馈制动的升压斩波电路如图 3-4a 所示，和图 3-3a 比较可以发现，这两个电路中负载和电源的位置进行了交换，图 3-4a 中的 E_M 表示直流电动机在再生制动时的反电动势，E 为直流电源。通过控制电力电子器件 V 的通断来控制直流电动机再生制动时回馈到电源 E 的能量。由于直流电源 E 的电压基本恒定，因此不必并联电容。

当 V 处于导通状态（t_{on}）时，电动机的反电动势 E_M 经过 R 对 L 储存能量，此时 $u_o = 0$，电流 i_1 增加；当 V 处于截止状态（t_{off}）时，电动机的反电动势 E_M 和 L 经过二极管对电源充电，将制动能量回馈给电源，此时 $u_o = E$，电流 i_2 减小。如果电路中电感足够大，直流电动机的负载比较大时，电流为连续状态，波形如图 3-4b 所示。

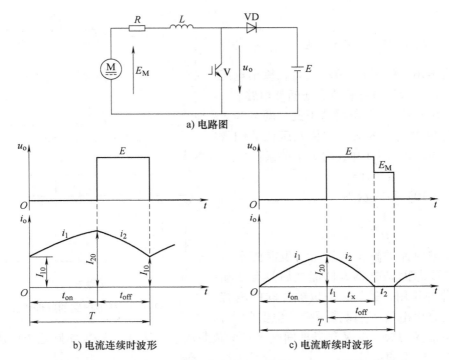

b) 电流连续时波形　　　　　　　c) 电流断续时波形

图 3-4　采用升压斩波电路控制直流电动机再生制动的原理图及波形

由电压 u_o 波形，得到

$$U_o = \frac{t_{off}}{T}E = \beta E = (1 - \alpha)E \tag{3-16}$$

而电感在一个周期中平均电压等于零，故直流电动机电枢电流的平均值为

$$I_o = \frac{E_M - U_o}{R} = \frac{E_M - \beta E}{R} = \frac{E_M - (1 - \alpha)E}{R} \tag{3-17}$$

根据直流电动机反电动势和转速的关系可知，改变占空比可以改变直流电动机制动时的转速。

如果电路中电感不够大，且直流电动机的负载比较轻的时候，电流连续为断续状态，波形如图 3-4c 所示。电流波形在一个开关周期结束之前已经下降到零，在电流断续期间，输出电压 $U_o = E_M$。

3.2.3　升降压斩波电路

升降压斩波电路（Buck-Boost Chopper）的原理图及波形如图 3-5 所示。设电路中电感 L 和电容 C 的值很大，从而使电感电流 i_1 和电容电压即负载电压 u_o 基本为恒值。

稳态时电路工作过程为：当开关器件 V 处于通态（t_{on}）时，二极管 VD 截止，电源 E 经 V 向电感 L 供电使其储能，此时电流为 i_1，方向如图 3-5 所示。同时电容 C 向负载 R 供电并维持输出电压恒定；当 V 处于关断状态时，二极管 VD 导通，电感中储存的能量经 VD 向负载释放，电流为 i_2，方向如图 3-5 所示。负载电压极性为上负下正，与电源电压极性相反，与前述的电路的输出极性相反，因此，该电路也称作反极性斩波电路。

稳态时，一个周期内电感 L 储存的能量等于释放的能量，故平均电压等于零，即

$$\int_0^T u_L dt = 0 \qquad (3\text{-}18)$$

当 V 处于导通期间，$u_L = E$；当 V 处于断态期间，$u_L = -u_o$。于是

$$\int_0^T u_L dt = \int_0^{t_{on}} u_L dt + \int_{t_{on}}^T u_L dt = Et_{on} - U_o t_{off} = 0 \qquad (3\text{-}19)$$

升降压斩波电路的输入、输出关系为

$$U_o = \frac{t_{on}}{t_{off}} E = \frac{t_{on}}{T - t_{on}} E = \frac{\alpha}{1 - \alpha} E \quad (3\text{-}20)$$

当 $0 \leqslant \alpha \leqslant 1/2$ 时为降压，当 $1/2 \leqslant \alpha \leqslant 1$ 时为升压，因此将该电路称作升降压斩波电路，或称 Buck-Boost 变换器。

图 3-5b 给出了升降压斩波电路电源电流 i_1 和负载电流 i_2 的波形，设两者对应的平均电流分别为 I_1 和 I_2，忽略电流的脉动，于是有

$$\frac{I_1}{I_2} = \frac{t_{on}}{t_{off}} = \frac{\alpha}{1 - \alpha} \qquad (3\text{-}21)$$

忽略电路损耗并认为电路器件均为理想器件，则

$$EI_1 = U_o I_2 \qquad (3\text{-}22)$$

即升降压斩波电路可以看成一个升降压直流变压器。升降压斩波电路可以灵活地改变输出电压的大小和极性，因此常用于电池供电设备中产生负电源的电路，也可以用于开关稳压器中。

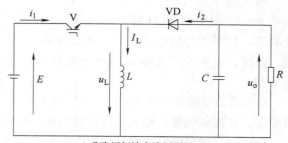

a) 升降压斩波电路原理图

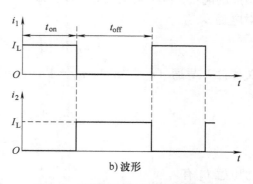

b) 波形

图 3-5　升降压斩波电路原理图及波形

3.2.4　Cuk 斩波电路

上面的升降压斩波电路结构简单，但其输入端电流 i_1 是断续的，而输出端的电容不能无穷大，导致负载电压存在波动，从而引起负载电流波动。为此提出了性能改进的 Cuk 斩波电路。Cuk 斩波电路的特点在于其输入、输出都串电感，减少了输入和输出电流的脉动。

图 3-6 为 Cuk 斩波电路原理图，可以看出，Cuk 是将 Boost 电路的输入部分和 Buck 电路的输出部分串接而成。其中，L_1 和 L_2 为储能电感，C 为传递能量的耦合电容。

在电路的一个开关周期中，当 V 处于通态时，$E—L_1—V$ 回路和 $R—L_2—C—V$ 回路分别流

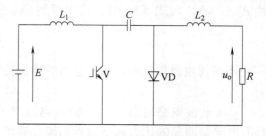

图 3-6　Cuk 斩波电路原理图

过电流。由于电容 C 在上一个开关周期 V 关断时已充电，极性为左正右负，该电压使二极

管 VD 反偏截止。Cuk 斩波电路工作时等效电路如图 3-7 所示，在此状态，相当于开关 S 合在 B 端。此时，电感 L_1 吸收电源提供的能量；电容 C 释放的能量消耗在负载上，同时向电感 L_2 提供能量。

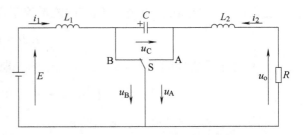

图 3-7　Cuk 斩波电路工作时的等效电路

　　当 V 处于断态时，$E—L_1—C—VD$ 回路和 $R—L_2—VD$ 回路分别流过电流。在此状态，相当于等效电路中开关 S 合在 A 端。此时，电源 E 和电感 L_1 同时向电容 C 充电，极性为左正右负；负载消耗的能量由电感 L_2 提供。

　　Cuk 斩波电路在一个工作周期中，电容 C 在开关关断期间吸收能量，在开关导通期间释放能量，从而将能量从输入端传向输出端，起到了传递能量的作用。

　　稳态时，忽略电路的损耗，假设电容 C 和电感 L 足够大，一个周期内电感 L 储存的能量等于释放的能量，故平均电压等于零，即

　　对电感 L_1 有

$$\int_0^T u_{L1} \mathrm{d}t = \int_0^{t_{on}} u_{L1} \mathrm{d}t + \int_{t_{on}}^T u_{L1} \mathrm{d}t = 0 \tag{3-23}$$

在开关器件 V 导通（t_{on}）期间，$u_{L1} = E$；在开关器件 V 关断（t_{off}）期间，$u_{L1} = E - U_C$。于是有

$$Et_{on} + (E - U_C)t_{off} = 0 \tag{3-24}$$

$$U_C = \frac{E}{1 - \alpha} \tag{3-25}$$

　　对电感 L_2 有

$$\int_0^T u_{L2} \mathrm{d}t = \int_0^{t_{on}} u_{L2} \mathrm{d}t + \int_{t_{on}}^T u_{L2} \mathrm{d}t = 0 \tag{3-26}$$

在开关器件 V 导通（t_{on}）期间，$u_{L2} = U_C - U_o$；在开关器件 V 关断（t_{off}）期间，$u_{L2} = -U_o$。于是有

$$(U_C - U_o)t_{on} + (-U_o)t_{off} = 0 \tag{3-27}$$

$$U_C = \frac{U_o}{\alpha} \tag{3-28}$$

由式（3-25）和式（3-28），可以得到 Cuk 斩波电路输出电压和输入电压的关系为

$$U_o = \frac{\alpha}{1 - \alpha}E \tag{3-29}$$

　　不考虑电路损耗时，Cuk 电路的输出功率等于输入功率，即

$$EI_1 = U_o I_2 \tag{3-30}$$

Cuk 斩波电路输出电压与输入电压的关系和升降压斩波电路相同，也是反极性电路。Cuk 电路最明显的优点就是输入电流和输出电流均连续，且脉动小，有利于对输入和输出进行滤波。

3.2.5 Sepic 斩波电路

Sepic 斩波电路原理图如图 3-8 所示。Sepic 斩波电路可以看成由升压斩波电路的输入部分和升降压斩波电路前后级联而成。

Sepic 斩波电路的基本原理是：当 V 处于通态时，$E—L_1—V$ 回路和 $C_1—V—L_2$ 回路同时导通，L_1 和 L_2 储能。当 V 处于断态时，$E—L_1—C_1—VD—$负载（C_2 和 R）回路和 $L_2—VD—$负载回路同时导通，此阶段 E 和 L_1 既向负载供电，同

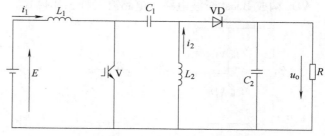

图 3-8 Sepic 斩波电路原理图

时也向 C_1 充电，以保证 C_1 在 V 导通期间向电感 L_2 提供能量。

Sepic 斩波电路的输入、输出关系为

$$U_o = \frac{\alpha}{1 - \alpha}E \tag{3-31}$$

Sepic 斩波电路中，由于电源回路中存在电感，使输入电流连续，有利于输入滤波，但负载电流是脉冲波形，电路输出电压为正极性。

3.2.6 Zeta 斩波电路

Zeta 斩波电路原理图如图 3-9 所示。在电路稳态时，在一个工作周期中，当 V 处于通态时，$E—V—L_1$ 回路和 $E—V—C_1—L_2$ 回路同时导通，L_1 储能，同时 E 和 C_1 共同经 L_2 向负载供电，二极管 VD 反偏，处于截止状态；当 V 处于断态时，$L_1—VD—C_1$ 回路和 $L_2—$负载（C_2 和 R）—VD 回路同时导通，此阶段 L_1 向 C_1 充电，L_1 中的能量转移至 C_1，L_2 经二极管 VD 续流，二极管 VD 关断后，C_1 经电感 L_2 向负载供电。

Zeta 斩波电路的输入、输出关系为

$$U_o = \frac{\alpha}{1 - \alpha}E \tag{3-32}$$

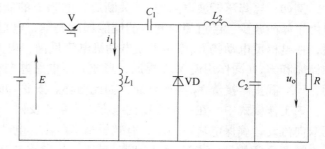

图 3-9 Zeta 斩波电路原理图

3.3 其他直流斩波电路

3.3.1 双向 DC-DC 变换电路

在采用斩波电路供电驱动直流电动机作调速运行时，要求电动机既能运行于电动状态，使能量从电源传向电动机；又能进行再生制动，使能量从电动机回馈给电源。双向 DC-DC

变换电路可在电源电压为单一极性条件下，实现能量在电源与电动机间双向流动。双向 DC-DC 变换电路原理图如图 3-10a 所示。

该电路是降压斩波器电路和升压斩波器电路的结合，V_1、VD_1 构成 Buck 斩波电路，V_2、VD_2 构成 Boost 斩波电路，电路有三种工作模式。

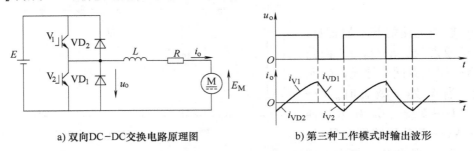

a) 双向DC-DC交换电路原理图　　　　b) 第三种工作模式时输出波形

图 3-10　双向 DC-DC 变换电路原理图及输出波形

第一种工作模式：电路作降压（Buck）斩波电路运行，V_1、VD_1 交替通断，V_2、VD_2 总处于断态，$i_o > 0$。在此模式中，通过控制 V_1 通断，由电源向电动机降压供电，实现调压调速，即电动机工作在机械特性的第 I 象限。（工作情况见 3.2.1 节）

第二种工作模式：电路作升压（Boost）斩波电路运行，V_2、VD_2 交替通断，V_1、VD_1 总处于断态，$i_o < 0$。在此模式中，通过控制 V_2 通断，将制动时电动机的机械能转换成电能反馈到电网，实现电动机的再生制动运行，即电动机工作在机械特性的第 II 象限。（工作情况见 3.2.2 节）

第三种工作模式：在一个周期内，电路交替地作降压斩波和升压斩波电路工作。这种工作模式的最大优点是：当降压斩波电路或升压斩波电路的电流断续为零时，可实现两种电路在电流过零时切换，使电动机电流反向流过，以确保电动机电枢回路总有电流流过。

例如，当降压斩波电路的 V_1 关断后，电感 L 的储能通过 VD_1 继续向电动机电枢供电，但由于储能较少，经过短时间 L 的储能释放完毕，电枢电流为零，VD_1 截止。此时使 V_2 导通，在电枢反电动势 E_M 作用下使电动机电流反向，电感 L 重新储存能量。当 V_2 关断后，L 的储能和 E_M 共同作用使 VD_2 导通，形成升压电路并向电源反馈能量。当反向电流衰减为零后，VD_2 截止。接着 V_1 再次导通，如此循环。图 3-10b 是该工作模式下的输出波形。

该工作模式中，在一个周期内电枢电流可正反两个方向流通，从而使能量在电源和负载间双向流动，确保电流不间断，有效提高了电流、电动机电磁转矩的响应速度。

需要注意的是，若 V_1 和 V_2 同时导通，将导致电源短路，进而会损坏电路中的开关器件或电源，因此必须防止出现这种情况。

3.3.2　桥式可逆斩波电路

双向 DC-DC 变换电路可使电机的电枢电流可逆，实现电动机的双象限运行，但其提供的电压极性是单向的。当需要电机进行正、反转运行和运行于电动、制动状态时，必须将两个双象限斩波电路组合起来，成为一个可四象限运行的斩波电路，即桥式可逆斩波电路，如图 3-11 所示，其输出电压幅值和极性可变。

若开关器件 V_4 始终导通，开关器件 V_3 始终关断，此时电路同图 3-10a 等效，控制 V_1

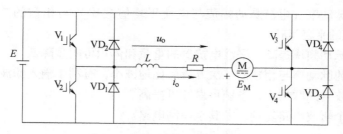

图 3-11　桥式可逆斩波电路原理图

和 V_2 的导通，输出电压 $u_o>0$，电路向电机提供正电压，电路工作在第 I 和第 II 象限，电机工作在正转电动和正转再生制动状态。

若开关器件 V_2 始终导通，开关器件 V_1 始终关断。控制 V_3 和 V_4 的导通，输出电压 $u_o<0$，电路向电机提供负电压，电路工作在第 III 和第 IV 象限。此时，开关器件 V_4 截止，控制 V_3 通、断转换，则 $u_o<0$，$i_o<0$，电路工作在第 III 象限，转速 $n<0$，电磁转矩 $T<0$，电机工作在反转电动状态；开关器件 V_3 截止，控制 V_4 通、断转换，则 $u_o<0$，$i_o>0$，电路工作在第 IV 象限，转速 $n<0$，电磁转矩 $T>0$，电机工作在反转再生制动状态。

3.3.3　多相多重斩波电路

在一个电源和一个负载之间接入多个基本斩波电路而组成的电路称为多相多重斩波电路。相数是从电源端看进去的不同相位的斩波回路数，重数是从负载端看进去的不同相位的斩波回路数。从电流波形看，一个控制周期中，电源侧的电流脉波数称为斩波电路的相数，负载电流脉波数称为斩波电路的重数。

在分析 m 相 m 重斩波电路时，可把该电路看成是 m 个降压斩波电路（见图 3-12）并联后和一个负载相连而构成的电路。因此可用一个降压斩波电路的工作周期 T 进行 m 等分，使各个斩波器的相位相隔 T/m 工作，提高斩波电路的工作频率。图 3-12a 是二相二重斩波电路，图 3-12b 是二相一重斩波电路。

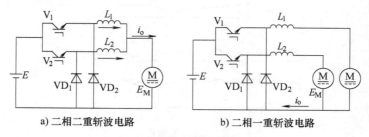

a) 二相二重斩波电路　　　　　b) 二相一重斩波电路

图 3-12　多相多重斩波电路

图 3-13a 所示为三相三重斩波电路，电路由 3 个降压斩波电路单元并联而成，V_1、V_2、V_3 依次导通，相位差 1/3 周期，总的输出电流为单个斩波电路输出电流之和，输出的平均电流为单个斩波电路输出电流平均值的 3 倍，脉动频率也是 3 倍。电流波形如图 3-13b 所示。

多相多重斩波电路具有以下特点：

1）输出电流脉动率（电流脉动幅值与电流平均值之比）与相数的二次方成反比地减小，有利于电动机的平稳运行。

2）输出电流脉动频率提高，平波电抗器的重量和体积可明显降低。

3）电源电流的脉动率与相数的二次方成反比地减小，有利于输入滤波器的设计。

4）由单个斩波器并联构成，系统可靠性可提高。

5）线路较单个斩波电路复杂，尤其是控制电路。

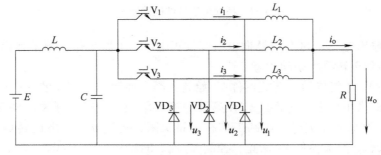

a) 三相三重斩波电路

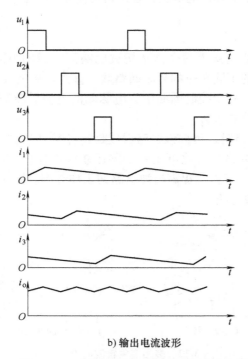

b) 输出电流波形

图 3-13　三相三重斩波电路及其输出电流波形

3.4　隔离型直流-直流变流电路

前面介绍的斩波电路都有一个共同的特点，就是输入和输出之间是直接连接。在某些场合，如输出端与输入端需要隔离、多路输出需要相互隔离、输出电压与输入电压之比远小于

1 或远大于 1 以及为减小变压器和滤波电容、电感的体积和重量，交流环节采用较高的工作频率，在这些场合，则需采用变压器隔离的隔离型直流-直流变换电路。隔离型直流-直流变换电路的结构如图 3-14 所示。

图 3-14　隔离型直流-直流变换电路的结构

　　隔离变压器处于基本斩波电路的位置不同，可得到各种不同形式的隔离型直流-直流变换电路。隔离型直流-直流变换电路可分为单端和双端电路两大类：在单端电路中，变压器中流过的是直流脉动电流；而双端电路中，变压器中的电流为正负对称的交流电流。下面主要介绍的正激电路和反激电路属于单端电路，半桥、全桥和推挽电路属于双端电路。

3.4.1　正激变换电路

　　正激变换电路可以看成是在降压斩波电路中插入隔离变压器而成。在图 3-15 虚线位置加入一个变压器，就得到图 3-16 所示的单端正激变换电路。

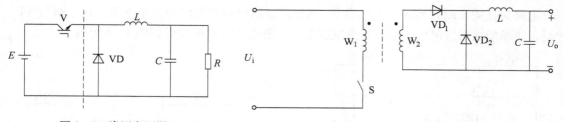

图 3-15　降压变压器　　　　　　　　图 3-16　单端正激变换电路

　　当开关器件 S 闭合时，二极管 VD_1 正向导通，VD_2 反向截止，电感 L 两端的电压为

$$u_L = \frac{N_2}{N_1}U_i - U_o \qquad 0 < t < t_{on} \tag{3-33}$$

电感储能，电流 i_L 上升。式中的 N_1、N_2 分别为变压器 W_1、W_2 的匝数。

　　在 t_{on} 时刻，开关器件 S 断开，电流 i_L 通过二极管 VD_2 续流，电感 L 两端的电压为

$$u_L = -U_o \qquad t_{on} < t < T \tag{3-34}$$

电流 i_L 下降。不考虑励磁电抗和漏抗，电路进入稳态后，电感 L 的电压在一个周期内平均电压等于零，即

$$\frac{1}{T}\int_0^T u_L \mathrm{d}t = \left(\frac{N_2}{N_1}U_i - U_o\right)t_{on} + (-U_o)t_{off} = 0 \tag{3-35}$$

$$\frac{U_o}{U_i} = \frac{N_2}{N_1}\frac{t_{on}}{T} \tag{3-36}$$

式（3-36）表明，正激变换电路输出和输入电压比与占空比成正比。

　　在实际电路中，必须考虑隔离变压器基础电流的影响，如果励磁电流将在每个周期结束时的剩余值的基础上不断增加，并在以后的开关周期中继续积累，最终导致变压器铁心饱和。铁心饱和后，励磁电流会更迅速地增加，最终损坏开关器件。图 3-17 为一种典型的带

有磁心复位的正激变换电路原理图，其在隔离变压器中增加一个用于去磁的第三绕组，将变压器特性中存储的能量反激到电源中去。

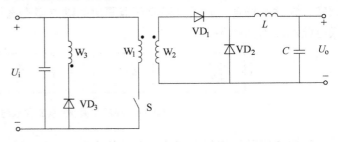

图 3-17 带有磁心复位的正激变换电路原理图

电路的工作过程为：当开关 S 闭合后，电源加在变压器一次绕组 W_1 上，一次绕组 W_1 的电流从零开始增加，其感应的电动势极性为上正下负，则其二次绕组 W_2 上感应的电动势极性也为上正下负，二极管 VD_1 正向导通，VD_2 反向截止，此时电源向负载提供能量，电感 L 储能，电感上的电流逐渐增大。当开关 S 断开后，变压器一次电流和二次电流都为零，VD_1 截止，VD_2 导通，电感 L 通过续流，将能量释放给负载，电流逐渐下降。正激变换电路的工作波形如图 3-18 所示。

在开关 S 断开后到下一次重新闭合的阶段内，必须使变压器的励磁电流减少回零，否则将导致变压器铁心饱和。所以，在开关 S 断开后，必须使变压器励磁电流回零，这一过程称为变压器的磁心复位。图 3-17 所示的电路中，变压器的第三绕组与二极管 VD_3 组成了磁心复位电路。开关 S 断开期间，变压器 W_3 绕组感应的电动势极性为上正下负，使二极管 VD_3 导通，磁场能量回流电源，电流逐渐减少至零。磁心复位过程波形如图 3-19 所示。

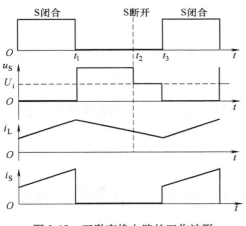

图 3-18 正激变换电路的工作波形

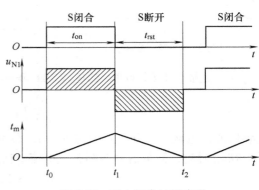

图 3-19 磁心复位过程波形

在开关 S 断开期间，开关上承受的电压为

$$u_S = U_i - U_{N1} = U_i + \frac{N_1}{N_3}U_i = \left(1 + \frac{N_1}{N_3}\right)U_i \tag{3-37}$$

式中，U_{N1} 是变压器绕组 W_1 上的感应电压；N_1、N_3 为变压器绕组 W_1、W_3 的匝数。

从式（3-37）可见，在开关 S 断开且变压器励磁电流回零之前，开关 S 上承受的电压高于电源电压；当变压器励磁电流回零后，开关 S 上承受电源电压。开关 S 的电压波形 u_S 如图 3-19 所示。

稳态时，忽略电路的损耗，一个周期内变压器绕组 W_1 平均电压等于零，即

$$\frac{1}{T}\int_0^T u_{N1}\mathrm{d}t = U_i t_{on} + \left(-\frac{N_1}{N_3}U_i t_{rst}\right) = 0 \tag{3-38}$$

$$t_{rst} = \frac{N_3}{N_1}t_{on} \tag{3-39}$$

式中，t_{on} 为 S 闭合时间；t_{rst} 为 S 断开到绕组 W_3 的电流下降到零的时间。S 处于断态的时间必须大于 t_{rst}，即 $t_{rst} \leqslant t_{off}$，以保证 S 下次闭合前励磁电流能够降为零，使变压器磁心可靠复位。

如果输出电感和电容足够大，保证输出电流连续且电压稳定，当 S 闭合时，$u_L = \frac{N_2}{N_1}U_i - U_o$，当 S 断开时，$u_L = -U_o$，由电感 L 的电压在一个周期内平均电压等于零，即

$$\frac{1}{T}\int_0^T u_L\mathrm{d}t = \left(\frac{N_2}{N_1}U_i - U_o\right)t_{on} + (-U_o)t_{off} = 0 \tag{3-40}$$

于是正激变换电路的输出电压和输入电压的关系为

$$\frac{U_o}{U_i} = \frac{N_2}{N_1}\frac{t_{on}}{T} \tag{3-41}$$

从式（3-41）可以看出，正激变换电路的电压关系与降压斩波电路相似，只增加了变压器的电压比。所以正激变换电路可以看作具有隔离变压器的降压斩波电路。

正激变换电路具有很多其他形式的电路拓扑结构，它们的工作原理和分析方法基本相同。正激变换电路结构简单可靠，广泛应用于较小功率的开关电源中。但由于其变压器铁心工作在其磁化曲线的第 I 象限，变压器铁心未得到充分的利用。因此，在相同功率条件下，正激变换电路中变压器的体积、重量和损耗都较后面介绍的全桥、半桥和推挽型变换电路大。

3.4.2 反激变换电路

反激变换电路如图 3-20a 所示，同正激变换电路不同，反激变换电路中的变压器不仅起了输入和输出电路隔离的作用，还起储能电感作用，可以看作一对相互耦合的电感。

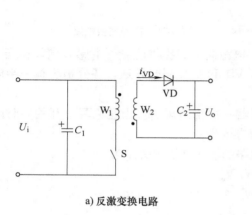

a) 反激变换电路　　　　　　b) 工作波形

图 3-20　反激变换电路及工作波形

反激变换电路的工作过程为：当开关 S 闭合后，电源加在变压器一次绕组 W_1 上，一次绕组 W_1 的电流从零开始增加，其感应的电动势极性为上正下负，则其二次绕组 W_2 上感应的电动势极性为上负下正，二极管 VD 反偏截止，此时电容 C 向负载提供能量。当开关 S 断开后，变压器一次绕组 W_1 的电流被切断，线圈中的磁场储能急剧减少，二次绕组 W_2 上感应的电动势极性变为上正下负，二极管 VD 导通，变压器储能逐步释放给负载和电容 C 充电。反激变换电路的工作波形如图 3-20b 所示。

由于变压器感应电动势的存在，在开关关断期间，器件承受的电压高于电源电压。开关承受的电压和电流波形如图 3-20b 所示，在开关 S 断开期间，开关上承受的电压为

$$u_S = U_i + \frac{N_1}{N_2}U_o \tag{3-42}$$

当电路工作在电流连续模式时，电路电压的输入和输出关系为

$$\frac{U_o}{U_i} = \frac{N_2}{N_1}\frac{t_{on}}{t_{off}} \tag{3-43}$$

值得注意的是，反激变换电路一般工作在电流断续模式。因为当其工作于电流连续情况时，在每个周期结束时，输出电流没有回零，周而复始，会使铁心中剩磁逐渐增加，导致铁心饱和，所以，反激变换电路应尽量避免工作在电流连续模式。当电路工作在电流连续模式时，输出电压将高于式（3-43）中的值，并随负载减少而升高，在负载为零的极限情况下，U_o 将趋向无穷大，这将损坏电路中的元件，因此反激电路不能工作在负载开路状态。

3.4.3 推挽变换电路

推挽变换电路可以看成是由完全对称的两个单端正激变换电路组合而成，推挽变换电路如图 3-21 所示。

推挽变换电路中的开关 S_1 和 S_2 交替闭合。当 S_1 闭合时，变压器一次绕组 W_1 上的电压 $u_{N1}=-U_i$，S_2 上的电压 $u_{S2} \approx 2U_i$（为 W_1 和 W_1' 的全部电压），此时二极管 VD_1 导通，电源向负载提供能量，电感 L 储能；当 S_2 闭合且 S_1 断开时，绕组 W_1' 上的电压 $u_{N1}' = U_i$，

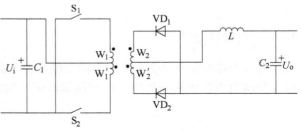

图 3-21　推挽变换电路

S_1 上的电压 $u_{S1} \approx 2U_i$，此时二极管 VD_2 导通，电源向负载提供能量，电感 L 储能；当 S_1 和 S_2 都断开时，由电感向负载提供能量，二极管 VD_1 和 VD_2 同时导通，各分担负载一半电流。电路的工作波形如图 3-22 所示。

如果开关 S_1 和 S_2 同时闭合，相当于变压器一次绕组短路。为避免两个开关同时闭合，每个开关各自的占空比不能超过 50%，还要留有裕量。

当滤波电感 L 的电流连续时，推挽变换电路的输入和输出关系为

$$\frac{U_o}{U_i} = \frac{N_2}{N_1}\frac{2t_{on}}{T} \tag{3-44}$$

式中，N_1、N_2 为变压器绕组 W_1、W_2 的匝数。

如果输出的电感电流不连续，输出的电压 U_o 将高于式（3-44）的值，U_o 将随负载减小

而升高，在负载为零的极限情况下，输出电压 $U_o = \dfrac{N_2}{N_1} U_i$。

推挽变换电路的优点是在输入回路中只有一个开关的导通压降，电路的通态损耗小，适合输入电压较低的电源供电；但其缺点是开关器件在关断状态下承受 2 倍的电源电压。另外，由于两个开关器件的性能不可能完全相同，使变压器在一个工作周期内工作情况不完全对称，存在偏磁问题，在使用时需引起注意。

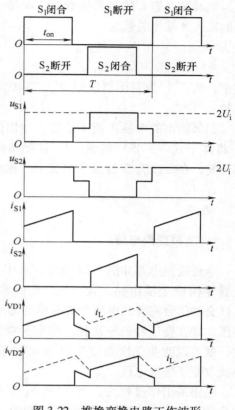

图 3-22　推挽变换电路工作波形

3.4.4　半桥变换电路

半桥变换电路如图 3-23 所示，用电容 C_1 和 C_2 将输入电压加以分割，每个电容上的电压为 $U_i/2$。变压器一次绕组 W_1 的匝数为 N_1，二次绕组 W_2、W_3 的匝数均为 N_2。当 S_1 闭合时，电流从 S_1 经 W_1 流入；当 S_2 闭合时，电流经 W_1 向 S_2 流出。开关 S_1 和 S_2 交替闭合，使变压器一次绕组 W_1 形成幅值为 $U_i/2$ 的交流电压，改变开关的占空比，就可以改变二次侧整流电压 u_d 的平均值，也就改变了输出电压 U_o。

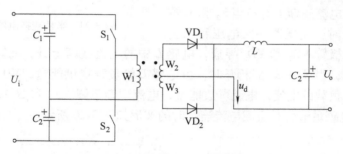

图 3-23　半桥变换电路

当 S_1 闭合时，二极管 VD_1 处于通态；当 S_2 闭合时，二极管 VD_2 处于通态；当 S_1 和 S_2 都断开时，变压器一次绕组 W_1 中的电流为零，根据变压器的磁动势平衡方程，绕组 W_2 和 W_3 中的电流大小相等、方向相反，二极管 VD_1 和 VD_2 同时导通。S_1 或 S_2 闭合时，电感 L 的电流逐渐上升；S_1 和 S_2 都断开时，电感 L 的电流逐渐下降。S_1 和 S_2 在断态时承受的峰值电压均为 U_i。电感足够大且负载电流连续时的波形如图 3-24 所示。

由于电容的隔直作用，半桥变换电路对两个开关导通时间不对称而造成的变压器一次电压的直流分量有自动平衡作用，因此不易发生变压器的偏磁和直流磁饱和。

为避免每个 S_1 和 S_2 在换流过程中发生短暂的同时闭合现象而造成短路，每个开关各自的占空比不能超过 50%，还要留有裕量。

当滤波电感 L 的电流连续时，半桥变换电路的输入和输出关系为

$$\frac{U_o}{U_i} = \frac{N_2}{N_1}\frac{t_{on}}{T} \qquad (3\text{-}45)$$

式中，N_1、N_2 为变压器绕组 W_1、W_2（W_3）的匝数。

如果输出的电感电流不连续，输出的电压 U_o 将高于式（3-45）的值，U_o 将随负载减小而升高，在负载为零的极限情况下，输出电压 $U_o = \frac{N_2}{N_1}\frac{U_i}{2}$。

3.4.5 全桥变换电路

全桥变换电路如图 3-25 所示，采用 4 个开关器件构成全桥电路，使（S_1、S_4）和（S_2、S_3）交替闭合将直流电压变成幅值为 U_i 的交流电压，加在变压器的一次侧。改变开关的占空比，就可以改变二次侧整流电压 u_d 的平均值，也就改变了输出电压 U_o。

电路的工作过程为：当 S_1 和 S_4 闭合且 S_2 和 S_3 断开时，变压器二次侧二极管 VD_1 和 VD_4 导通，电感 L 中的电流逐渐上升；当 S_2 和 S_3 导通且 S_1 和 S_4 断开时，变压器一次电压和二次

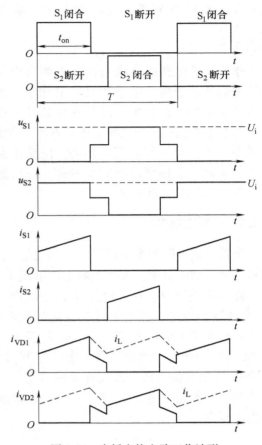

图 3-24 半桥变换电路工作波形

电压极性反向，二极管 VD_2 和 VD_3 导通，电感 L 中的电流逐渐上升，此时 S_1 和 S_4 均不导通，承受电源电压；当 $S_1 \sim S_4$ 都断开时，由电感 L 给负载提供能量，$VD_1 \sim VD_4$ 都导通续流，各承担 1/2 的负载的电流，电感释放能量，电流逐渐下降。S_1 和 S_2 在断态时承受的峰值电压均为 U_i。电感足够大且负载电流连续时的波形如图 3-26 所示。

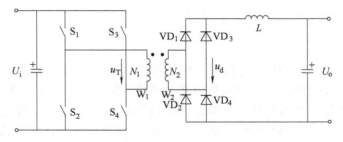

图 3-25 全桥变换电路

如果 S_1、S_4 和 S_2、S_3 的闭合时间不对称，则交流电压 u_T 中将含有直流分量，会在变压器的一次侧产生很大的直流电流，可能造成铁心饱和。为了避免这个问题，可在一次侧串一个电容，以隔断直流电流。

同样，全桥变换电路中如果同一侧半桥的上下两个开关同时闭合，将引起电源短路。所以每个开关各自的占空比不能超过 50%，还要留有裕量。

当滤波电感 L 的电流连续时，全桥变换电路的输入和输出关系为

$$\frac{U_o}{U_i} = \frac{N_2}{N_1} \frac{2t_{on}}{T} \qquad (3\text{-}46)$$

式中，N_1、N_2 为变压器绕组 W_1、W_2 的匝数。

如果输出的电感电流不连续，输出的电压 U_o 将高于式（3-46）的值，U_o 将随负载减小而升高，在负载为零的极限情况下，输出电压为

$$U_o = \frac{N_2}{N_1} U_i \qquad (3\text{-}47)$$

在以上几种隔离型变换电路中，如采用相同电压和电流容量的开关器件时，全桥变换电路输出功率最大，但结构也最复杂，相对可靠性较低。该电路广泛用于数百瓦至数百千瓦的各种工业用开关电源中。

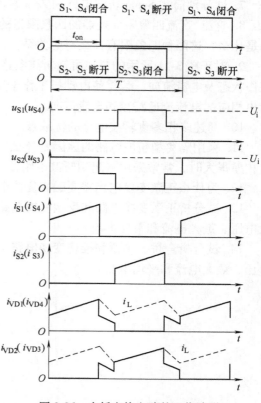

图 3-26 全桥变换电路的工作波形

思考题和习题

1. 直流-直流变换电路有哪几种控制方式？最常用的控制方式是什么？

2. 在图 3-2a 所示的降压斩波电路中，已知 $E = 200\text{V}$，$R = 10\Omega$，L 值极大，$E_M = 50\text{V}$，采用脉宽调制（PWM）方式，当 $T = 40\mu s$、$t_{on} = 10\mu s$ 时，计算输出电压平均值 U_o、输出电流平均值 I_o。

3. 有一降压斩波电路，输入电压 E 为 $27(1\pm10\%)\text{V}$，要求输出电压 U_o 为 15V，求该电路占空比的变化范围。

4. 在图 3-2a 所示的降压斩波电路中，已知 $E = 200\text{V}$，$R = 0.1\Omega$，L 值极大，$E_M = 350\text{V}$，采用脉宽调制（PWM）方式，当 $T = 1800\mu s$ 时，若输出电流平均值 $I_o = 100\text{A}$，试求：

（1）输出电压平均值 U_o 和所需的 t_{on}。

（2）画出 u_o、i_o 的波形。

5. 试分别简述升降压斩波电路和 Cuk 斩波电路的基本原理，并比较其异同点。

6. 在图 3-3a 所示的升压斩波电路中，已知 $E = 50\text{V}$，$R = 25\Omega$，L 值和 C 值极大，采用脉宽调制（PWM）方式，当 $T = 50\mu s$、$t_{on} = 20\mu s$ 时，计算输出电压平均值 U_o、输出电流平均值 I_o。

7. 试分别简述 Sepic 斩波电路和 Zeta 斩波电路的基本原理，并推导其输入、输出关系。

8. 直流-直流四象限变换器的四象限指的是什么？直流电动机四象限运行中的四象限指的是什么？这两种四象限有什么对应关系？

9. 对于图 3-11 所示的桥式可逆斩波电路可运行在几个象限？分析每一象限开关器件的工作状态及电流流向。若需使电动机工作于反转电动状态，试分析此时电路的工作情况，并标出相应的电流流通路径和电流流向。

10. 简述多相多重斩波电路的优缺点。

11. 采用隔离型斩波电路的原因是什么？为什么当直流-直流变换电路输入、输出电压值相差很大时，常常采用隔离型斩波电路？

12. 为什么正激变换电路需要磁心复位电路？并简述磁心复位电路的原理。

13. 试分析正激变换电路和反激变换电路中的开关器件和整流二极管在工作时承受的最大电压、最大电流和平均电流。

14. 试分析全桥、半桥和推挽变换电路中的开关器件和整流二极管在工作时承受的最大电压、最大电流和平均电流。

第4章 交流-交流变换电路

交流-交流变换电路是将一种形式的交流电能变换成另外一种形式的交流电能的电路，可以改变交流电的电压、电流、频率或相数等。其中，只改变电压、电流而不改变交流频率的电路称为交流电力控制电路，包括交流调压电路、交流调功电路、交流电力电子开关等。在改变电压、电流的同时，还需要改变其频率的交流-交流变换电路称为交-交变频电路，即直接把一种频率的交流电变换成另一种频率或可变频率的交流电，因此，也称为直接变频电路。另外，还有一种交-直-交变频电路，先将交流电整流成为直流电，再将直流电经无源逆变电路变换成频率可变的交流电，这种带有中间直流环节的变频电路称为间接变频电路。采用全控型器件的矩阵式交-交变频电路是一种常见的新型直接交-交变频电路。

4.1 交流调压电路

4.1.1 概述

交流调压电路是将一种电压的交流电变换为同频率但电压可控的交流电的变换电路。

根据电源的相数的不同，交流调压电路可分为单相交流调压电路和三相交流调压电路。交流调压电路中的功率器件可以采用一对反并联的普通晶闸管，如图 4-1a 所示；也可以采用双向晶闸管代替一对反并联的普通晶闸管作为主控器件，如图 4-1b 所示。

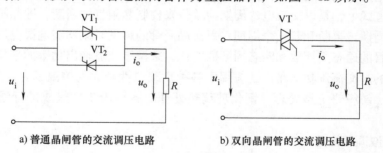

a) 普通晶闸管的交流调压电路   b) 双向晶闸管的交流调压电路

图 4-1　单相交流调压电路

交流调压电路常用的控制方式有 3 种：相位控制、周波控制、斩波控制，如图 4-2 所示。

根据不同的控制方式可以将交流电力控制电路分为以下几种基本类型。

1. 交流调压电路

交流调压电路采用的是相位控制方式，采用图 4-1a 所示的电路，在电源电压的正、负半周分别控制两个晶闸管 VT_1 和 VT_2 的导通。与相控整流电路一样，通过控制晶闸管开通时所对应的相位，来调节交流输出电压的有效值（见图 4-2a），从而达到交流调压的目的。

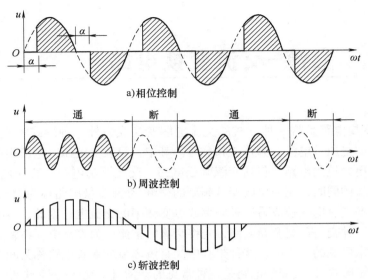

a)相位控制

b)周波控制

c)斩波控制

图 4-2　交流调压电路的控制方式

根据输入、输出相数不同，可分为单相交流调压电路和三相交流调压电路。交流调压电路的主要应用有灯光调节（如调节台灯、舞台灯光控制等）、温度调节（如工频加热、感应加热、需控温的家用电器等）、泵及风机等异步电动机的软起动、交流电动机调压调速（如纺织、造纸、冶金等领域的电动机调速）、供电系统对无功功率的连续调节，在高压小电流或低压大电流直流电源中，可用于调节变压器的一次电压。

2. 交流调功电路

交流调功电路采用的是周波控制方式，如图 4-2b 所示。此类电路也可采用图 4-1a 的电路，但在控制方式上，是以交流电的周期为单位来控制晶闸管的通断，即晶闸管连续导通若干个电源电压周期，再断开若干个周期，每次晶闸管的触发时刻均在电源电压的过零点，即通过改变晶闸管的通态周期数和断态周期数之比，来调节交流输出功率的平均值，从而达到交流调功的目的。交流调功电路广泛应用于各种负载惯性较大的控温场合，如金属热处理、化工合成加热、纺织热定型处理、钢化玻璃热处理等各种需要加热或进行温度控制的应用场合。

3. 交流斩波调压电路

交流斩波调压电路一般采用全控型器件作为功率开关器件。在这种控制方式中，开关器件在一个电源周期内接通或断开若干次，从而把正弦波电压斩成若干个脉冲电压，如图 4-2c 所示。通过改变开关器件的导通比来实现交流调压的目的，同时还可以提高输入侧的功率因数。这种斩波控制方式类似于直流斩波电路的控制，因此称为交流斩波调压电路。交流斩波调压电路通常应用于对功率因数要求较高的场合。

4.1.2　单相交流调压电路

单相交流调压电路如图 4-3a 所示，其调压开关由两个反并联的晶闸管组成，也可用一个双向晶闸管代替，它的输出波形对称，负载无直流分量，适用范围广。与相控整流电路一样，交流调压电路的工作状态也和负载性质有很大关系。

1. 电阻负载

单相交流调压电路带电阻负载时的电路图如图 4-3a 所示。在交流输入电源 u_i 的正半周期，给正向晶闸管 VT$_1$ 发触发脉冲，VT$_1$ 管导通，负载上的输出电压 u_o 及电流 i_o 波形如图 4-3b 所示。此时输出电压 u_o 等于输入电源电压 u_i。由于是电阻负载，在电压下降到过零点时输出电流也为零，VT$_1$ 管自然关断。当 u_i 在负半周时，给反向晶闸管 VT$_2$ 发触发脉冲，得到反向的输出电压及电流，同理，VT$_2$ 管也在电压过零点时自然关断。u_{VT} 为晶闸管两端电压波形。

在交流调压电路的控制中，正、负触发脉冲分别距其正、负半周电压过零点的角度为 α，称为触发延迟角，通过调节 α 角就可以控制输出电压的大小。正、负半周 α 的起始时刻（$\alpha=0°$）均为电压过零点。在稳态情况下，为使输出波形对称，应使正、负半周 α 角相等。由图 4-3b 可以看出，在电阻负载下，输出电压波形是电源电压波形的一部分，负载电流和负载电压的波形相同。

根据图 4-3b 所示的 u_o 波形图可以得出，交流输出电压的有效值 U_o 为

$$U_o = \sqrt{\frac{1}{\pi}\int_{\alpha}^{\pi}\left(\sqrt{2}\,U_i\sin\omega t\right)^2 \mathrm{d}(\omega t)}$$

$$= U_i\sqrt{\frac{1}{2\pi}\sin2\alpha + \frac{\pi - \alpha}{\pi}} \tag{4-1}$$

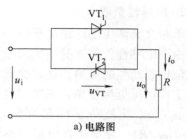

a) 电路图

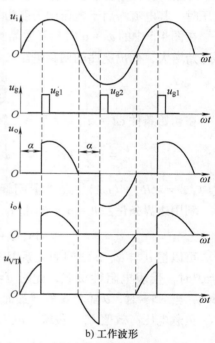

b) 工作波形

图 4-3 单相交流调压电路带电阻负载时的电路图及其工作波形

α 的移相范围为 $0° \leqslant \alpha \leqslant 180°$，当 $\alpha = 0°$ 时，输出电压最大，$U_o = U_i$；当 $\alpha = 180°$ 时，$U_o = 0$，随着 α 的增大，U_o 逐渐减小。即在交流调压电路中，通过调节触发延迟角 α 的大小，可以达到调节输出电压的目的。

负载电流有效值 I_o 为

$$I_o = \frac{U_o}{R} = \frac{U_i}{R}\sqrt{\frac{1}{2\pi}\sin2\alpha + \frac{\pi - \alpha}{\pi}} \tag{4-2}$$

晶闸管电流有效值 I_{VT} 为

$$I_{VT} = \frac{1}{\sqrt{2}}I_o \tag{4-3}$$

输入电源侧的功率因数为

$$\lambda = \frac{P}{S} = \frac{U_o I_o}{U_i I_o} = \sqrt{\frac{1}{2\pi}\sin2\alpha + \frac{\pi - \alpha}{\pi}} \tag{4-4}$$

当 $\alpha = 0°$ 时，功率因数 $\lambda = 1$，α 增大，输入电流滞后于电压且畸变，功率因数降低。

2. 电感性负载

单相交流调压电路带电感性负载时的电路如图4-4所示。由于电感性负载本身电流滞后于电压一定角度，再加上相位控制产生的滞后，使得交流调压电路在电感性负载下的工作情况更为复杂，其输出电压、电流波形与触发延迟角 α、负载阻抗角 φ 都有关系。其中，负载阻抗角 $\varphi = \arctan(\omega L/R)$，相当于在电阻电感负载上加入纯正弦交流电压时，其电流滞后于电压的角度为 φ。

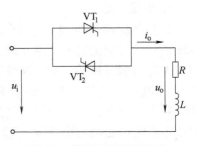

图4-4 单相交流调压电路
带电感性负载时的电路

在图4-5中的 $\omega t = \alpha$ 时刻开通晶闸管 VT_1，负载电流从零开始增大，列出电路的回路电压方程

$$L\frac{\mathrm{d}i_o}{\mathrm{d}t} + Ri_o = \sqrt{2}\,U_i\sin\omega t \tag{4-5}$$

在初始条件 $\omega t = \alpha$，$i_o = 0$ 下，解得

$$i_o = \frac{\sqrt{2}\,U_i}{Z}[\sin(\omega t - \varphi) - \sin(\alpha - \varphi)\mathrm{e}^{\frac{\alpha - \omega t}{\tan\varphi}}] \quad \alpha \leqslant \omega t \leqslant \alpha + \theta \tag{4-6}$$

式中，$Z = \sqrt{R^2 + (\omega L)^2}$；$\theta$ 为晶闸管导通角。

利用边界条件：$\omega t = \alpha + \theta$ 时，$i_o = 0$，求得

$$\sin(\alpha + \theta - \varphi) = \sin(\alpha - \varphi)\mathrm{e}^{\frac{-\theta}{\tan\varphi}} \tag{4-7}$$

可以把 θ 与 α、φ 之间的关系用图4-6所示的一簇曲线来表示。图中以 φ 为参变量，当 $\varphi = 0°$ 时，代表电阻性负载，此时 $\theta = 180° - \alpha$；若 φ 为某一特定角度，则当 $\alpha \leqslant \varphi$ 时，$\theta = 180°$，当 $\alpha > \varphi$ 时，θ 随着 α 的增加而减小。

负载电压有效值 U_o、负载电流 I_o 和晶闸管电流有效值 I_{VT} 分别为

$$U_o = \sqrt{\frac{1}{\pi}\int_{\alpha}^{\alpha+\theta}(\sqrt{2}\,U_i\sin\omega t)^2\mathrm{d}(\omega t)} = U_i\sqrt{\frac{\theta}{\pi} + \frac{1}{2\pi}[\sin2\alpha - \sin(2\alpha + 2\theta)]} \tag{4-8}$$

$$I_o = \sqrt{\frac{1}{\pi}\int_{\alpha}^{\alpha+\theta}\left\{\frac{\sqrt{2}\,U_i}{Z}[\sin(\omega t - \varphi) - \sin(\alpha - \varphi)\mathrm{e}^{\frac{\alpha - \omega t}{\tan\varphi}}]\right\}^2\mathrm{d}(\omega t)}$$

$$= \frac{U_i}{\sqrt{\pi}\,Z}\sqrt{\theta - \frac{\sin\theta\cos(2\alpha + \varphi + \theta)}{\cos\varphi}} \tag{4-9}$$

$$I_{VT} = \frac{1}{\sqrt{2}}I_o \tag{4-10}$$

为了更好地分析单相交流调压电路在电感性负载下的工作情况，此处分 $\alpha > \varphi$、$\alpha = \varphi$、$\alpha < \varphi$ 三种工况分别进行讨论。

（1）$\alpha > \varphi$

如图4-5c所示，当 $\alpha > \varphi$、$\theta < 180°$ 时，正、负半波电流断续。α 越大，θ 越小。即 α 的移

相在（180°-φ）范围内，可以得到连续可调的交流电压。其电流、电压波形如图 4-5c 所示。

（2）$\alpha=\varphi$

如图 4-5d 所示，当 $\alpha=\varphi$、$\theta=180°$ 时，即正、负半周电流临界连续，相当于晶闸管失去控制，其电流、电压波形如图 4-5d 所示。

（3）$\alpha<\varphi$

如图 4-5e 所示，在这种情况下若 VT_1 管先被触发导通，而且 $\theta>180°$。如果采用窄脉冲触发，当 u_{g2} 出现时，VT_1 管的电流还未到零，VT_1 管不能关断，VT_2 管不能导通，等到 VT_1 管中流过的电流为零并关断时，u_{g2} 脉冲已经消失，此时 VT_2 管虽受正压，但也无法导通。到第三个半波时，u_{g2} 又触发 VT_1 管导通。这样负载电流只有正半波部分，出现很大的直流分量，电路不能正常工作，其电流、电压波形如图 4-5e 所示。因而在带电感性负载时，晶闸管不能用窄脉冲触发，可采用宽脉冲或脉冲列触发。这样即使 $\alpha<\varphi$，则在刚开始触发晶闸管的几个周期内，两管的电流波形还是不对称的。但经几周期后，负载电流即成对称连续的正弦波，电流滞后电压 φ 角。

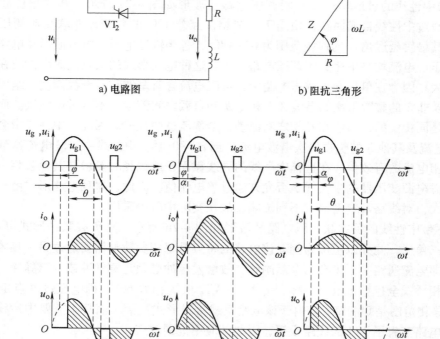

a) 电路图　　　　　　　　　b) 阻抗三角形

c) $\alpha>\varphi$　　　　d) $\alpha=\varphi$　　　　e) $\alpha<\varphi$

图 4-5　单相交流调压电路在电感性负载时的工作波形

综上所述，单相交流调压有如下特点：

1）在带电阻负载时，负载电流波形与单相桥式可控整流交流侧电流一致。改变触发延

迟角 α 可以连续改变负载电压有效值，达到交流调压的目的。

2）在带电感性负载时，不能用窄脉冲触发。否则当 $\alpha < \varphi$ 时，会出现一个晶闸管无法导通，从而产生很大的直流分量电流，烧毁熔断器或晶闸管。

3）在带电感性负载时，最小触发延迟角 $\alpha_{min} = \varphi$（阻抗角）。所以 α 的移相范围为 $\varphi \sim 180°$。而在带电阻负载时移相范围为 $0° \sim 180°$（见图 4-6）。

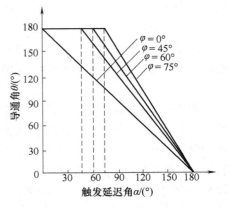

图 4-6 θ、α 和 φ 的关系曲线

4.1.3 三相交流调压电路

当相位控制的交流调压电路所带负载为异步电动机或其他三相负载时，需要采用三相交流调压电路。根据晶闸管开关及负载联结形式的不同，三相交流调压电路具有多种主电路形式，图 4-7 所示为几种常用的基本形式，以及在电阻负载下每种主电路形式在不同触发延迟角 α 时的输出电压波形。

1）带中性线的星形联结反并联调压电路及波形如图 4-7a 所示，其三相负载联结为星形，各相通过中性线自成回路，相当于三个相位互差 120° 的单相反并联交流调压电路的组合，因此其触发延迟角 α 的移相范围为 $0° \sim 180°$，各相输出电压、电流波形及电路中晶闸管承受的电压、电流均与单相交流调压电路一致。这种电路形式的缺点是 3 次谐波在中性线中的电流较大；因为在单相交流调压电路中，负载电流含有基波和各奇次谐波，组成三相电路后，基波及非 3 的整数倍次的谐波在三相电源和负载之间流动，不流过中性线。而 3 的整数倍次谐波是同相位的，不能在各相之间流动，全部流过中性线。因此，中性线中会有很大的 3 次谐波电流及其他 3 的整数倍次谐波电流。当 $\alpha = 90°$ 时，中性线中谐波电流达到峰值，近似等于各相电流的有效值，在选择中性线的导线截面积或线径时要求与其他各相一致，同时还必须考虑电源变压器的中性线是否允许通过该电流值。因此，这种电路形式由于中性线谐波电流较大，对线路及电网都有不利影响，故在实际中较少采用。

2）不带中性线的反并联调压电路及波形如图 4-7b 所示，其负载联结形式可以是星形，也可以是三角形，此处以星形为例。该电路的特点是每相负载都需要通过另一相才能构成电流回路，即电流通路中至少有两个晶闸管，故触发脉冲必须是宽脉冲或双窄脉冲。触发脉冲顺序和三相桥式全控整流电路一样，为 $VT_1 \sim VT_6$ 依次相差 60°，相电压过零点定为 α 的起点，α 的移相范围是 $0° \sim 150°$。由于该电路负载接线形式灵活，而且不需要中性线，相对图 4-7a 所示电路节省了 1/4 的线路投资，因此其应用范围较广。

3）三相混合反并联调压电路及波形如图 4-7c 所示，其负载同样可以接成星形或三角形。由于是无中性线的三相负载，至少要有两相同时导通才能构成电流回路。该电路在任何一条负载电流回路中都串有一个可控器件。因此，在电源的正、负半周都可以进行电压控制，使输出波形正、负面积相等，所以负载电压、电流中不存在直流分量。

4）晶闸管与负载连接成内三角形的调压电路是将反并联晶闸管与各相负载串联后跨接于电源线电压上，如图 4-7d 所示。与图 4-7a 所示电路一样，也相当于由三个单相反并联交流调压电路组合而成，所不同的是此处每个单相电路所接电源为线电压。该电路各相负载输出波形及触发延迟角 α 的移相范围均与单相电路相同。该电路只适用于三角形负载，并且由于晶闸管接在负载内部，每相负载要能单独接线，共需 6 个引出端，对三相电动机负载而言不够方便，因此其使用存在一定的局限性。

5）中性点控制三角形联结的调压电路将三角形联结的三相反并联晶闸管接在星形联结的负载中心点上，如图 4-7e 所示，其输出波形与图 4-7b 所示电路相同，波形正、负半周对称，无直流分量，也无偶次谐波。该电路由于晶闸管接在负载后面，当电源侧有过电压窜入时，能起一定的缓冲作用。同样该电路也需要每相负载能单独接线。

6）由 3 个晶闸管组成的控制负载中性点的三相交流调压电路及波形如图 4-7f 所示，与其他电路相比使用的晶闸管最少，但在同样负载电流下晶闸管中流过的电流最大，故只在小容量三相负载中有一定的应用。

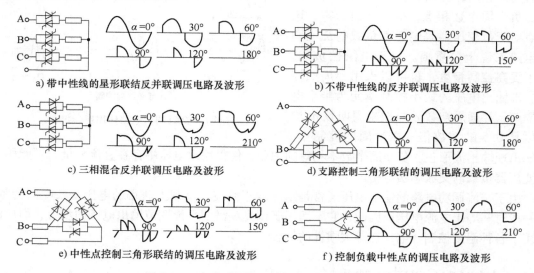

a) 带中性线的星形联结反并联调压电路及波形

b) 不带中性线的反并联调压电路及波形

c) 三相混合反并联调压电路及波形

d) 支路控制三角形联结的调压电路及波形

e) 中性点控制三角形联结的调压电路及波形

f) 控制负载中性点的调压电路及波形

图 4-7　三相交流调压电路基本形式及输出波形

4.2　交流调功电路

交流调功电路和交流调压电路在电路形式上完全相同，只是控制方式不同，交流调功电路不是在每个电源周期都对输出电压波形进行控制，而是采用周期控制方式，即将交流电源与负载接通几个整周期，再断开几个整周期，通过改变接通周期数与断开周期数的比值来调节负载上的平均功率。通过控制导通比 $D=\dfrac{n}{m}$ 可以调节平均输出功率。导通比 D 的控制方式主要有两种：一种为固定周期控制，即总控制周期数 m 不变，通过调节导通周期数 n 来调节导通比，进而调节平均输出功率；另一种为可变周期控制，即导通周期数 n 不变，而改变控制周期数 m，从而控制导通比及输出功率。两种控制方式下不同导通比时输出电压波形如图 4-8 所示。

设总周期数为 m，导通周期数为 n，导通比为 $D=\dfrac{n}{m}$，则交流调功电路的输出功率和输

出电压有效值分别为

$$P = \frac{n}{m}P_N = DP_N \qquad (4\text{-}11)$$

$$U = \sqrt{\frac{n}{m}}\, U_N = \sqrt{D}\, U_N \qquad (4\text{-}12)$$

式中，P_N、U_N 为总周期数 m 内全导通时，调功电路输出的功率与电压有效值。

上述两种控制方式均为全周期控制，即输出电压的最小控制单元为一个完整的电源周期，因此在任何情况下输出电压的正、负半周个数相等，平均电压为零，这一点对于带变压器等电感性负载的交流调功电路来说十分重要。对于电阻性负载，为了提高控制精度，也可以采用半周期控制，即输出电压的最小控制单元为半个电源周期，导通周期数 n 与控制周期数 m 均可以是 0.5 的整数倍。在半周期控制中，

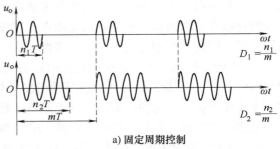

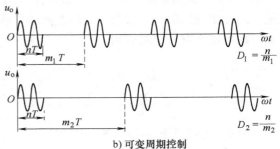

图 4-8　交流调功电路输出电压波形

可能出现输出波形正、负半周个数不相等的现象，使得输出电压中存在直流分量，不能用于带变压器负载的交流调功电路。

由于交流调功电路的输出电压通常是断续的正弦波，负载上获得的电压一段时间为零，另一段时间等于电源电压。因此，它不适用于调光等需要平滑调节输出电压的场合，而广泛应用于各种温度控制、电加热等大惯性的场合。

4.3　交流斩波调压电路

交流斩波调压电路的基本原理与直流斩波电路类似，均采用斩波控制方式，所不同的是直流斩波电路的输入是直流电源，而交流斩波调压电路的输入是正弦交流电源。因此，在分析其工作原理时，可以将交流电源的正、负半周分别当作一个短暂的直流电压源，即可利用直流斩波电路的方法进行分析。

交流斩波调压电路通常采用全控型器件作为开关器件，其电路图如图 4-9 所示。在交流电源 u_i 的正半周，用 V_1 进行斩波控制，V_3、VD_3 为感性负载的电流提供续流通路；在 u_i 的负半周，用 V_2 进行斩波控制，V_4、VD_4 为感性负载的电流提供续流通路。因输入、输出均为交流电压，故 $V_1 \sim V_4$ 均需要有双向阻断的功能，因此在各管支路中需串联快恢复二极管 $VD_1 \sim VD_4$，以承受关断时的反向电压。

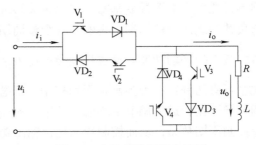

图 4-9　交流斩波调压电路图

交流斩波调压电路带电阻性负载时的输出波形图如图 4-10 所示，在斩波器件 V_1 或 V_2 导通期间输出电压等于输入电压，在关断期间输出电压 u_o 等于零。设斩波器件的导通时间，即电压脉冲的宽度为 t_{on}，关断时间为 t_{off}，开关周期为 $T=t_{on}+t_{off}$；则交流斩波调压电路的导通比 $D=t_{on}/T$。和直流斩波电路一样，也可以通过调节导通比 D 来调节输出电压的有效值，即改变脉冲宽度 t_{on}（定频调宽）或改变斩波周期 T（定宽调频）都可以实现调压的目的。

电阻电感性负载（又称阻感负载）下的输出波形如图 4-11 所示。交流斩波调压电路除采用全控型器件（如 GTO、CTR、IGBT 等）外，也可以采用快速晶闸管构成电路。另外，交流斩波调压电路与交流相控调压电路相比，还有一个优点是斩波器件在半波结束之前即可关断，因此其响应速度较快，其缺点是由于开关频率较高，电路的损耗较大。

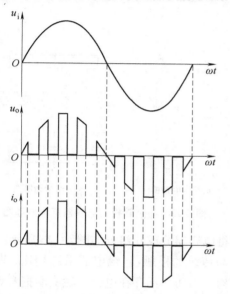

图 4-10　交流斩波调压电路带电阻性
负载时输出波形

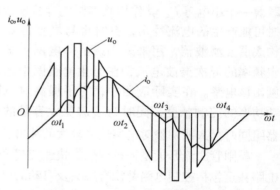

图 4-11　交流斩波调压电路带阻感负载时输出波形

4.4　交流电力电子开关

交流电力电子开关是利用反并联晶闸管或双向晶闸管与交流负载串联而构成的一种交流电力控制电路，已经广泛应用于各种电力系统和驱动系统中。采用交流电力电子开关的主要目的是根据负载需要使电路接通和断开，从而代替传统电路中有触点的机械开关。与传统机械开关相比，交流电力电子开关作为一种无触点开关，具有响应速度快、寿命长、可以频繁控制通断、控制功率小、灵敏度高等优点，因此被广泛应用于各种交流电动机的频繁起动、正反转控制、软起动、可逆转换控制，以及电炉温度控制、功率因数改善、电容器的通断控制等各种应用场合。

交流电力电子开关在电路形式上与交流调功电路类似，但控制方式或控制目的有所不同。交流调功电路也是控制电路的接通和断开，但它是以控制电路的平均输出功率为目的，其控制方式是改变晶闸管开关的导通周期数和控制周期数的比值；而交流电力电子开关并不去控制电路的平均输出功率，而只是根据负载需要控制电路的接通和断开，从而使负载实现其相应的功能或目的。交流电力电子开关通常没有明确的控制周期，其控制方式也随负载的不同而有所变化，另外其开关频率通常也比交流调功电路低得多。

1. 晶闸管投切电容器

交流电力电子开关的典型应用之一是晶闸管投切电容器。电力系统中绝大部分负载均为感性负载，感性负载在工作时要消耗系统的无功功率，造成系统功率因数低。为此，系统需要对电网进行无功补偿。传统的无功补偿装置是采用机械有触点开关投入和切除电容器，这种采用机械开关的补偿装置反应速度慢，在负载变换快速的场合，电容器投切的速度跟不上负载的变换。采用晶闸管投切电容器的补偿方式，可以快速跟踪负载的变化，从而稳定电网电压，并改善供电质量。

晶闸管投切电容器基本原理图如图 4-12 所示，其中 4-12a 为基本电路单元，两个反并联晶闸管与无功补偿电容器 C 串联，根据功率因数的要求将电容器 C 接入电网或从电网断开。该支路中还串联着一个小电感 L，其作用是抑制电容器投入电网时可能产生的电流冲击，有时也与电容器 C 一起构成谐波滤波器，用来减小或消除电网中某一特定频率的低次谐波电流，在简化电路图中通常不画出该电感。在实际应用中，为了提高对电网无功功率的控制精度，同时为了避免大容量的电容

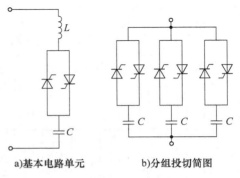

a)基本电路单元　　　b)分组投切简图

图 4-12　晶闸管投切电容器基本原理图

器组同时投入或切除对电网造成较大的冲击，一般将电容器分成几组，如图 4-12b 所示。

晶闸管交流开关是一种理想的快速交流开关，与传统的接触器-继电器系统相比，其主电路甚至包括控制电路都没有触头及可动的机械机构，因而，不存在电弧、触头磨损和熔焊等问题。晶闸管交流开关可以用很小的功率去控制大功率的主电路。晶闸管交流开关适用于操作频繁、可逆运行及有易燃气体的场合。晶闸管交流开关由于具有上述优点而被广泛应用，并取得了良好的效果。

2. 晶闸管交流开关中的常用触发电路

晶闸管交流开关有晶闸管反并联组成的交流开关和双向晶闸管组成的交流开关。原则上，用于晶闸管电路的各种触发电路，均可用于双向晶闸管电路。但晶闸管和双向晶闸管的触发方式有所区别。

双向晶闸管有 I_+、I_-、III_-、III_+ 四种触发方式，常用的触发方式有 I_+、I_-、III_- 三种。因此，设计双向晶闸管的触发电路时，应使其能满足各种触发方式对灵敏度的要求，以防止产生半周不导通或导通不充分的现象。

晶闸管交流开关经常采用本相电压强触发电路，如图 4-13 所示。

图 4-13a 为晶闸管反并联的交流开关的本相电压强触发电路。此触发电路的工作过程为：触点 S 闭合（接通）后，在交流电源正半周时晶闸管 VT_1 的 A、K 极之间的瞬时电压通过 VD_1 使 VT_1 导通。同理，交流电源负半周时晶闸管 VT_2 的 A、K 极瞬时电压通过 VD_2 使 VT_2 导通。

图 4-13b 为双向晶闸管交流开关的本相电压强触发电路。本相电压强触发电路采用 I_+、III_- 触发方式。此触发电路的工作过程为：触点 S 闭合（接通）后，在交流电源正半周时双向晶闸管 VT 的 T_1、T_2 之间的瞬时电压经电阻 R 加到门极 G 与 T_2 之间。此时 G 与 T_2 之间的电压将随交流电源电压上升而增高，这样便使触发电流增大，直至元件导通。

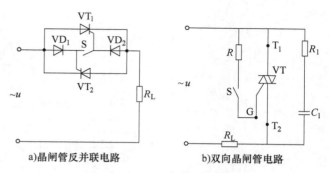

a) 晶闸管反并联电路　　　　b) 双向晶闸管电路

图 4-13　本相电压强触发电路

元件导通后，T_1、T_2 之间的电压立即降至 $1\sim2V$，从而使门极不会受强电压的威胁。同理，在交流电源负半周时，双向晶闸管 VT 的 T_1、T_2 之间的瞬时电压经电阻 R 加到 T_2 与 G 之间使 VT 导通。本相电压强触发电路中，双向晶闸管的门极上往往串联限流电阻 R，限流电阻 R 不能选得过大，因为限流电阻选得过大时，需要有较大的本相触发电压才能使元件得到所需的触发电流，元件的导通将相应滞后。试验表明，R 取 $20\sim150\Omega$ 为宜。

本相电压强触发电路不但具有强触发功能，对触发电流很大的元件也能可靠触发，而且本相触发电压本身就是同步电压，解决了触发脉冲与主电路电压同步问题，从而使电路简单可靠，调试维修方便。

3. 正反向可逆晶闸管交流开关

正反向可逆晶闸管交流开关适用于正反向频繁可逆运行场合。正反向可逆晶闸管交流开关的电气原理图如图 4-14 所示。

（1）主电路

主电路采用 5 个双向晶闸管 $VT_1\sim VT_5$。三相交流电源经低压断路器 QF、快速熔断器 FU、双向晶闸管 $VT_1\sim VT_5$，接至交流电动机。当 VT_1、VT_2、VT_3 被触发导通时，交流电动机正转，运转指示灯（HL_2、HL_3、HL_4）亮；当 VT_2、VT_4、VT_5 被触发导通时，交流电动机反转，运转指示灯（HL_2、HL_3、HL_4）亦亮；VT_2 在交流电动机正反转时均导通。为了保证正向组 VT_1、VT_3 与反向组 VT_4、VT_5 不同时导通，设置了延时电路 YS，以防止交流电动机正反换向时相间短路，延时时间为 $60\sim100ms$。

在主电路中，双向晶闸管两端并联的 RC 吸收装置，对双向晶闸管起过电压保护和抑制 du/dt 的作用；用快速熔断器对双向晶闸管进行过电流保护。

（2）控制电路

在控制电路中采用本相电压强触发电路。在图 4-14 中，QB 为主令开关，KM_4 为零位继电器。合上低压断路器和电源开关后，若 QB 在零位，则 KM_4 得电吸合并自保；当电源断电后又重新来电时，要待 QB 回到零位，使 KM_4 重新得电吸合并自保，交流电动机才能重新起动、运行。这样便不会在电源供电或供电中断后又重新来电时，因 QB 的手柄放在"开"的位置而出现交流电动机自行起动的不安全情况，从而实现了零位保护。当采用按钮或自动复位主令开关，不需要零位保护时，继电器 KM_4 可以取消。

当 QB 的手柄转到"正"位置时，QB_1 闭合；经延时电路 YS 延时后，KM_1 吸合并自保，将延时电路 YS 短接；与此同时，KM_1 的常开触点接通正向组双向晶闸管 VT_1、VT_2、VT_3 的

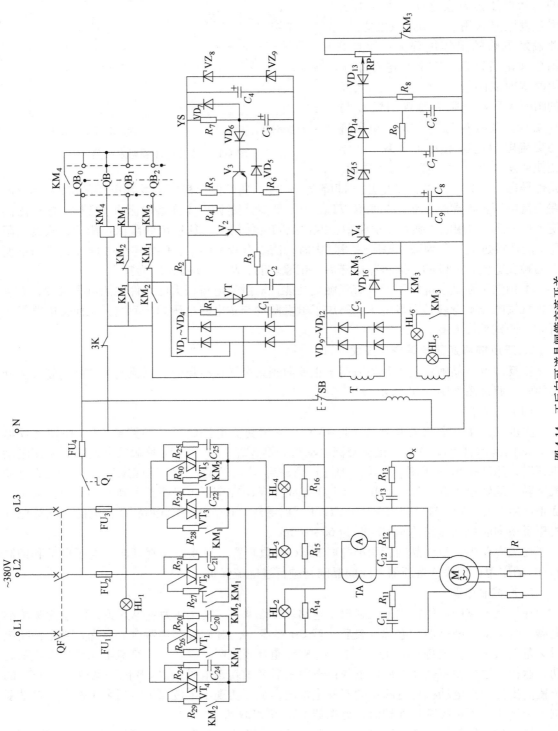

图 4-14 正反向可逆晶闸管交流开关

触发电路，使 VT_1、VT_2、VT_3 导通，交流电动机正向运转。当 QB 的手柄转到"反"位置时，QB_1 断开，KM_1 释放，VT_1、VT_2、VT_3 断电，QB_2 闭合；经 YS 延时后 KM_2 吸合并自保，短接 YS；与此同时，KM_2 的常开触点接通反向组双向晶闸管 VT_2、VT_4、VT_5 的触发电路，使 VT_2、VT_4、VT_5 导通，交流电动机先后经反接制动、反向起动，最后转入稳定运行。

延时电路 YS 的工作原理如下：

当 QB 的手柄转到"正"或"反"位置时，QB_1 或 QB_2 闭合，晶体管 V_3、V_2 截止，晶闸管 VT 截止，这样，在 KM_1（KM_2）线圈自身阻抗和限流电阻 R_2 的作用下，KM_1（KM_2）线圈中只有很小的电流流过，所以 KM_1（KM_2）不吸合。此时，电流经 KM_1（KM_2）的线圈送到整流桥 $VD_1 \sim VD_4$ 进行整流，而后再通过稳压管 VZ_8、VZ_9 进行稳压；稳压输出的电压，经电阻 R_7 对电容 C_3 充电。C_3 的电压升高，晶体管 V_3、V_2 导通、晶闸管 VT 亦随之导通，从而使继电器 KM_1（KM_2）吸合，其常开触点闭合并自保，将延时电路 YS 的工作电源短接掉，使晶闸管 VT 的电流过零关断，电容 C_3 经两路即 $VD_7—R_5—R_6$ 和 $VD_6—V_3$ 的基射结—R_6 放电，延时电路 YS 复原，准备投入下次工作。

图 4-14 所示断相保护电路的工作原理如下：

断相保护信号取自 $C_{11}—R_{11}$、$C_{12}—R_{12}$、$C_{13}—R_{13}$ 三条支路的公共交点 O_x。当三相交流电源输出无断相时，O_x 与电源中性线 N 之间的电压 U_{ox} 理论上为零。实际上，三相交流电源本身或负载不平衡，$C_{11}—R_{11}$、$C_{12}—R_{12}$、$C_{13}—R_{13}$ 三条支路的参数不对称等情况都可能出现。这时，即使三相交流电源无断相，U_{ox} 也会不为零，但一般只有几伏。三相交流电源中有一相或两相断相时，U_{ox} 将显著升高，其值随负载交流电动机等的参数变化而变化。U_{ox} 经整流后作用于稳压管 VZ_{15} 上，使之击穿；VZ_{15} 击穿，使晶体管 V_4 导通，继电器 KM_3 吸合并自保，其常闭触点断开，切断继电器 KM_1、KM_2 的控制电路，并同时发出"断相"事故信号，此时，双向晶闸管过零关断，切断交流电动机的电源，从而避免了交流电动机因断相运行而烧毁。

4.5　交-交变频电路

4.5.1　交-交变频电路的基本类型及其应用

交-交变频电路是把一种频率的交流电能直接变换成另外一种频率或可变频率的交流电能，属于直接变频电路。与交-直-交变流器构成的间接变频电路相比，交-交变频电路由于没有中间直流环节，只经过一次能量变换，电能损耗小，因此其变换效率较高。

由于交-交变频电路主要用于大功率、电压较高的应用场合，并且可以采用自然换流方式，因而通常由相位控制的晶闸管构成。交-交变频电路的基本工作原理是通过正、负两组整流电路反并联构成主电路，采用相位控制方式并按一定规律改变触发延迟角，从而得到交流输出电压，同时正、负两组整流电路按输出周期循环换组整流，从而得到交流输出电流。通过改变整流触发延迟角的变化幅度及频率，可以得到电压、频率均可调的交流输出。由交-交变频电路构成的变频器，有时也称为周变频器或循环变频器。

交-交变频电路可按不同分类方法分为多种类型。按输入电源相数分，可分为单相与三相电路；按输出相数可分为单相输出与三相输出电路；按其工作形式可分为有环流运行方式及无环流运行方式。在三相交-交变频电路中，也可按整流单元的形式分为三相零式电路与三相桥式电路两种类型。

交-交变频电路除上述基本类型外，还有三倍倍频电路、负载换流的倍频电路、矩阵式交-交变频电路等。

4.5.2 单相交-交变频电路

1. 电路结构和工作原理

单相交-交变频电路的电路图及输出电压波形如图 4-15 所示。电路由两组反并联的晶闸管变换器构成，和直流可逆调速系统用的四象限变换器完全一样，两者的工作原理也非常相似。在直流可逆调速系统中，让两组变换器分别工作，就可以输出极性可变的直流电。在交-交变频电路中，让两组变换器按一定频率交替工作，就可以给负载输出该频率的交流电。改变两组变换器的切换频率，就可以改变输出频率。改变变换器工作时的触发延迟角 α，就可以改变变换器输出电压的幅值。根据触发延迟角 α 的变化方式的不同，可分为方波型交-交变频电路和正弦波型交-交变频电路。

（1）方波型交-交变频电路

方波型交-交变频电路如图 4-15a 所示，图中负载 Z 由正组与反组晶闸管整流电路轮流供电。各组所供电压的高低由触发延迟角 α 控制。当正组供电时，Z 上获得正向电压；当反组供电时，Z 上获得负向电压。

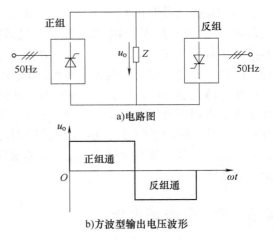

a)电路图

b)方波型输出电压波形

图 4-15　单相交-交变频电路及输出电压波形

如果在各组工作期间 α 不变，则输出电压 u_o 为矩形波交流电压，如图 4-15b 所示。改变正反组切换频率，可以调节输出交流电的频率，而改变 α 的大小可调节矩形波的幅值，从而调节输出交流电压 U_o 的大小。

（2）正弦波型交-交变频电路

正弦波型交-交变频电路与方波型交-交变频电路相同，但正弦波型交-交变频电路可以输出平均值按正弦规律变化的电压，克服了方波型交-交变频电路输出波形高次谐波成分大的缺点，故它比前一种变频电路更为实用。

1）输出正弦波形的获得方法：在正组桥整流工作时，使触发延迟角 α 由大到小再变大，如 $\pi/2 \rightarrow 0 \rightarrow \pi/2$ 必然引起输出的平均电压由低到高再到低的变化，如图 4-16 所示。交-交变频电路的输出电压并不是平滑的正弦波形，而是由若干段电源电压拼接而成的。在输出电压的一个周期内，所包含的电源电压段数越多，其波形就越接近正弦波，图 4-16 中的虚线表示的是输出电压的平均值。在反组工作的半个周期内采用同样的控制方法，就可以得到负半波接近正弦波的输出电压。

交-交变频电路的正反两组变流电路通常采用三相桥式电路，这样，在电源电压的一个周期内，输出电压将由六段电源电压组成。如采用三相半波电路，则电源电压一个周期内输出的电压只由三段电源相电压组成，波形变差，因此很少使用。从工作原理上看，也可以采用单相整流电路，但这时波形更差，故一般不采用。

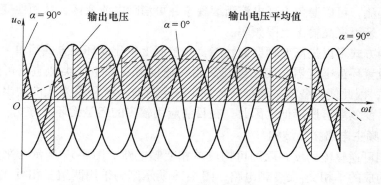

图 4-16　正弦型交-交变频电路的输出电压波形

2）交-交变频电路的调制方法：要使输出的电压波形接近正弦波，即使输出电压平均值的变化规律为正弦型，通常采用的方法是余弦交点法。

设 U_{d0} 为触发延迟角 $\alpha = 0°$ 时整流电路的理想空载电压，则变流电路的输出电压为

$$\overline{u}_o = U_{d0}\cos\alpha \tag{4-13}$$

若正、反组变流电路采用三相桥式整流电路，则器件每隔 60° 换流，每次换流时，α 是变化的，式（4-13）中的 $\overline{u}_o$ 表示每次控制间隔内输出电压的平均值。

设希望得到的正弦波输出电压为

$$u_o = U_{om}\sin\omega_o t \tag{4-14}$$

式中，U_{om} 和 ω_o 分别为变频器输出电压的幅值和角频率。

比较式（4-13）和式（4-14），应使 $\overline{u}_o = u_o$，即

$$U_{d0}\cos\alpha = U_{om}\sin\omega_o t \tag{4-15}$$

$$\cos\alpha = \frac{U_{om}}{U_{d0}}\sin\omega_o t = M\sin\omega_o t \tag{4-16}$$

式中，M 称为输出电压比，$0 \leqslant M \leqslant 1$。

由此得到

$$\alpha = \arccos(M\sin\omega_o t) \tag{4-17}$$

利用此公式，通过微处理器可以很方便地实现准确计算和控制。

2. 无环流控制及有环流控制

前面的分析都是基于无环流工作方式进行的。为保证负载电流反向时无环流，系统必须留有一定的死区时间，这就使得输出电压的波形畸变增大。为了减小死区的影响，应在确保无环流的前提下尽量缩短死区时间。另外，在负载电流发生断续时，相同 α 角时的输出电压被抬高，这也造成输出波形的畸变，需采取一定措施对其进行补偿。电流死区和电流断续的影响限制了输出频率的提高。

交-交变频电路也可以采用有环流控制方式。这种方式和直流可逆调速系统中的有环流方式类似，在正、反两组变换器之间设置环流电抗器。运行时，两组变换器都施加触发脉冲，并且使正组触发延迟角 α_I 和反组触发延迟角 α_{II} 保持 $\alpha_I + \alpha_{II} = 180°$ 的关系。由于两组变

换器之间流过环流，可以避免出现电流断续现象并可消除电流死区，从而使变频电路的输出特性得以改善，还可提高输出上限频率。

有环流控制方式可以提高变频器的性能，在控制上也比无环流方式简单。但是，在两组变换器之间要设置环流电抗器，变压器二次侧一般也需双绕组（类似直流可逆调速系统的交叉连接方式），因此使设备成本增加。另外，在运行时，有环流方式的输出功率比无环流方式略有增加，使效率有所降低。因此，在目前应用较多的还是无环流方式。

3. 交-交变频主电路拓扑结构

将两组三相可逆整流器反并联即可构成单相变频电路。图 4-17 所示为采用两组三相半波整流的电路构成的单相交-交变频电路，图 4-18 所示则为采用两组三相桥式整流的电路构成的单相交-交变频电路。三组单相变频电路可以组合成三相的交-交变频电路。

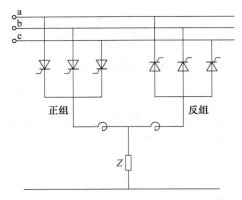

图 4-17　三相半波整流电路构成的
单相交-交变频电路

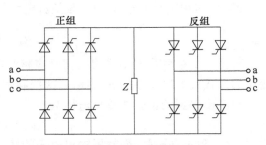

图 4-18　三相桥式整流电路构成的
单相交-交变频电路

4.5.3　三相交-交变频电路

交-交变频电路主要用于交流调速系统中，因此实际使用的主要是三相交-交变频电路。三相交-交变频电路是由三组输出电压相位互差 120°的单相交-交变频电路组成的，因此上述的分析和结论对三相交-交变频电路也是适用的。

1. 电路的接线方式

三相交-交变频电路主要有两种接线方式，即公共交流母线进线方式的三相交-交变频电路和三相交-交变频电路的输出 Y 形联结方式。

（1）公共交流母线进线方式

公共交流母线进线方式的三相交-交变频电路如图 4-19 所示，它由 3 组彼此独立的、输出电压相位相差 120°的单相交-交变频电路组成，电源进线通过电抗器接在公共的交流母线上。因为电源进线端公用，所以 3 组单相变频电路的输出端必须隔离。为此，交流电动机的 3 个绕组必须拆开，共引出 6 根线。公共交流母线进线方式的三相交-交变频电路主要用于中等容量的交流调速系统。

（2）输出 Y 形联结方式

输出 Y 形联结方式的三相交-交变频电路如图 4-20 所示。其中，三组单相交-交变频电路的输出端 Y 形联结，交流电动机的 3 个绕组也是 Y 形联结，交流电动机的中性点不和变频电路的中性点接在一起，交流电动机只引出 3 根线即可。图 4-20 为三组单相交-交变频电路连接在一起，其电源进线就必须隔离，所以三组单相交-交变频电路分别用 3 个变压器供电。

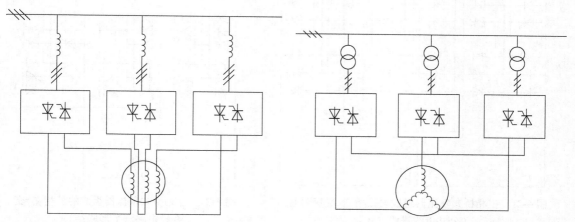

图 4-19　公共母线进线方式的三相交-交变频电路　　图 4-20　输出 Y 形联结方式的三相交-交变频电路

由于变频电路输出端中性点不和负载中性点相连接，所以在构成三相变频电路的 6 组桥式电路中，至少要有不同输出相的两组桥中的 4 个晶闸管同时导通才能构成回路，从而形成电流。因此要求同一组桥内的两个晶闸管靠双脉冲保证同时导通，两组桥之间靠足够的脉冲宽度来保证同时有触发脉冲。每组桥内各晶闸管触发脉冲的间隔约为 60°，如果每个脉冲的宽度大于 30°，那么无脉冲的间隔时间一定小于 30°，这样，尽管两组桥脉冲之间的相对位置是任意变化的，但在每个脉冲持续的时间里，总会在其前部或后部与另一组桥的脉冲重合，使 4 个晶闸管同时有脉冲，形成导通回路。

2. 实用电路结构

常用的三相交-交变频电路有两种结构：图 4-21 所示为三相桥式整流器组成的三相交-交变频电路，采用公共交流母线进线方式；图 4-22 所示为三相桥式整流器组成的三相交-交变频电路，给交流电动机负载供电，采用输出 Y 形联结方式。

交-交变频电路有如下特点：

1）交-交变频电路只经过一次变流，电路变换效率高。

2）采用两组晶闸管整流装置，可方便地实现电路四象限工作。

3）低频输出时输出的波形接近正弦波。

4）电路复杂，使用的晶闸管数量多。

5）输出频率受电网频率和变流电路脉波数限制，一般是电网频率的 1/3～1/2。

6）由于采用相控方式，输入功率因数低，输入电流的谐波含量较高。

基于交-交变频电路的特点，其主要应用于 500kW 或 1000kW 以上的大功率、转速在 600r/min 以下的交流调速系统中。目前已在轧机主传动装置、鼓风机、矿石粉碎机和卷扬机等场合中广泛应用。

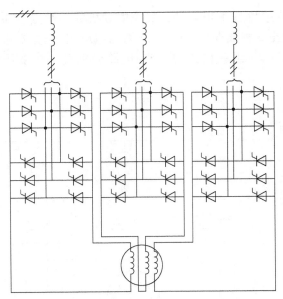

图 4-21 三相桥式整流器组成的三相交-交变频电路
（公共母线进线方式）

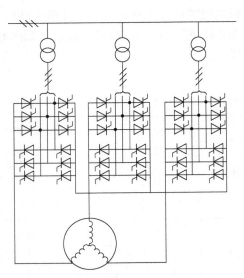

图 4-22 三相桥式整流器组成的三相交-交
变频电路（Y形联结）

4.6 矩阵式交-交变频电路

前文所述的几种交-交变频结构都是使用相控触发方式，电路输出功率因数不高，输入电流谐波严重，输出频率低于输入频率，在实际应用中受到限制。矩阵式交-交变频电路全部采用全控器件，具有输出频率不受限、输入电流谐波成分少等优点，是一种具有一定应用前景的新型直接交-交变频电路。

三相矩阵式交-交变频电路的拓扑结构如图 4-23 所示，其中 u_a、u_b、u_c 为三相输入，u_u、u_v、u_w 则为三相输出，$S_{ij}(i=1, 2, 3; j=1, 2, 3)$ 为全控型开关器件，9 个开关器件组成 3×3 矩阵，因此该变频电路被称为矩阵式变频电路（Matrix Converter，MC），其具体开关实现的典型方式如图 4-24 所示。同时，为防止输入电源短路，任何时刻只有一个开关接通；当带阻感负载时，为使负载不开路，任一时刻必须保证有一个开关接通。

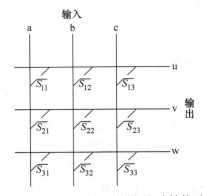

图 4-23 三相矩阵式交-交变频电路结构示意图

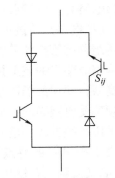

图 4-24 S_{ij} 的常用开关实现

定义 S_{ij} 闭合输出值为 1, 否则为 0, 则图 4-23 所对应的三相输出值分别为

$$
\begin{aligned}
u_{u} &= S_{11}u_{a} + S_{12}u_{b} + S_{13}u_{c} \\
u_{v} &= S_{21}u_{a} + S_{22}u_{b} + S_{23}u_{c} \\
u_{w} &= S_{31}u_{a} + S_{32}u_{b} + S_{33}u_{c}
\end{aligned}
\tag{4-18}
$$

改变式 (4-18) 中的控制系数 S_{ij}, 就可使变换器输出包络线内的任意波形, 需要注意的是控制系数 S_{ij} 是随时间变化的。由于矩阵式变频器采用了三相电压输入来控制输出电压, 这就能大幅降低输入电流谐波的产生, 从而使其电流几乎是正弦波。

矩阵式交-交变频电路采用斩控方式, 当开关器件工作频率较高时, 在一个开关周期内, 式 (4-18) 可近似表示为

$$
\begin{aligned}
u_{u} &= \sigma_{11}u_{a} + \sigma_{12}u_{b} + \sigma_{13}u_{c} \\
u_{v} &= \sigma_{21}u_{a} + \sigma_{22}u_{b} + \sigma_{23}u_{c} \\
u_{w} &= \sigma_{31}u_{a} + \sigma_{32}u_{b} + \sigma_{33}u_{c}
\end{aligned}
\tag{4-19}
$$

σ_{ij} 表示 S_{ij} 在一个开关周期内的占空比, 通过控制开关的占空比即可控制输出电压。

在进行矩阵式交-交变频器的实际占空比求解时, 必须保证输出电压在输入三相相电压的包络线内, 这样式 (4-19) 才会有解。以 u 相输出为例, 当 u 相输出电压处于图 4-25 所示三相相电压的包络线内时, 在任意时刻, 下列方程一定有解。

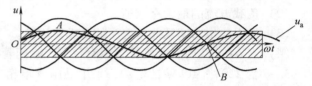

图 4-25　矩阵式交-交变频器的输入、输出相电压波形

$$
\begin{aligned}
u_{u} &= \sigma_{11}u_{a} + \sigma_{12}u_{b} + \sigma_{13}u_{c} \\
\sigma_{11} &+ \sigma_{12} + \sigma_{13} = 1
\end{aligned}
\tag{4-20}
$$

由于全控型器件的占空比可调, 因而从理论上来说矩阵式交-交变频器的输出频率是不受限制的。但如果期望输出电压是正弦波时, 其最大幅值仅为输入相电压幅值的 1/2 (由图 4-25 可知); 输出线电压的最大幅值为输入线电压幅值的 0.866 倍, 如图 4-26 所示。

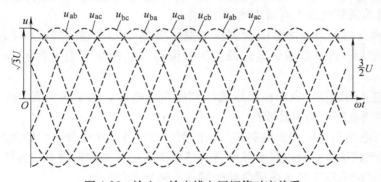

图 4-26　输入、输出线电压幅值对应关系

矩阵式交-交变频电路有如下优点:
1) 输出电压为正弦波。
2) 输出频率不受电网频率的限制。

3）输入电流也可控制为正弦波且和电压同相。

4）功率因数为1，也可控制为需要的功率因数。

5）能量可双向流动，适用于交流电动机的四象限运行。

6）不通过中间直流环节而直接实现变频，效率较高。

但在实际应用中，需要根据输入、输出求取理想的占空比矩阵（通常数值求解结果不唯一）；此外由于其输出电压相对输入电压偏低，往往适用于调压等级不高的应用场合。

思考题和习题

1. 双向晶闸管额定电流的定义和普通晶闸管额定电流的定义有什么不同？额定电流为 100A 的两个普通晶闸管反并联可用额定电流多大的双向晶闸管代替？

2. 如图 4-4 所示为单相交流调压电路，$U_i = 220\text{V}$，$L = 5.516\text{mH}$，$R = 1\Omega$，试求：

（1）触发延迟角的移相范围。

（2）负载电流的最大有效值。

（3）最大输出功率及此时电源侧的功率因数。

（4）当 $\alpha = \pi/2$ 时，晶闸管电流有效值、晶闸管导通角和电源侧功率因数。

3. 一台 220V、10kW 的电炉，采用晶闸管单相交流调压，现使其工作在 5kW，试求电路的触发延迟角 α、工作电流及电源侧功率因数。

4. 一单相交流调压器，输入交流电压为 220V、50Hz，为阻感负载，其中 $R = 8\Omega$，$X_L = 6\Omega$。试求当 $\alpha = 30°$、$\alpha = 60°$ 时的输出电压、电流有效值及输入功率和功率因数。

5. 某单相反并联调功电路，采用过零触发，$U_2 = 220\text{V}$，负载电阻 $R = 1\Omega$；在设定的周期 T 内，控制晶闸管导通 0.3s，断开 0.2s。试计算送到电阻负载上的功率与晶闸管一直导通时所送出的功率。

6. 采用双向晶闸管的交流调压器接三相电阻负载，如电源线电压为 220V，负载功率为 10kW，试计算流过双向晶闸管的最大电流。如使用反并联连接的普通晶闸管代替双向晶闸管，则流过普通晶闸管的最大有效电流为多大？

7. 有一对称三相双向晶闸管交流调压电路，负载 Y 形联结，线电压 $U_{1l} = 380\text{V}$，负载 $\omega L = 1.73\Omega$，$R = 1\Omega$。计算晶闸管电流最大有效值和 α 角控制范围（提示：$\alpha = \varphi$ 时电流最大）。

8. 试以双向晶闸管设计家用电风扇调压调速实用电路。如手边只有一个普通晶闸管与若干二极管，则该电路将如何设计？

9. 交流调压电路和交流调功电路有什么区别？二者各运用于什么样的负载？为什么？

10. 单相交流调压电路带电阻负载和带阻感负载时所产生的谐波有何异同？

11. 斩控式交流调压电路带电阻负载时输入、输出有何特性？

12. 三相交流调压电路采用三相四线接法时，存在何种问题？

13. 三相交流调压电路采用三相三线接法带电阻负载时，试分析电流的谐波情况。

14. 简述交流电力电子开关与交流调功电路的区别。

15. 交流调功电路中电流的谐波有何特点？

16. 画出单相交-交变频电路的基本原理图并分析其基本工作原理。

17. 交-交变频电路的主要特点和不足是什么？其主要用途是什么？

18. 单相交-交变频电路和直流电动机传动用的反并联可控整流电路有什么不同？

19. 交-交变频电路的最高输出频率是多少？制约输出频率提高的因素是什么？

20. 三相交-交变频电路有哪两种接线方式？它们有什么区别？

21. 在三相交-交变频电路中，采用梯形波输出控制的好处是什么？为什么？

22. 请简述矩阵式交-交变频器的优势。

第 5 章 　 无源逆变电路

逆变技术就是将直流电能变换成交流电能的技术。逆变技术作为现代电力电子技术的重要组成部分，正成为电力电子技术中发展最为活跃的领域之一，其应用已渗透到各个领域和人们生活的方方面面。随着高频逆变技术的发展，逆变器性能和逆变技术的应用都进入了崭新的发展阶段。

5.1　逆变技术概述

5.1.1　逆变技术基本概念和分类

将直流电变换成交流电的电路称为逆变电路，根据交流电的去向可以分为有源逆变和无源逆变。有源逆变是将逆变电路的交流侧接到交流电网上，把直流电逆变成同频率的交流电返送到电网（见第 2 章）。主要应用于直流电动机的可逆调速、绕线转子异步电动机的串级调速、高压直流输电和太阳能发电等方面。无源逆变是逆变器的交流侧直接接到负载，即将直流电逆变成某一频率或可变频率的交流电供给负载。蓄电池、干电池、太阳能电池等直流电源向交流负载供电时，需要采用无源逆变电路。本章介绍的是无源逆变电路，简称逆变电路。

逆变技术的种类很多，可按不同的标准进行分类：

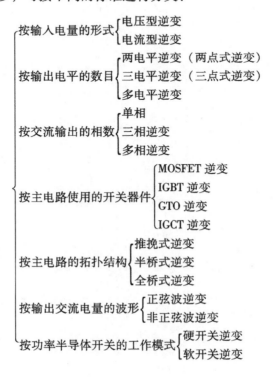

各种形式的逆变技术都有各自的特点和适用的领域，并在不同的电气自动化设备和产品中获得广泛的应用。

5.1.2　逆变技术的应用领域

交流电动机调速所采用的变频器、不间断电源、感应加热电源等电力电子装置的核心部分都是无源逆变电路。下面列举逆变技术的主要应用：

1. 交流电动机的变频调速

变频器通过控制交流电动机的电压、电流和频率来调节交流电动机转速，可广泛应用于风机、水泵、机床、轧机、机车牵引、电梯等场合中交流电动机的控制。由于交流电动机在成本、功率/重量比、维护方面绝对优于直流电动机，因此有极大的发展潜力。

2. 不间断电源

为了保证对重要设备如计算机、通信设备、检测和安全设备的安全可靠供电，需采用不间断电源。不间断电源的核心技术就是将蓄电池中的直流电逆变为交流电的逆变技术。

3. 感应加热

由逆变器产生中高频交流电，利用涡流效应使金属被感应加热，达到加热和融化的目的，中频炉、高频炉和电磁炉等设备就是感应加热的典型应用。

4. 有源滤波和无功补偿

为了消除电网的谐波污染，抑制谐波电流，提高供电系统的功率因数，就必须对工频交流电网进行有源滤波和无功补偿，而有源滤波和无功补偿的核心技术就是逆变技术。

5. 风力发电

受风力变化的影响，风力发电机所发出的交流电很不稳定，并网或直接供给用电设备都非常危险。为此，可利用逆变技术，先将风力发电机产生的交流电整流为直流电，然后再用逆变器将其逆变为幅值和相位都稳定的交流电，回馈送入电网或供用电设备使用。

逆变技术还广泛应用于家用电器如变频空调、电磁灶、微波炉等，采用逆变技术设计的电子整流器，能有效地提高效率和功率因数，并大大降低设备的体积和重量，实现绿色照明。

逆变技术更为深远和重大的意义在于它在节能、高效和低能耗方面的显著优势，如采用逆变技术来提高供电频率，减少用电设备的体积和重量。在风机、水泵类机械所消耗的功率占整个电力消耗的 70% 以上。采用"逆变器+交流电动机"对风机水泵进行变频调速，一般情况下平均节能可达 15%~20%。由此可见，利用逆变技术实现交流电动机的变频调速可带来巨大的经济效益。

5.2　无源逆变电路的工作原理

5.2.1　逆变电路基本工作原理

以图 5-1a 所示的单相桥式无源逆变电路为例，说明其基本工作原理，图中 U_d 为直流电源电压，Z 为逆变电路的输出负载，$S_1 \sim S_4$ 为四个高速理想开关。该电路有两种工作状态：

1）S_1、S_4 闭合，S_2、S_3 断开，加在负载 Z 上的电压为 A 正 B 负，输出电压 $u_o = U_d$。

2）S_2、S_3 闭合，S_1、S_4 断开，加在负载 Z 上的电压为 A 负 B 正，输出电压 $u_o = -U_d$。

当以频率 f 交替切换 S_1、S_4 和 S_2、S_3 时，负载将获得交变电压，其波形如图 5-1b 所示。于是将直流电压 U_d 变换成交流电压 u_o。改变电路中两组开关的切换频率 f，也就改变了输出交流电的频率，这就是逆变电路的基本原理。

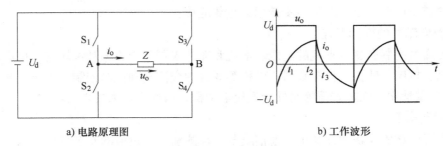

a) 电路原理图　　　　　　　　　　　b) 工作波形

图 5-1　单相桥式逆变电路原理图及工作波形

图 5-1a 中的负载 Z 如为电阻时，负载电流 i_o 和 u_o 的波形相同，相位也相同；如果是阻感负载，负载电流 i_o 相位滞后于 u_o，如图 5-1b 所示，在 $t = 0$ 时，S_2、S_3 断开，S_1、S_4 导通，u_o 立刻由负变为正，因为负载电感的存在，电流 i_o 不能立即反向，依然从 B 流到 A，负载电感储存的能量向电源反馈，电流逐渐减小，在 t_1 时刻降为零。随后电流 i_o 正向上升（即从 A 流到 B）并增大，继续上升，直到 t_2 时刻 S_1、S_4 断开，S_2、S_3 导通，工作情况类似。

从输出功率的角度看，在区间 $0 \sim t_1$ 内，电压 u_o 和电流 i_o 的方向不同，输出瞬时功率为负，即负载向直流电源反馈能量；在区间 $t_1 \sim t_2$ 内，电压 u_o 和电流 i_o 的方向相同，输出瞬时功率为正，即直流电源向负载提供能量。

上面的开关 $S_1 \sim S_4$ 在实际电路中是由电力电子器件构成的电子开关。可由半控型的快速晶闸管构成，也可由 GTO、GTR、IGBT 等全控型器件构成。这些器件都是单向导电的，故实际电路的结构和工作过程更为复杂。

全控型电力电子器件可由门极（或基极/栅极）控制导通与断开，不需要复杂的换流电路，是构成逆变器的理想器件。

5.2.2　换流方式类别

在逆变电路工作过程中，电流会从 S_1 到 S_2、S_4 到 S_3 转移。电流从一条支路向另一条支路转移的过程称为换流，也称换相。在换流过程中，有的支路要从通态转移到断态，有的支路要从断态转移到通态。从断态向通态转移时，无论支路是由全控型还是由半控型电力电子器件组成，只要给门极适当的驱动信号，就可以使其导通。但从通态向断态转移的情况就不同，全控型器件可以通过对门极的控制使其关断，而对于半控型器件的晶闸管来说，就不能采用对门极的控制使其关断，必须利用外部条件或采取其他措施才能使其关断。一般来说，要在晶闸管电流过零后再施加一定时间的反向电压，才能使其关断。由于使器件关断，尤其是晶闸管关断要比使器件导通复杂得多，因此，研究换流方式主要是研究如何使器件关断。

应该指出，换流并不是只在逆变电路中才有的概念，在前面各章的电路中都涉及换流问题。但在逆变电路中，换流及换流方式问题最为集中。

一般来说，换流方式可分为以下几种：

1. 器件换流

利用全控型器件（GTO、GTR、IGBT 和电力 MOSFET 等）的自关断能力进行换流（Device Commutation），称为器件换流。

2. 电网换流

由电网提供换流电压称为电网换流（Line Commutation）。可控整流电路、交流调压电路和采用相控方式的交-交变频电路中的换流方式都是电网换流。在换流时，只要把负的电网电压施加在欲关断的晶闸管上即可使其关断。这种换流方式不需要器件具有门极可关断能力，也不需要为换流附加元件，但不适用于没有交流电网的无源逆变电路。

3. 负载换流

由负载提供换流电压称为负载换流（Load Commutation）。在负载电流相位超前于负载电压的场合，即负载为电容性负载时，可实现负载换流。

图 5-2a 所示是基本的负载换流逆变电路，4 个桥臂均采用晶闸管，其负载为阻感性负载，与电容并联，电路工作在接近并联谐振状态而略呈容性，从而实现晶闸管的换流。同时电容的接入改善了负载功率因数，直流侧串入的大电感 L_d，使 i_d 基本没有脉动。

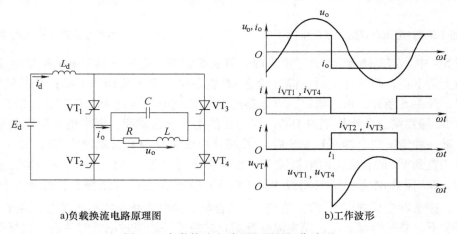

a)负载换流电路原理图　　　　b)工作波形

图 5-2　负载换流电路原理图及工作波形

$t < t_1$ 时，VT_1、VT_4 导通，VT_2、VT_3 关断，u_o、i_o 均为正，VT_2、VT_3 承受电压即为 u_o，即为电容 C 两端电压。此时电容充电，极性为左正右负。

$t = t_1$ 时，触发 VT_2、VT_3 使其开通，电容放电经过 VT_1、VT_4，使流过 VT_1、VT_4 中的电流为零，u_o 加到 VT_1、VT_4 上使其承受反压而关断，电流从 VT_1、VT_4 换到 VT_2、VT_3。

触发 VT_2、VT_3 的时刻 t_1 必须在 u_o 过零前并留有足够裕量，保证 VT_1、VT_4 承受反压的时间大于其关断和恢复正向阻断能力所需的时间，才能使换流顺利完成。

从 VT_2、VT_3 到 VT_1、VT_4 的换流过程和上述 VT_1、VT_4 到 VT_2、VT_3 的换流过程类似。

电路的工作波形如图 5-2b 所示，4 个臂开关的切换仅使电流路径改变，负载电流基本呈矩形波。负载工作在对基波电流接近并联谐振的状态，对基波阻抗很大，对谐波阻抗很小，则 u_o 波形接近正弦波。

4. 强迫换流

强迫换流需要设置附加的换流电路。给欲关断的晶闸管强迫施加反向电压或反向电流的换流方式称为强迫换流（Forced Commutation）。强迫换流通常利用附加电容上储存的能量来实现，也称为电容换流。

在强迫换流方式中，由换流电路内电容提供换流电压称为直接耦合式强迫换流。其原理如图 5-3 所示。晶闸管 VT 处于通态时，开关 S 断开，通过电容充电电路预先按图 5-3 所示极性给电容 C 充电。合上 S，使晶闸管被施加反压而关断。

通过换流电路内电容和电感耦合提供换流电压或换流电流称为电感耦合式强迫换流，其原理图如图 5-4 所示。

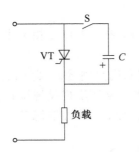

图 5-3 直接耦合式强迫换流电路

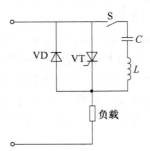

图 5-4 电感耦合式强迫换流电路

在图 5-4 中，若晶闸管 VT 处于通态时，开关 S 断开，通过电容充电电路给电容 C 充电的极性为上负下正，则 S 合上后，晶闸管在 LC 振荡第一个半周期内关断；若晶闸管 VT 处于通态时，开关 S 断开，通过电容充电电路给电容 C 充电的极性为上正下负，则 S 合上后，晶闸管在 LC 振荡第二个半周期内关断。因为在晶闸管导通期间，图中电容所充的电压极性不同。在第一种情况中，接通开关 S 后，LC 振荡电流将反向流过晶闸管 VT，与 VT 的负载电流相减，直到 VT 的合成正向电流减至零后，再流过二极管 VD。在后一种情况中，接通开关 S 后，LC 振荡电流先正向流过 VT 并和 VT 中原有负载电流叠加，经半个振荡周期 $\pi\sqrt{LC}$ 后，振荡电流反向流过 VT，直到 VT 的合成正向电流减至零后再流过二极管 VD。在这两种情况下，晶闸管都是在正向电流减至零且二极管开始流过电流时关断。二极管上的管压降就是加在晶闸管上的反向电压。

给晶闸管加上反向电压而使其关断的换流称为电压换流（见图 5-3）。先使晶闸管电流减为零，然后通过反并联二极管使其加反压的换流称为电流换流（见图 5-4）。

上述 4 种换流方式中，器件换流只适用于全控型器件，其余方式针对晶闸管而言。器件换流和强迫换流都是因为器件或变流器自身的原因而实现换流的，属于自换流；电网换流和负载换流不是依靠变流器自身原因，而是借助于外部手段（电网电压或负载电压）来实现换流的，属于外部换流。采用自换流方式的逆变电路称为自换流逆变电路，采用外部换流方式的逆变电路称为外部换流逆变电路。

5.3 电压型逆变电路

逆变电路按照直流侧电源性质，可分为电压型逆变电路和电流型逆变电路两类。直流侧电源是电压源的逆变电路，称为电压型逆变电路；而直流侧电源为电流源的逆变电路，称为电流型逆变电路。

实际中的直流电源容量有限，为了提供恒定的电压或电流，并与负载进行无功能量交换，在逆变器的直流环节中都设置了储能元件。电压型逆变电路采用大电容作为储能和滤波元件，电流型逆变电路采用大电感作为储能和滤波元件。电压型和电流型逆变电路结构框图如图 5-5 所示。

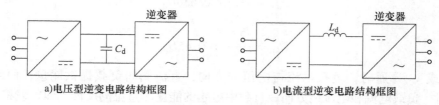

a)电压型逆变电路结构框图　　　　　　b)电流型逆变电路结构框图

图 5-5　电压型和电流型逆变电路结构框图

5.3.1　单相电压型逆变电路

1. 半桥逆变电路

半桥逆变电路的结构如图 5-6 所示。它由一对桥臂和一个带有电压中性点的直流电源构成。每个导电桥臂由一个全控型器件 IGBT 和一个反并联二极管组成；电压中性点由接在直流侧的两个相互串联的足够大且数值相等的电容 C_1 和 C_2 分压而成。

V_1 和 V_2 的驱动信号在一个周期内各有半周正偏、半周反偏，且二者互补。逆变电路工作波形如图 5-6b 所示。输出电压 u_o 为矩形波，其幅值为 $U_d/2$。输出电流 i_o 波形随负载性质而发生改变。下面以感性负载为例进行分析。

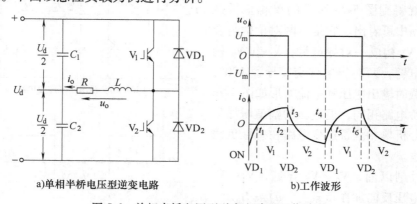

a)单相半桥电压型逆变电路　　　　　　b)工作波形

图 5-6　单相半桥电压型逆变电路及工作波形

设 t_2 时刻以前 V_1 导通，V_2 断开，C_1 两端电压加在负载上，$u_o = +U_d/2$。

t_2 时刻关断 V_1，开通 V_2，但由于感性负载中的电流 i_o 不能立即改变方向，于是 VD_2 导通续流，C_2 两端电压加在负载上，此时，负载电压 $u_o = -U_d/2$。

t_3 时刻 i_o 降至零，续流二极管 VD_2 截止，V_2 开始导通，i_o 开始反向增大。

同样，在 t_4 时刻关断 V_2，开通 V_1，VD_1 先导通续流，t_5 时刻 V_1 才导通。

改变开关器件 IGBT 的栅极驱动信号的频率，达到改变输出电压频率的目的。

从图 5-6b 可知，单相半桥逆变电路的输出电压为方波，定量分析时，将 u_o 展开成傅里叶级数，得

$$u_o = \frac{2U_d}{\pi}\left(\sin\omega t + \frac{1}{3}\sin 3\omega t + \frac{1}{5}\sin 5\omega t + \cdots\right) \tag{5-1}$$

其中基波分量的幅值 U_{o1m} 和有效值 U_{o1} 分别为

$$U_{o1m} = \frac{2U_d}{\pi} = 0.636U_d \tag{5-2}$$

$$U_{o1} = \frac{\sqrt{2}U_d}{\pi} = 0.45U_d \tag{5-3}$$

当 V_1 或 V_2 导通时，负载电流与电压同方向，直流侧向负载提供能量；而当 VD_1 或 VD_2 导通时，负载电流和电压反方向，负载中电感的能量向直流侧反馈，即负载将其吸收的无功能量反馈回直流侧，反馈的能量暂时储存在直流侧的电容器中，直流侧电容器起着缓冲这种无功能量的作用。

二极管 VD_1、VD_2 提供感性负载的续流通道，称为续流二极管；又因为二极管 VD_1、VD_2 是负载向直流侧反馈能量的通道，又称为反馈二极管。

半桥逆变电路的优点是电路简单，使用器件少。其缺点是输出交流电压的幅值仅为 U_d/2，需要分压电容器，且需要控制两个电容器的电压均衡。为保证逆变电路正常工作，必须保证 V_1 和 V_2 不能同时导通，否则会造成电源短路。半桥电路常用于几 kW 以下的小功率逆变器。

2. 单相全桥逆变电路

用全控型器件（如 IGBT）取代图 5-1a 中的开关后，就得到图 5-7a 所示的单相全桥逆变电路。从图中可看出，它是由两对桥臂组合而成，V_1 和 V_4 构成一对导电臂，V_2 和 V_3 构成另一对导电臂，两对导电臂交替导通 $180°$，其在感性负载时输出电压和电流波形如图 5-7b 所示，与半桥电路相同，但电压的幅值增加了一倍。下面分析单相全桥逆变电路在感性负载时的工作过程。

$t = 0$ 时刻以前，V_2、V_3 导通，V_1、V_4 关断，电源电压反向加在负载上，$u_o = -U_d$。

在 $t = 0$ 时刻，负载电流上升到负的最大值，此时关断 V_2、V_3，同时开通 V_1、V_4，由于感性负载电流不能立即改变方向，负载电流经 VD_1、VD_4 续流，此时，由于 VD_1、VD_4 导通，VT_1、VT_4 受反压而不能导通，负载电压 $u_o = +U_d$。

t_1 时刻，负载电流下降到零，VD_1、VD_4

a)单相全桥电压型逆变电路

b)工作波形

图 5-7 单相全桥电压型逆变电路及工作波形

自然关断，V_1、V_4 在正向电压作用下开始导通。负载电流正向增大，负载电压 $u_o = +U_d$。

t_2 时刻，负载电流上升到正的最大值，此时关断 V_1、V_4，并开通 V_2、V_3，同样，由于负载电流不能立即换向，负载电流经 VD_2、VD_3 续流，负载电压 $u_o = -U_d$。

t_3 时刻，负载电流下降到零，VD_2、VD_3 自然关断，V_2、V_3 导通，负载电流反向增大时，$u_o = -U_d$。

t_4 时刻，负载电流上升到负的最大值，完成一个工作周期。

由波形可见，当负载电流 i_o 与负载电压 u_o 极性一致时（在 $t_1 \sim t_2$、$t_3 \sim t_4$ 阶段），电流从直流电源流出，向负载提供能量；当负载电流 i_o 与负载电压 u_o 极性相反时（在 $0 \sim t_1$、$t_2 \sim t_3$ 阶段），电流经二极管把能量返送电源。$VD_1 \sim VD_4$ 起到提供负载电流续流通道和反馈无功能量的作用。

从图 5-7b 可知，单相全桥逆变电路的输出电压为方波，定量分析时，将 u_o 展开成傅里叶级数，得

$$u_o = \frac{4U_d}{\pi}(\sin\omega t + \frac{1}{3}\sin 3\omega t + \frac{1}{5}\sin 5\omega t + \cdots) \tag{5-4}$$

其中基波分量的幅值 U_{o1m} 和有效值 U_{o1} 分别为

$$U_{o1m} = \frac{4U_d}{\pi} = 1.27U_d \tag{5-5}$$

$$U_{o1} = \frac{2\sqrt{2}U_d}{\pi} = 0.9U_d \tag{5-6}$$

例 5-1 单相桥式逆变电路如图 5-7a 所示，逆变电路输出电压为方波，如图 5-7b 所示，已知 $U_d = 110V$，逆变频率为 $f = 100Hz$。负载 $R = 10\Omega$，$L = 0.02H$，求：

（1）输出电压基波分量。

（2）输出电流基波分量。

解：（1）输出电压为方波，由式（5-4）可得

$$u_o = \sum \frac{4U_d}{\pi}\sin n\omega t \quad n = 1, 3, 5, \cdots$$

其中输出电压基波分量为 $\quad u_{o1} = \frac{4U_d}{\pi}\sin\omega t$

输出电压基波分量的有效值 $\quad U_{o1} = \frac{2\sqrt{2}U_d}{\pi} = 0.9 \times 110V = 99V$

（2）阻抗为

$$Z = \sqrt{R^2 + (\omega L)^2} = \sqrt{10^2 + (2\pi \times 100 \times 0.02)^2}\,\Omega \approx 16.05\Omega$$

输出电流基波分量的有效值为

$$I_{o1} = \frac{U_{o1}}{Z} = \frac{99}{16.05}A \approx 6.17A$$

从式（5-6）可知，逆变电路输出电压基波分量有效值 U_{o1} 仅取决于直流电压 U_d，当直流电压 U_d 为定值时，U_{o1} 即为定值。但在实际应用中，需要逆变电路的输出电压在不同范围内连续调节。为此，我们可以采用移相的方式来调节逆变电路的输出电压。

主电路与普通的单相全桥逆变电路相同，但控制信号有所不同。如图 5-8b 所示，各控制信号仍然为 180°正偏和 180°反偏；V_1 的栅极信号 u_{G1} 和 V_2 的栅极信号 u_{G2} 互补，V_3 的栅极信号 u_{G3} 和 V_4 的栅极信号 u_{G4} 互补，但 u_{G3} 滞后 $u_{G1}\theta$、u_{G4} 滞后 $u_{G2}\theta$（$0° \leqslant \theta \leqslant 180°$），而不是滞后 180°，即 V_1 和 V_4、V_2 和 V_3 不再同步通断。

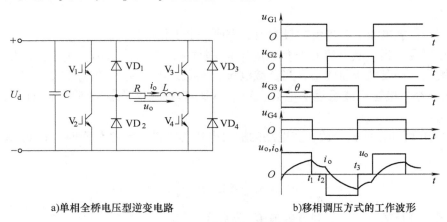

a)单相全桥电压型逆变电路　　　　b)移相调压方式的工作波形

图 5-8　单相全桥电压型逆变电路的移相调压方式

移相全桥逆变电路的工作过程如下：

t_1 时刻前，V_1、V_4 导通，输出电压 $u_o = U_d$。

t_1 时刻，V_3、V_4 栅极信号反向，V_4 截止，V_3 导通，由于电感中电流不能突变，V_3 不能立刻导通，VD_3 续流。此时 V_1 和 VD_3 导通，负载电感储能在电阻中消耗，电流 i_o 缓慢下降，输出电压 $u_o = 0$。

t_2 时刻，V_1、V_2 栅极信号反向，V_1 截止，V_2 导通，由于电感中电流不能突变，V_2 不能立刻导通，VD_2 续流，和 VD_3 构成电流回路，输出电压 $u_o = -U_d$。电感中储存的能量向直流电源回馈，电流 i_o 继续下降过零变负，此时 V_2 和 V_3 导通，电流 i_o 反向增加，电感储能，输出电压 $u_o = -U_d$。

t_3 时刻，V_3、V_4 栅极信号反向，V_3 截止，V_4 导通，由于电感中电流不能突变，V_4 不能立刻导通，VD_4 续流。此时 V_2 和 VD_4 导通，负载电感储能在电阻中消耗，电流 i_o 缓慢下降，输出电压 $u_o = 0$。以后的过程和前面类似。

从图 5-8b 波形可以看出，输出电压 u_o 成为正负各为 θ 脉宽的脉冲，改变 θ 的大小即可以调节输出电压 u_o 的大小。

移相调压控制用于电压调节，控制较复杂，在容量较小的系统中有其应用价值。更好的控制方式是后面介绍的 SPWM 控制方式，其调压方式更为便捷，且输出电压的谐波含量更低。

3. 带中心抽头变压器的逆变电路

带中心抽头变压器的逆变电路如图 5-9 所示。直流电源 U_d 通过两个 IGBT 的轮流导通变成交流，经带中心抽头的单相变压器的耦合，负载上得到矩形波交流电压。两个二极管 VD_1 和 VD_2 的作用是给负载储存的无功能量提供反馈通道。在 U_d 和负载参数相同，且变压器绕组的匝数比为 $N_1 : N_2 : N_3 = 1 : 1 : 1$ 的情况下，该电路的输出电压 u_o 和输出电流 i_o 的波形

及幅值与全桥逆变电路完全相同。因此，式
（5-4）~ 式（5-6）同样适用于该电路。

　　该电路的优点是简单，比全桥电路少用了两
个开关器件，但每个器件承受的电压为 $2U_d$，比
全桥电路高一倍，且必须有一个变压器，适用于
小功率、频率较高的负载。

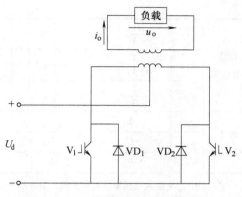

图 5-9　带中心抽头变压器的逆变电路

5.3.2　电压型三相桥式逆变器

　　在三相逆变电路中，应用最广的是三相电压
型桥式逆变电路。电路由 3 个半桥组成，开关管
采用全控型器件，如 GTO、IGBT、GTR 等，
$VD_1 \sim VD_6$ 为续流二极管。采用 IGBT 作为开关器件的电压型三相桥式逆变电路如图 5-10 所示。

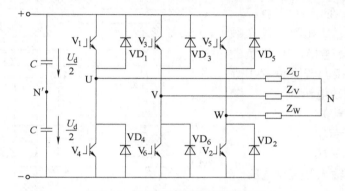

图 5-10　电压型三相桥式逆变电路

　　图中直流侧实际上只有一个大电容，为了分析方便，画作串联的两个电容，两个电容的
连接点为假想中性点 N'。

　　电压型三相桥式逆变器的基本工作方式为 $180°$ 导电型。在 $180°$ 导电型中，每个开关管
的驱动信号持续 $180°$，同一相上下两个开关管交替导通，也就是说，换流是在上下桥臂之
间进行，也称纵向换流。在任何时刻都有 3 个开关管导通。在一个周期内，6 个开关器件触
发导通的次序为 $V_1 \sim V_6$，依次相隔 $60°$，导通的组合顺序为 $V_1V_2V_3$、$V_2V_3V_4$、$V_3V_4V_5$、
$V_4V_5V_6$、$V_5V_6V_1$、$V_6V_1V_2$，每种组合工作 $60°$ 电角度。为分析方便，将一个工作周期分为 6
个区间，每一个区间为 $60°$ 电角度，每一区间的等效电路和对应的相电压、线电压值见表 5-1。

表 5-1　**$180°$ 导电型三相逆变器各阶段的等效电路及相电压、线电压**

ωt	$0° \sim 60°$	$60° \sim 120°$	$120° \sim 180°$	$180° \sim 240°$	$240° \sim 300°$	$300° \sim 360°$
导通的器件	V_1、V_2、V_3	V_2、V_3、V_4	V_3、V_4、V_5	V_4、V_5、V_6	V_5、V_6、V_1	V_6、V_1、V_2
负载等效电路						

（续）

输出相电压	u_{UN}	$+\dfrac{1}{3}U_d$	$-\dfrac{1}{3}U_d$	$-\dfrac{2}{3}U_d$	$-\dfrac{1}{3}U_d$	$+\dfrac{1}{3}U_d$	$+\dfrac{2}{3}U_d$
	u_{VN}	$+\dfrac{1}{3}U_d$	$+\dfrac{2}{3}U_d$	$+\dfrac{1}{3}U_d$	$-\dfrac{1}{3}U_d$	$-\dfrac{2}{3}U_d$	$-\dfrac{1}{3}U_d$
	u_{WN}	$-\dfrac{2}{3}U_d$	$-\dfrac{1}{3}U_d$	$+\dfrac{1}{3}U_d$	$+\dfrac{2}{3}U_d$	$+\dfrac{1}{3}U_d$	$-\dfrac{1}{3}U_d$
输出线电压	u_{UV}	0	$-U_d$	$-U_d$	0	$+U_d$	$+U_d$
	u_{VW}	$+U_d$	$+U_d$	0	$-U_d$	$-U_d$	0
	u_{WU}	$-U_d$	0	$+U_d$	$+U_d$	0	$-U_d$

注：表中，负载为三相星形对称负载：$Z_U = Z_V = Z_W$。

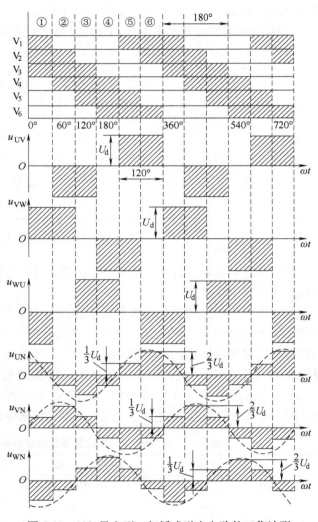

180°导电型三相桥式逆变电路工作波形如图 5-11 所示。下面以 0°~60° 为例加以分析。在 0°~60°时，V_1、V_2 和 V_3 同时导通，U 相和 V 相负载 Z_U、Z_V 与电源正极连接，W 相负载 Z_W 与电源负极连接。若取负载中性点 N 为基准点，则线电压为

$$u_{UV} = 0$$
$$u_{VW} = U_d$$
$$u_{WU} = -U_d$$

式中，U_d 为逆变器输入侧直流电压。

输出电压为

$$u_{UN} = \frac{1}{3}U_d$$

$$u_{VN} = \frac{1}{3}U_d$$

$$u_{WN} = -\frac{2}{3}U_d$$

用同样的方法，可以推得其余 5 个工作区间的相电压与线电压值。

从图 5-11 所示的波形图可看出，负载线电压为 120°正负对称的矩形波，而相电压为 180°正负对称的阶梯波，与正弦波接近，三相负载电压相位差为 120°。

若负载参数已知，可由 u_{UN} 求出 U 相电流 i_U。负载阻抗角 φ 不同，i_U

图 5-11　180°导电型三相桥式逆变电路的工作波形

的波形和相位都不同。i_V 和 i_W 的波形和 i_U 相同，相位上依次相差 120°。把桥臂 1、3、5 的电流加起来，就可得到直流侧的电流 i_d。

根据图 5-11 中的线电压 u_{UV} 波形可得输出线电压有效值 U_{UV} 为

$$U_{UV} = \sqrt{\frac{1}{2\pi} \int_0^{2\pi} u_{UV}^2 \mathrm{d}(\omega t)} = 0.816 U_d \tag{5-7}$$

把输出线电压 u_{UV} 按傅里叶级数展开，得

$$u_{UV} = \frac{2\sqrt{3} U_d}{\pi} \left(\sin\omega t - \frac{1}{5}\sin5\omega t - \frac{1}{7}\sin7\omega t + \frac{1}{11}\sin11\omega t + \frac{1}{13}\sin13\omega t - \cdots \right)$$

$$= \frac{2\sqrt{3} U_d}{\pi} \left[\sin\omega t + \sum_n \frac{1}{n}(-1)^k \sin n\omega t \right] \tag{5-8}$$

式中，$n = 6k\pm1$，k 为自然数。

基波幅值 U_{UV1m} 和基波有效值 U_{UV1} 分别为

$$U_{UV1m} = \frac{2\sqrt{3}}{\pi} U_d = 1.1 U_d \tag{5-9}$$

$$U_{UV1} = \frac{1}{\sqrt{2}} U_{UV1m} = 0.78 U_d \tag{5-10}$$

由图 5-11 中的相电压 u_{UN} 波形可得输出相电压有效值 U_{UN} 为

$$U_{UN} = \sqrt{\frac{1}{2\pi} \int_0^{2\pi} u_{UN}^2 \mathrm{d}(\omega t)} = 0.471 U_d \tag{5-11}$$

把输出相电压 u_{UN} 按傅里叶级数展开，得

$$u_{UN} = \frac{2 U_d}{\pi} \left(\sin\omega t + \frac{1}{5}\sin5\omega t + \frac{1}{7}\sin7\omega t + \frac{1}{11}\sin11\omega t + \frac{1}{13}\sin13\omega t + \cdots \right)$$

$$= \frac{2 U_d}{\pi} \left[\sin\omega t + \sum_n \frac{1}{n}\sin n\omega t \right] \tag{5-12}$$

式中，$n = 6k\pm1$，k 为自然数。

相电压的基波幅值 U_{UN1m} 和基波有效值 U_{UN1} 分别为

$$U_{UN1m} = \frac{2}{\pi} U_d = 0.637 U_d \tag{5-13}$$

$$U_{UN1} = \frac{1}{\sqrt{2}} U_{UN1m} = 0.45 U_d \tag{5-14}$$

对于 180°导电型逆变电路，为了防止同一相上下桥臂同时导通而引起直流电源的短路，要采取"先断后通"的方法。即先给应关断的器件发出关断信号，待其关断后留一定的时间裕量，然后再给应导通的器件发出开通信号，即在两者之间留一个短暂的死区时间。死区时间长短视功率器件的开关速度而定，器件的开关速度越快，死区时间就越短。

改变逆变桥开关器件的触发频率或者触发顺序，则能改变输出电压的频率及相序，从而可实现电动机的变频调速与正、反转。

电压型三相桥式逆变器是最基本的逆变电路，通常大、中功率的应用中均要求采用三相逆变电路，当对波形有较高要求时，则采用此基本电路进行多重叠加或采用 PWM 控制方法，以抑制高次谐波。

由此，可得出电压型逆变电路有如下主要特点：

1）直流侧为电压源或并联大电容，电容抑制了直流电压纹波，使直流侧电压基本无脉动，直流侧近似为恒压源，直流回路呈现低阻抗。

2）输出电压为矩形波，输出的电流波形和相位因负载阻抗不同而不同。

3）当交流侧为电感性负载时需提供无功功率，直流侧电容起缓冲无功能量的作用。为了给交流侧向直流侧反馈的无功能量提供通道，逆变桥各桥臂并联了反馈二极管。

电压型逆变电路在实际中应用很多，如UPS、有源滤波器等。

5.4 电流型逆变电路

直流侧电源为电流源的逆变电路称为电流型逆变电路，它的特征是直流中间环节用电感作为储能元件，因大电感中的电流脉动很小，因此可以近似看成直流电流源。

下面将电流型逆变电路分为单相逆变电路和三相逆变电路来介绍。和电压型逆变电路不同的是，在电流型逆变电路中采用半控型器件的电路依然较多，换流是采用负载换流或强迫换流。而电压型逆变电路多采用全控型器件，换流方式为器件换流。

5.4.1 电流型单相桥式逆变电路

图5-12a所示是一种单相桥式电流型逆变电路的原理图。电路由4个晶闸管桥臂构成，每一个桥臂均串联一个电抗器 L_T，用来限制晶闸管的电流上升率 di/dt。桥臂 VT_1、VT_4 和桥臂 VT_2、VT_3 以 1000~2500Hz 的中频轮流导通，从而使负载获得中频交流电。由于工作频率较高，开关管通常采用快速晶闸管。

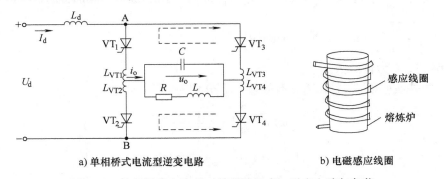

a) 单相桥式电流型逆变电路　　b) 电磁感应线圈

图5-12　单相桥式电流型（并联谐振式）逆变电路与负载

图5-12a所示电路的负载是一个中频电炉，如图5-12b所示，可以看成是一个电磁感应线圈，用来加热置于线圈内的钢料。当逆变桥晶闸管 VT_1、VT_4 和桥臂 VT_2、VT_3 以一定频率交替触发导通时，负载感应线圈通入中频电流，线圈产生中频交变磁通。如将金属（钢铁、铜、铝）放入线圈中，在交变磁场的作用下，金属中产生涡流与磁滞（钢铁）效应，使金属发热熔化，从而实现金属的熔炼、透热和淬火。

图5-12a中 L 和 R 串联电路即为感应线圈的等效电路。因为功率因数很低，故并联补偿电容 C。电容 C 和 L、R 构成并联谐振电路，所以这种逆变电路又称为并联谐振式逆变电路。本电路采用负载换流，要求负载电流超前电压，因此补偿电容应使负载过补偿，以使负载电路总体呈现容性。

由于是电流型逆变电路，其交流输出电流波形接近矩形波，其中包含基波和各奇次谐波。晶闸管交替触发的频率与负载回路的谐振频率相似接近，负载电路工作在谐振状态，这样不仅可得到较高功率因数与效率，而且电路对外加矩形波的基波分量呈现高阻抗，对其他高次谐波电压呈现低阻抗，可以看成短路，谐波在负载电路上产生的压降很小，所以负载电压 u_o 的波形接近中频正弦波。而负载电流 i_o 在大电感 L_d 的作用下为近似交变的矩形波。

并联电容 C 的作用是补偿负载的功率因数；参与电路谐振，提供负载无功功率；使负载电路呈现容性，负载电流 i_o 超前电压 u_o，实现负载换流，达到关断晶闸管的目的。

图 5-13 所示是该逆变电路的波形。在交流电流的一个周期内，有两个稳定的导通阶段和两个换流阶段。

在 $t_1 \sim t_2$ 区域，晶闸管 VT$_1$、VT$_4$ 稳定导通，负载电流 $i_o = I_d$，近似为恒值，此阶段电容 C 上建立的电压为左正右负。

在 t_2 时刻触发 VT$_2$、VT$_3$，因在 t_2 之前 VT$_2$、VT$_3$ 阳极电压等于负载电压，为正值，故 VT$_2$、VT$_3$ 开始导通，逆变电路进入换流阶段。此时负载电压反向加载到 VT$_1$、VT$_4$ 上，但由于每个晶闸管都有串联的换流电抗器 L_{VT}，故 VT$_1$、VT$_4$ 在 t_2 时刻不能立刻关断，其电流 i_{VT1}、i_{VT4} 逐渐减小，而流过 VT$_2$、VT$_3$ 的电流 i_{VT2}、i_{VT3} 由零逐渐增大。在换流期间，4 个晶闸管同时导通，负载电容电压经两个并联的放电回路同时放电，如图 5-12a 所示。其中一个放电回路是经 L_{VT1}、VT$_1$、VT$_3$、L_{VT3} 回到电容 C，另一个放电回路是经 L_{VT2}、VT$_2$、VT$_4$、L_{VT4} 回到电容 C，在这个过程中，VT$_1$、VT$_4$ 电流逐渐减小，而 VT$_2$、VT$_3$ 电流逐渐增大。到 t_4 时刻，VT$_1$、

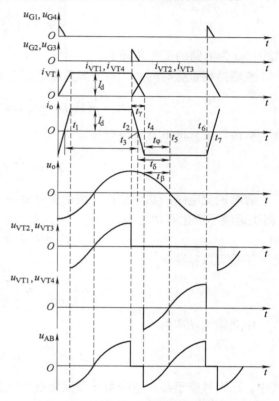

图 5-13　并联谐振式逆变电路的工作波形

VT$_4$ 电流减至零而关断，直流侧电流 I_d 全部转移到 VT$_2$、VT$_3$，VT$_2$、VT$_3$ 电流从零增大到 I_d，换流阶段结束。

在换流期间，4 个晶闸管都导通，由于时间短与大电感 L_d 的恒流作用，电源不会短路。图 5-13 中，$t_4 - t_2 = t_\gamma$，t_γ 称为换流时间。

晶闸管在电流减小到零后，尚需一段时间才能恢复正向阻断能力。因此，在 t_4 时刻换相结束后，还要使 VT$_1$、VT$_4$ 承受一段反压的时间 t_β 才能保证其可靠关断。$t_\beta (= t_5 - t_4)$ 应大于晶闸管关断时间 t_q。如果 VT$_1$、VT$_4$ 尚未恢复阻断能力就被加上了正向电压，它们会重新导通，这样 4 个晶闸管同时稳态导通，造成逆变失败。

$t_4 \sim t_6$ 期间为 VT$_2$、VT$_3$ 管稳定导通时间。

为了保证可靠换相，应在负载电压 u_o 过零前 t_f 时刻触发 VT$_2$、VT$_3$，t_f 称为触发引前时间。从图 5-13 可知：

$$t_f = t_\gamma + t_\beta \tag{5-15}$$

式中，一般 $t_\beta = (2 \sim 3)t_q$。

从图 5-12 还可知，为了关断已导通的晶闸管实现换流，必须使整个负载电路呈现容性，使流入负载电路的电流基波分量 i_{o1} 超前 u_o 中频电压，负载电流超前负载电压的时间 t_δ 为

$$t_\delta = \frac{t_\gamma}{2} + t_\beta \tag{5-16}$$

因此，负载的功率因数角即电流超前电压的相位角为

$$\varphi = \omega\left(\frac{t_\gamma}{2} + t_\beta\right) \tag{5-17}$$

式中，ω 为电路的工作角频率。

忽略换相重叠时间 t_γ，则中频负载电流 i_o 为交变矩形波，用傅里叶级数展开得

$$i_o = \frac{4I_d}{\pi}\left(\sin\omega t + \frac{1}{3}\sin 3\omega t + \frac{1}{5}\sin 5\omega t + \cdots\right) \tag{5-18}$$

式（5-18）中基波电流有效值为

$$I_{o1} = \frac{2\sqrt{2}}{\pi}I_d = 0.9I_d \tag{5-19}$$

忽略逆变电路的功率消耗，则逆变电路输入的有功功率即直流功率等于输出的基波功率（高次谐波不产生有功功率），即

$$P_o = U_d I_d = U_o I_{o1}\cos\varphi \tag{5-20}$$

于是可以得到

$$U_o = \frac{U_d I_d}{I_{o1}\cos\varphi} = \frac{\pi}{2\sqrt{2}}\frac{U_d}{\cos\varphi} \approx \frac{1.11}{\cos\varphi}U_d \tag{5-21}$$

中频输出功率为

$$P_o = \frac{U_o^2}{R_f} = 1.23\frac{U_d^2}{\cos^2\varphi} \times \frac{1}{R_f} \tag{5-22}$$

式中，R_f 为对应于某一逆变角 φ 负载阻抗的电阻分量。

由式（5-22）可见，调节直流电压 U_d 或改变逆变角 φ，都能改变中频输出功率的大小。

5.4.2 电流型三相桥式逆变电路

直流电源为电流源的逆变电路称为电流型逆变电路。实际上一般在逆变电路直流侧串联一个大电感，使直流电源的电流脉动很小，因此可近似看成直流电流源。图 5-14 为电流型三相桥式逆变电路，该电路采用全控型器件 GTO 为开关器件，交流侧电容是为吸收换流时负载电感中储存的能量而设置的。

电流型三相桥式逆变电路基本工作方式是 120°导电型的控制方式，即每个桥臂一个

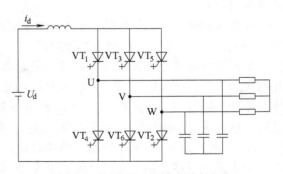

图 5-14 电流型三相桥式逆变电路

周期内导电 120°，按 VT_1 到 VT_6 的顺序每隔 60°依次导通。每一时刻，上桥臂组和下桥臂组各有一个器件导通。换流时，是在上桥臂组和下桥臂组内依次换流，即 VT_1、VT_3、VT_5 之间换流，VT_2、VT_4、VT_6 之间换流，故称为横向换流。

因为是大电感滤波，输出交流电流波形和负载性质无关，故每相的电流为正负脉冲宽度各为 120°的矩形波。如图 5-15 所示。输出的线电压波形和负载的性质有关。由于在换流期间引起电动机绕组中电流的迅速变化，在绕组漏感中产生感应电动势，叠加在原有电压上，所以在电流型逆变器输出的近似正弦波的电压波形上，出现换流尖峰电压（毛刺），其数值较大，在选择开关器件耐压时必须加以考虑。

随着全控型器件的不断进步，晶闸管逆变电路的应用已越来越少，但图 5-16 所示的串联二极管式晶闸管逆变电路仍应用较多。串联二极管式逆变器是属于电流型逆变器，主要用于中、大功率交流电动机调速系统。

图 5-16 即为串联二极管式逆变器的主电路，$VT_1 \sim VT_6$ 组成三相桥式逆变器，$C_1 \sim C_6$ 为换流电容，$VD_1 \sim VD_6$ 为隔离二极管，其作用是防止换流电容直接通过负载放电。Z_U、Z_V、Z_W 为交流电动机三相负载。该逆变器为 120°导电型，与三相桥式整流相似，任何瞬间只有两个晶闸管同时导通，电动机正转时，管子的导通顺序为 VT_1 到 VT_6，触发脉冲间隔为 60°，每个管子导通 120°电角度。

现以在 VT_1、VT_2 稳定导通时，触发 VT_3 使 VT_1 关断为例来说明换流过程。换流时的等效电路如图 5-17a 所示。

（1）换流前

换流前 VT_1、VT_2 导通，直流电压加到电动机 U、W 相，C_1、C_3、C_5 这 3 个电容用等效电容 C_{13}（C_3 与 C_5 串联再与 C_1 并联）表示，充电极性为左正右负，等效电路如图 5-17a 所示。

（2）晶闸管换流

当给 VT_3 触发脉冲使其立即导通时，在 C_{13} 的充电电压作用下 VT_1 承受反压而关断，实

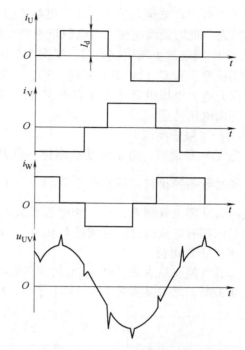

图 5-15　电流型三相桥式逆变电路输出波形

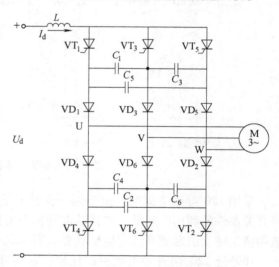

图 5-16　串联二极管式晶闸管逆变电路

现了 VT_1 到 VT_3 之间的换流。由于电容 C_{13} 两端电压不能突变，使二极管 VD_3 承受反压处于截止状态，此时负载电流 I_d 由电源正端经 VT_3、等效电容 C_{13}、VD_1、U 相负载、W 相负载、VD_2、VT_2 到电源负端构成通路，如图 5-17b 所示，由于直流侧电感 L 的作用，对电容恒流放电再反充。在 C_{13} 放电到零之前，VT_1 一直承受反压，保证其可靠关断。电容 C_{13} 放电到零并反向充电，电压由负变正（右正左负），等到与电动机反向电动势 e_{UV} 相等之后，VD_1 才承受正向电压导通。

（3）二极管换流

当 VD_3 导通后，由于电动机漏感的作用，绕组中电流 i_U 和 i_V 不能突变，形成 VD_1 和 VD_3 同时导通的状态，等效电容 C_{13}（$= \dfrac{3}{2} C$）与电动机 U、V 相的漏感组成谐振电路，使 V 相电流 i_V 从零上升到 I_d，而 U 相电流 i_U 从 I_d 下降到零，如图 5-17c 所示，此期间，电动机三相绕组内都有电流流过，且满足 $i_U + i_V = i_W = I_d$。

（4）正常运行

二极管换流结束后，电容 C_{13} 此时充电电压为右正左负，为下一次换流做准备，VD_1 受反压而关断，此时换流为 VT_2、VT_3 导通，如图 5-17d 所示。

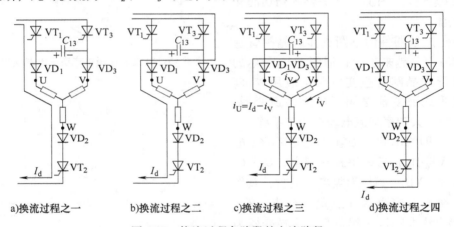

a)换流过程之一 b)换流过程之二 c)换流过程之三 d)换流过程之四

图 5-17 换流过程各阶段的电流路径

采用 120°导通方式时，由于同一桥臂上下两管有 60°的导通间隙，对换流安全较有利，但开关器件的利用率较低，并且若电动机采用星形联结，则始终有一相绕组断开，在换流时该相绕组中会引起较高的感应电动势，需采取过电压保护措施。

180°与 120°两种导电类型的比较：在同样直流电压时，180°导电的逆变电压比 120°的高，可见 180°导电时开关器件的利用率较高，故应用较多。但从换流安全角度来看，120°导电较有利。由于 180°导电是同一桥臂相互换流，若逻辑切换控制不可靠，容易造成直流电源瞬间短路，导致换流失败。

由此，可得出电流型逆变器的特点：

1）直流侧串联大电感，直流侧电流基本无脉动，由于大电感的抑流作用，直流回路呈现高阻抗，短路的危险性也比电压型逆变器小得多。

2）电路中开关器件的作用仅是改变直流电流的流通路径，因此交流侧输出的电流为矩形波，与负载性质无关。而交流侧电压波形因负载阻抗角的不同而不同。

3）当交流侧为阻感负载时，需要提供无功功率，直流侧电感起缓冲无功能量的作用。因反馈无功能量时，直流电流不必反向，故不必给开关器件反并联二极管，电路相对电压型也较简单。

5.5　多重逆变电路和多电平逆变电路

对电压型逆变电路来说，输出电压是矩形波；对电流型逆变电路来说，输出电流是矩形波。矩形波中含有较多的谐波，对负载会产生不利影响。为了减少矩形波中所含的谐波，常常采用多重逆变器，即采用几个逆变器，使它们输出相同频率的矩形波，但在相位上错开一定的角度进行叠加，以减小谐波，从而获得接近正弦的阶梯波形；也可以采用多电平逆变器，通过改变电路结构，能够输出较多种的电平，从而使输出电压波形近似于正弦波。

5.5.1　多重逆变电路

图 5-18a 是二重单相电压型逆变电路原理图，电路由完全相同的两个电压型逆变器组成，两者输出通过变压器 T_1 和 T_2 串联起来。这两个单相全桥逆变电路的输出电压 u_1 和 u_2 都是导通 180° 的矩形波，包含所有的奇次谐波。现在把两个单相逆变电路的导通相位错开 $\varphi=60°$，则对于 u_1 和 u_2 中 3 次谐波来说，它们就错开了 $3\times60°=180°$，如图 5-18b 所示。u_1 和 u_2 中 3 次谐波通过变压器合成后，两者中所含的谐波相互抵消，所得到的输出电压中就不含有 3 次谐波。u_o 的波形是导通 120° 的矩形波，其只含有 $6k\pm1(k=1,2,3,\cdots)$ 次谐波，而 $3k(k=1,2,3,\cdots)$ 次谐波均被抵消。

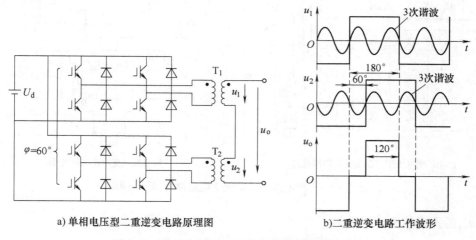

a) 单相电压型二重逆变电路原理图　　　b) 二重逆变电路工作波形

图 5-18　单相电压型二重逆变电路原理图及波形

把若干个逆变电路的输出按一定相位差组合起来，使它们所含的某些主要谐波分量相互抵消，就可以得到接近正弦波的输出波形。从电路输出组合方式分类，多重逆变电路有串联多重和并联多重两种方式。串联多重是把几个逆变电路的输出串联起来，电压型逆变电路多用串联多重方式；并联多重是把几个逆变电路的输出并联起来，电流型逆变电路多用并联多重方式。

三相电压型二重逆变电路的原理图如图 5-19a 所示。电路由两个三相桥式逆变电路构成，其输入的直流电源是公用的，输出电压通过变压器 T_1 和 T_2 串联合成。两个逆变器均为 180°导通方式，它们各自的输出线电压都是 120°矩形波。工作时，使逆变器 II 的相位比逆变器 I 滞后 30°，因此，变压器 T_1 和 T_2 在同一水平上画的绕组是绕在同一铁心上的。T_1 为 Dy 联结，线电压的电压比为 $1:\sqrt{3}$（一次绕组和二次绕组匝数相等）。变压器 T_2 一次绕组也是三角形联结，二次侧有两个绕组，采用曲折星形联结，即一相的绕组和另一相串联构成星形，同时使其二次电压相对于一次电压而言，比 T_1 的接法超前 30°，以抵消逆变器 II 比逆变器 I 滞后的 30°。这样，u_{U2} 和 u_{U1} 的基波相位就相同了。如果 T_1 和 T_2 一次绕组匝数相同，为了使 u_{U2} 和 u_{U1} 基波幅值相同，T_1 和 T_2 二次绕组间的匝数比就应为 $1:\sqrt{3}$，二次侧基波电压合成情况的相量图如图 5-20 所示。图中 U_{A1}、U_{A21}、U_{B22} 分别是变压器绕组 A_1、A_{21}、B_{22} 上的基波电压相量。图 5-19b 给出了 u_{U1}（u_{A1}）、u_{A21}、$-u_{B22}$、u_{U2} 和 u_{UN} 的波形图。可以看出 u_{UN} 比 u_{U1} 接近正弦波。

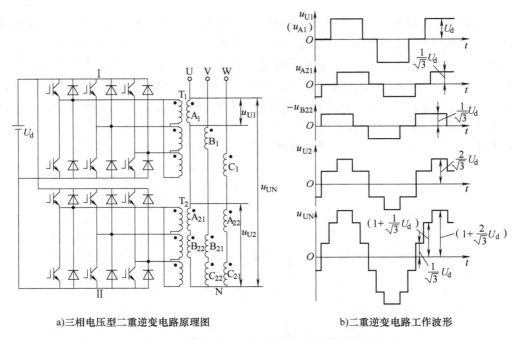

a)三相电压型二重逆变电路原理图　　b)二重逆变电路工作波形

图 5-19　三相电压型二重逆变电路原理图及波形

把 u_{U1} 展开成傅里叶级数得

$$u_{U1} = \frac{2\sqrt{3}\,U_d}{\pi}\left[\sin\omega t + \frac{1}{n}\sum_n (-1)^k \sin n\omega t\right] \tag{5-23}$$

式中，$n = 6k\pm1$，k 为自然数。

u_{U1} 的基波分量有效值为

$$U_{U1} = \frac{\sqrt{6}}{\pi}U_d = 0.78U_d \tag{5-24}$$

n 次谐波有效值为

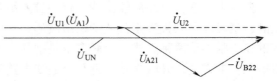

图 5-20　二次侧基波电压合成相量图

$$U_{\mathrm{U1}n} = \frac{\sqrt{6}}{n\pi}U_{\mathrm{d}} \tag{5-25}$$

把由变压器合成后的输出相电压 u_{UN} 展开成傅里叶级数，可求得其电压有效值为

$$U_{\mathrm{UN1}} = \frac{2\sqrt{6}}{\pi}U_{\mathrm{d}} = 1.56U_{\mathrm{d}} \tag{5-26}$$

其 n 次谐波有效值为

$$U_{\mathrm{UN}n} = \frac{2\sqrt{6}}{n\pi}U_{\mathrm{d}} = \frac{1}{n}U_{\mathrm{UN1}} \tag{5-27}$$

式中，$n=12k\pm1$，k 为自然数。在 u_{UN} 中已不含 5 次、7 次等谐波。

可以看出，该三相电压型二重逆变电路的直流侧电流每周期脉动 12 次，称为 12 脉波逆变电路。一般来说，使 m 个三相桥式逆变电路的相位依次错开 $\pi/(3m)$ 运行，连同使它们的输出电压合成并抵消上述相位差的变压器，就可以构成脉波为 $6m$ 的逆变电路。

采用多重化技术，负载得到的不是简单的方波，而是尽可能接近正弦波的阶梯波。

5.5.2　多电平逆变电路

前面讨论的三相电压型逆变电路（见图 5-10）相对于直流环节中性点 N′ 的电压，只有 $U_{\mathrm{d}}/2$ 和 $-U_{\mathrm{d}}/2$ 两个电平，因此也称为二电平逆变器。虽然电路结构和控制相对比较简单，但存在两个明显的不足。一是电路中的开关器件在关断过程中所承受的最高电压高于直流环节的电压，而逆变器的输出线电压峰值正比于 U_{d}。因此，要提高逆变器的输出电压就必须提高中间环节电压，这又会受到开关器件最高允许承受的电压的限制。二是二电平逆变器输出相电压只有两个电平状态，电压波形的谐波含量较高，电磁干扰较严重。

为了弥补二电平逆变器的不足，推出了三电平或三点式逆变器。多电平逆变器具有开关器件电压应力小、输出电压谐波含量低等优点，而且，采用多电平技术可以降低开关器件在开关过程中的 $\mathrm{d}u/\mathrm{d}t$ 和 $\mathrm{d}i/\mathrm{d}t$，从而改善逆变器的电磁兼容性，在高电压逆变器领域有着广泛的应用前景。

多电平逆变器主要有 3 类拓扑结构：二极管钳位型逆变器、电容钳位型逆变器和具有独立直流电源的级联型逆变器。

图 5-21 所示为二极管钳位型三电平逆变电路。该拓扑结构是在二电平电路 6 个主逆变管 $V_{11} \sim V_{61}$ 基础上，又分别在三相桥臂上各增加了辅助开关器件 $V_{12} \sim V_{62}$ 和中性点钳位二极管 $VD_1 \sim VD_6$。由于逆变器每相的上、下桥臂都由主、辅开关器件串联而成，每个器件在工作过程中可能承受的最高电压，理论上只有二电平逆变器的一半。

以 U 相为例，当 V_{11} 和 V_{12}（或 VD_{11} 和 VD_{12}）导通，V_{41} 和 V_{42} 关断时，U 点和 N′ 点间电位差为 $U_{\mathrm{d}}/2$；当 V_{41} 和 V_{42}（或 VD_{41} 和 VD_{42}）导通，V_{11} 和 V_{12} 关断时，U 点和 N′ 点间电位差为 $-U_{\mathrm{d}}/2$；当 V_{12} 和 V_{42} 导通，V_{11} 和 V_{41} 关断时，U 点和 N′ 点间电位差为 0。实际最后一种情况，V_{12} 和 V_{42} 不可能同时导通，哪一个器件导通取决于负载电流的方向。当 $i_{\mathrm{U}}>0$ 时，V_{12} 和钳位二极管 VD_1 导通；当 $i_{\mathrm{U}}<0$ 时，V_{42} 和钳位二极管 VD_4 导通。即通过钳位二极管 VD_1 或 VD_4 的导通，把 U 点电位钳位在 N′ 点电位上。

由相电压之间的相减可得到线电压。二电平逆变电路的输出线电压共有 $\pm U_{\mathrm{d}}$ 和 0 三种电

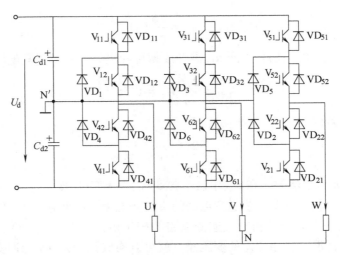

图 5-21 二极管钳位型三电平逆变电路

平，而三电平逆变电路的输出线电压则有 $\pm U_d$、$\pm U_d/2$ 和 0 五种电平。输出电压比较接近正弦波，故三电平逆变电路输出电压谐波大大少于二电平逆变电路，有利于电动机的平稳运行。

思考题和习题

1. 无源逆变电路和有源逆变电路有什么不同？

2. 逆变电路中的开关器件有哪些换流方式？各有什么特点？

3. 什么是电压型逆变电路和电流型逆变电路？各有什么特点？

4. 电压型逆变电路中反馈二极管的作用是什么？为什么电流型逆变器中没有反馈二极管？

5. 三相桥式电压型逆变电路（见图 5-10），180°导电方式，$U_d = 200\text{V}$。试求相电压的基波幅值 U_{UN1m} 和基波有效值 U_{UN1}、输出线电压的基波幅值 U_{UV1m} 和基波有效值 U_{UV1}、输出线电压中 7 次谐波的有效值 U_{UV7}。

6. 并联谐振式逆变器（见图 5-12）是如何进行换流的？为保证换流应满足什么条件？与负载并联的电容的作用是什么？

7. 串联二极管式电流逆变电路（见图 5-16）中，二极管的作用是什么？试分析换相过程。逆变电路多重化的目的是什么？如何实现？串联多重和并联多重逆变电路各用于什么场合？

8. 多电平逆变电路的优缺点有哪些？

第 6 章 PWM 调制技术和软开关技术

脉宽调制 (Pulse Width Modulation，PWM) 技术，就是控制半导体开关器件的导通和关断时间，即通过对调节脉冲宽度进行调制，来等效地获得所需要的波形 (包含形状和幅值) 的一种技术。

在第 3 章直流斩波电路中已经采用 PWM 技术，斩波电路的输入和输出电压都是直流，所以得到的是等幅不等宽的脉冲。

全控型电力电子器件的出现，使得性能优越的脉宽调制 (PWM) 逆变电路应用日益广泛，由于采用 PWM 技术，逆变电路的输出波形可以得到相当接近正弦波的输出电压和电流，减少了谐波，提高了功率因数，而且电路结构简单，动态响应快。按一定的规则对各脉冲的宽度进行调制，既可以改变逆变电路输出电压的大小，又可以改变输出电压的频率。正是由于 PWM 技术在逆变电路中的成功应用，使其目前已更为广泛地应用于电力电子装置中。本章将首先介绍 PWM 控制的基本原理，然后以逆变电路应用为背景介绍常用的 PWM 技术，并着重讨论正弦脉宽调制 (SPWM) 技术的应用，并给出了部分 PWM 技术中存在的一些特殊问题。最后对在 PWM 控制中常用的软开关技术作了简要的阐述。

6.1 PWM 控制的基本原理

PWM 控制的重要理论基础是面积等效原理，即：冲量相等而形状不同的窄脉冲加在具有惯性的环节上时，其效果基本相同。这里所说的"冲量"指窄脉冲的面积，"效果基本相同"是指输出的响应波形基本相同。

图 6-1 给出了 4 种形状不同的窄脉冲，它们的面积 (即冲量) 都等于 1。现将分别以它们为波形的电压源 $e(t)$ 在零时刻突加到阻感负载上，电路如图 6-2a 所示，得到的电流响应 $i(t)$ 如图 6-2b 所示，可见电流响应在下降段形状基本一致。

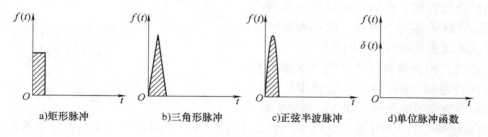

图 6-1　4 种形状不同而冲量相同的窄脉冲

由于期望逆变器输出的电压波形是正弦波，且可以变压、变频，于是在逆变电路中采用

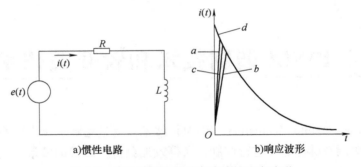

a)惯性电路   b)响应波形

图 6-2 惯性电路及各种窄脉冲的响应波形

的 SPWM 控制即用等面积的窄脉冲序列等效正弦波。如图 6-3a 所示为一正弦半波,将其分为 N 等份,即可以看成 N 个彼此相连的脉冲序列所组成的波形。这些脉冲的宽度相等,均为 π/N,并把正弦曲线每一等份所包围的面积都用一个与其面积(冲量)相等的等幅矩形脉冲来代替,且矩形脉冲的中点与相应正弦等份的中点重合,但脉冲按正弦规律变化。得到如图 6-3b 所示的脉冲列,这就是 PWM 波形。正弦波的负半波可以用相同的办法来等效。可以看出,该 PWM 波形的脉冲宽度按正弦规律变化,称为 SPWM(Sinusoidal Pulse Width Modulation)波形。

等分的 N 越大,脉冲频率越高,SPWM 波形越接近正弦波。逆变电路输出电压为 SPWM 波形时,其低次谐波得到很好的抑制和消除,高次谐波又能很容易滤去,从而可获得性能很好的正弦输出电压。

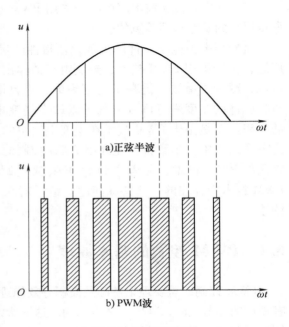

a)正弦半波

b) PWM波

图 6-3 SPWM 波形

SPWM 控制方式就是对逆变电路开关器件的通断进行控制,使输出端得到一系列幅值相等而宽度不相等的脉冲,用这些脉冲来代替正弦波或者其他所需要的波形。

上述幅值相等而宽度不相等的 PWM 控制方式称为等幅 PWM 波,一般应用于输入电源是恒定直流源的场合,如直流斩波电路、

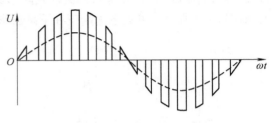

图 6-4 不等幅 PWM 波

PWM 逆变电路以及 PWM 整流电路等。如果得到的 PWM 脉冲波是一系列幅值不等而宽度相等的波形,则称为不等幅 PWM 波,如图 6-4 所示,常应用于输入电源是交流或者非恒定直流源场合,如斩控式交流调压电路、矩阵式变频电路等。

6.2　PWM 逆变电路及其控制方法

逆变电路是 PWM 控制技术最为重要的应用场合，目前应用较多的 PWM 调制技术分类如图 6-5 所示，其中以载波 PWM 技术应用最为广泛。

6.2.1　SPWM 逆变电路的控制方法

逆变电路产生 SPWM 波的方法主要有 3 种：计算法、调制法和跟踪法。

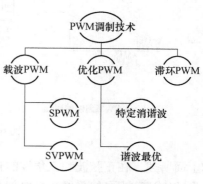

图 6-5　常见的 PWM 调制技术

从理论上来分析，在 SPWM 控制方式中给出了正弦波频率、幅值和半个周期内的脉冲数后，脉冲波形的宽度和间隔便可以准确计算出来，这种方法称为计算法。但这种方法比较烦琐，当输出正弦波的频率、幅值或相位变化时，其结果都要变化，故在实际中很少采用。

1. SPWM 调制法

在实际中主要采用调制法来实现 PWM 控制。即把希望输出的信号作为调制信号（Modulation Wave），把被调制的信号作为载波（Carrier Wave），通常采用三角波或锯齿波作为载波，通过信号波的调制得到所希望的 PWM 波形，这种方法称为调制法。当调制信号是正弦波时，所得到的便是 SPWM 波形。当调制信号不是正弦波时，也可以得到与调制信号等效的 PWM 波形。

在图 6-6 所示的单相全桥电压型逆变电路中，开关器件采用全控型的 IGBT 作为逆变电路的开关器件。

IGBT 的栅极控制信号来自调制电路。为了使单相全桥电压型逆变电路输出电压 u_o 的波形为正弦波，采用的调制信号波 u_r 为正弦波，载波 u_c 为等腰三角波。等腰三角波上下宽度与高度成线性

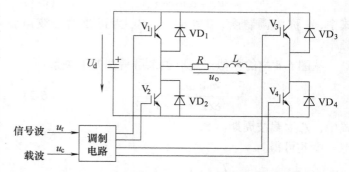

图 6-6　采用调制法的单相桥式 SPWM 逆变电路

关系且左右对称，当它与任何一个光滑曲线相交时，即得到一组等幅而脉冲宽度正比于该曲线函数数值的矩形脉冲。可以用图 6-7 来说明（单极性调制）：正弦波 u_r 是逆变器希望输出的波形，调制波 u_r 和载波 u_c 被分别送入一个比较器（见图 6-7a）。在正弦波正半周，当 $u_r >$ u_c 时，比较器输出高电平；当 $u_r < u_c$ 时，比较器输出低电平；于是得到图 6-7b 所示的脉冲宽度调制信号 u_{PWM}。用 u_{PWM} 去控制开关器件 IGBT 的导通或关断，于是逆变电路的输出 u_o 也为 PWM 波形。

2. 规则采样法

采用调制法产生 PWM 脉冲的关键问题是如何得到每个 PWM 脉冲的起始和终止时刻。

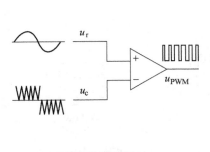
a) PWM调制的原理

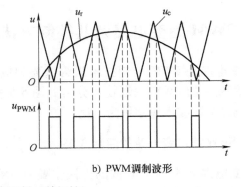
b) PWM调制波形

图6-7 脉冲宽度调制（单极性）

如上面所述，在正弦波和三角波的自然交点时刻控制功率开关器件的通断，这种生成SPWM波形的方法称为自然采样法。自然采样法得到的SPWM波形较接近正弦波。但求解非常复杂，难以在实时控制中在线计算。在目前的计算机控制系统中采用的规则采样法，其效果与自然采样法接近，但计算便捷且易于实现。

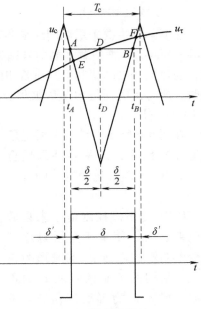

在图6-8中，E、F为自然采样法的交点，A、B为规则采样法对应的交点。在三角波的负峰时刻 t_D 对正弦波采样，得到 D 点，过 D 点作一水平直线和三角波分别交于 A 和 B 点，在 A 点时刻 t_A 和 B 点时刻 t_B 控制功率开关器件的通断。

设正弦调制信号波为

$$u_r = \alpha \sin\omega_r t \qquad (6\text{-}1)$$

式中，α 称为调制度，$0 \leqslant \alpha < 1$；ω_r 为正弦信号波角频率。

从图6-8中的相似三角形关系可得到如下关系：

$$\frac{1 + a\sin\omega_r t}{\delta/2} = \frac{2}{T_c/2} \qquad (6\text{-}2)$$

式中，T_c 为载波周期。

由此可得

$$\delta = \frac{T_c}{2}(1 + a\sin\omega_r t_D) \qquad (6\text{-}3)$$

图6-8 规则采样法

可见，用规则采样法得到的脉冲宽度 δ 和自然采样法得到的脉冲宽度非常接近，但计算简洁得多。

3. 异步调制和同步调制

在PWM控制电路中，调制法中的载波频率 f_c 与调制信号频率 f_r 之比称为载波比 N，即

$$N = \frac{f_c}{f_r} \qquad (6\text{-}4)$$

根据载波和信号波是否同步及载波比的变化情况，PWM调制方式分为异步调制和同步调制。

（1）异步调制

载波信号和调制信号不同步的调制方式称为异步调制。通常载波频率 f_c 保持固定不变，当调制信号频率 f_r 变化时，载波比 N 是变化的。异步调制的缺点是当调制信号频率 f_r 增高时，载波比 N 减小，一周期内的脉冲数将减少，导致输出波和正弦波的差异变大，谐波增大。

（2）同步调制

载波比 N 等于常数，并在变频时，使载波频率 f_c 和信号波频率 f_r 的变化保持同步的调制方式称为同步调制。同步调制的缺点是当调制信号频率 f_r 很低时，载波频率也很低，由调制带来的谐波不易滤除。当 f_r 很高时，f_c 会过高，使开关器件难以承受过高的开关频率。

（3）分段同步调制

分段同步调制是指把调制信号频率 f_r 划分若干频率段，每个频率段内都保持载波比 N 恒定，不同频率段的载波比 N 不同，实现分段同步，从而有效地克服上述的缺点。

图 6-9 列举了一个分段同步调制方式，图中载波频率 f_c 在 1.4~2kHz 之间，当调制信号频率 f_r 由小变大变化时，载波比 N 的变化范围为 210~21。

采用分段调制时，应避免由于输出频率的变换引起载波比的反复切

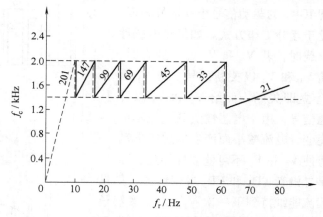

图 6-9　分段同步调制方式举例

换。在切换点附近设置一定大小的磁环区域是常用的方法之一。图 6-9 中的虚线轨迹表示频率 f_r 减小时的切换频率，实线轨迹表示频率 f_r 增大时的切换频率。

6.2.2　SPWM 逆变电路

图 6-6 为单相桥式 SPWM 逆变电路，设负载为电感性，控制方法可以有单极性与双极性两种。

1. 单极性 PWM 控制方式的工作原理

在单极性工作方式中，对逆变桥 $V_1 \sim V_4$ 的控制方法是：

1）当 u_r 处于正半周时，让 V_1 一直保持通态，V_2 保持断态。在 u_r 与 u_c 正极性三角波交点处控制 V_4 的通断，在 $u_r > u_c$ 各区间，控制 V_4 为通态，输出负载电压 $u_o = U_d$。在 $u_r < u_c$ 各区间，控制 V_4 为断态，输出负载电压 $u_o = 0$，此时负载电流可以经过 VD_3 与 V_1 续流。

2）当 u_r 处于负半周时，让 V_2 一直保持通态，V_1 保持断态。在 u_r 与 u_c 负极性三角波交点处控制 V_3 的通断。在 $u_r < u_c$ 各区间，控制 V_3 为通态，输出负载电压 $u_o = -U_d$。在 $u_r > u_c$ 各区间，控制 V_3 为断态，输出负载电压 $u_o = 0$，此时负载电流可以经过 VD_4 与 V_2 续流。

逆变电路输出的 u_o 为 PWM 波形，如图 6-10 所示，u_{of} 为 u_o 的基波分量。由于在这种控制方式中的 PWM 波形只能在单个极性范围内变化，故称为单极性 PWM 控制方式。

2. 双极性 PWM 控制方式的工作原理

电路仍然是图 6-6，调制信号 u_r 仍然是正弦波，而载波信号 u_c 改为正负两个方向变化的等腰三角形波，如图 6-11 所示。

双极性 PWM 控制的输出 u_o 波形如图 6-11 所示，它为两个方向变化等幅不等宽的脉冲列。这种控制方式的特点是同一相上下两个桥臂 IGBT 的驱动信号极性恰好相反，处于互补工作方式。如果是电感性负载时，若 V_1 和 V_4 处于通态时，给 V_1 和 V_4 以关断信号，则 V_1 和 V_4 立即关断，而给 V_2 和 V_3 以导通信号，由于电感性负载电流不能突变，电流减小而产生的感应电动势使 V_2 和 V_3 不可能立即导通，而是二极管 VD_2 和 VD_3 导通续流，如果续流能维持到下一次 V_1 与 V_4 重新导通，负载电流方向始终没有变，V_2 和 V_3 始终未导通。只有在负载电流较小无法连续续流的情况下，在负载电流下降至零，VD_2 和 VD_3 续流完毕，V_2 和 V_3 导通时，负载电流才反向流过负载。但是不论 VD_2、VD_3 导通还是 V_2、V_3 导通，u_o 均为 $-U_d$。从 V_2、V_3 导通向 V_1、V_4 切换情况类似。

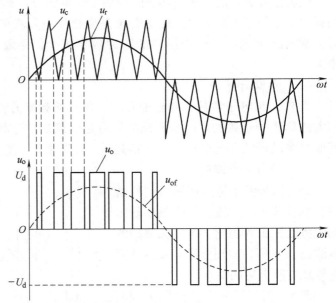

图 6-10　单极性 PWM 控制方式原理波形

对比图 6-10 和图 6-11 可知，无论是单极性调制还是双极性调制，都适用于单相桥式逆变电路，区别在于对开关器件的通断控制方式不同，输出波形也有较大差别。由于单极性调制时，需要实时判断调制波正负值来设

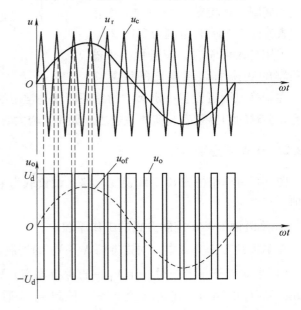

图 6-11　双极性 PWM 控制方式原理波形

置载波方向，实现相对复杂，故从应用上来说，目前双极性调制的应用更为广泛。

3. 三相桥式 PWM 逆变电路的工作原理

电路如图 6-12 所示，本电路采用 IGBT 作为电压型三相桥式逆变电路的开关器件，负载为电感性。从电路结构上看，三相桥式 PWM 变频电路只能选用双极性控制方式，其工作原理如下。

三相调制信号 u_{rU}、u_{rV} 和 u_{rW} 为相位依次相差 $120°$ 的正弦波，三相载波信号是共用一个正负方向变化的三角波 u_c，如图 6-13 所示。U、V 和 W 相开关器件的控制方法相同，现以 U 相为例：在 $u_{rU}>u_c$ 的各区间，给上桥臂 V_1 以导通驱动信号，而给下桥臂 V_4 以关断信号，于是 U 相输出电压相对直流电源 U_d 中性点 N' 为 $u_{UN'}=U_d/2$。在 $u_{rU}<u_c$ 的各区间，给 V_1 以关断信号，给 V_4 以导通信号，则输出电压 $u_{UN'}=-U_d/2$。V_1 和 V_4 的驱动信号始终是互补的，当给 V_1（或 V_4）加驱动信号时，可能是 V_1（或 V_4）导通，也可能是 VD_1（或 VD_4）导通，这取决于感性负载中的电流的方向和大小。图 6-13 所示的 $u_{UN'}$ 波形就是三相桥式 PWM 逆变电路 U 相输出的波形（相对 N' 点）。

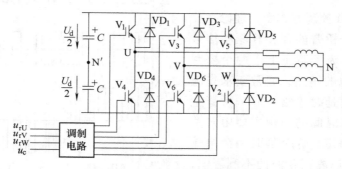

图 6-12 三相桥式 PWM 逆变电路

图 6-12 所示电路中，二极管 $VD_1 \sim VD_6$ 的作用是为电感性负载换流过程提供续流回路，其他两相的控制原理与 U 相相同。

根据 U、V 和 W 三相之间的线电压 PWM 波形以及输出三相相对于负载中性点 N 的相电压 PWM 波形，可以按下列计算式求得线电压

$$\left.\begin{array}{l} u_{UV}=u_{UN'}-u_{VN'} \\ u_{VW}=u_{VN'}-u_{WN'} \\ u_{WV}=u_{WN'}-u_{VN'} \end{array}\right\} \tag{6-5}$$

设负载中性点与直流电源假想中性点 N' 的电压为 $u_{NN'}$，则负载各相的相电压分别为

$$\left.\begin{array}{l} u_{UN}=u_{UN'}-u_{NN'} \\ u_{VN}=u_{VN'}-u_{NN'} \\ u_{WN}=u_{WN'}-u_{NN'} \end{array}\right\} \tag{6-6}$$

把上面各式相加，可得

$$u_{NN'}=\frac{1}{3}(u_{UN'}+u_{VN'}+u_{WN'})-\frac{1}{3}(u_{UN}+u_{VN}+u_{WN}) \tag{6-7}$$

设负载为三相对称负载，则有 $u_{UN}+u_{VN}+u_{WN}=0$，故得到

$$u_{NN'} = \frac{1}{3}(u_{UN'} + u_{VN'} + u_{WN'}) \quad (6\text{-}8)$$

将式（6-8）代入式（6-6），可得各相的相电压。三相桥式 PWM 逆变电路的三相输出的 PWM 波形分别为 $u_{UN'}$、$u_{VN'}$ 和 $u_{WN'}$，如图 6-13 所示。输出线电压 PWM 波形由 $\pm U_d$ 和 0 三种电平组成，而负载相电压则由 $(\pm 2/3)U_d$、$(\pm 1/3)U_d$ 和 0 五种电平组成。

在双极性 PWM 控制方式中，理论上要求同一相上下两个桥臂的开关管驱动信号相反，但实际上，为了防止上下两个桥臂直通造成直流电源的短路，通常要求先施加关断信号，经过延时才给另一个桥臂施加导通信号。延时时间的长短主要由开关器件的关断时间决定，这个延时将会给输出 PWM 波形带来偏离正弦波的不利影响，所以在保证安全可靠换流的前提下，延时时间应尽可能取小。

逆变器输出电压的频率与正弦调制波频率相同；当逆变器输出电压需要变频时，只要改变调制波 u_f 的频率即可。

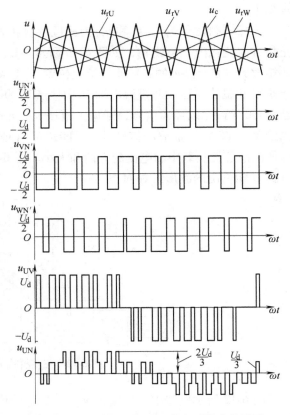

图 6-13　三相桥式 PWM 逆变电路输出的波形

6.3　其他 PWM 控制技术

6.3.1　SVPWM 技术

除了 SPWM 调制方式外，另外一种应用非常广泛的载波调制技术就是空间矢量脉宽调制技术（Space Vector PWM），即 SVPWM 技术。SVPWM 的基本原理是：将逆变器和交流电动机视为一体，利用不同的电压空间矢量组合得到圆形的磁链轨迹，从而实现良好的运行效果。图 6-14 所示为三相电压型桥式逆变电路（此图与图 5-10 相

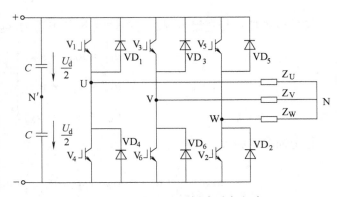

图 6-14　三相电压型桥式逆变电路

同），当其采用 180°导通方式时，共存在 8 种工作状态，若用"1"表示每相上桥臂开关器件导通、"0"表示每相下桥臂开关器件导通，则 8 种开关状态及对应的输出电压见表 6-1。

上述 8 个工作状态中，$u_1 \sim u_6$ 是有效工作状态，u_0 和 u_7 是零工作状态，对应三相全部上管导通或全部下管导通，输出电压为 0。一般将这种有 6 个有效工作状态交替工作 60°的控制方式称为六拍控制。将表 6-1 中的工作状态和输出电压以空间矢量形式作图，得到图 6-15 所示的正六边形。

表 6-1　三相电压型桥式逆变电路 180°导通时的开关状态及对应输出电压

	S_U	S_V	S_W	u_U	u_V	u_W	u_s
u_0	0	0	0	$-\dfrac{U_d}{2}$	$-\dfrac{U_d}{2}$	$-\dfrac{U_d}{2}$	0
u_1	1	0	0	$\dfrac{U_d}{2}$	$-\dfrac{U_d}{2}$	$-\dfrac{U_d}{2}$	$\sqrt{\dfrac{2}{3}}U_d$
u_2	1	1	0	$\dfrac{U_d}{2}$	$\dfrac{U_d}{2}$	$-\dfrac{U_d}{2}$	$\sqrt{\dfrac{2}{3}}U_d e^{j\frac{\pi}{3}}$
u_3	0	1	0	$-\dfrac{U_d}{2}$	$\dfrac{U_d}{2}$	$-\dfrac{U_d}{2}$	$\sqrt{\dfrac{2}{3}}U_d e^{j\frac{2\pi}{3}}$
u_4	0	1	1	$-\dfrac{U_d}{2}$	$\dfrac{U_d}{2}$	$\dfrac{U_d}{2}$	$\sqrt{\dfrac{2}{3}}U_d e^{j\pi}$
u_5	0	0	1	$-\dfrac{U_d}{2}$	$-\dfrac{U_d}{2}$	$\dfrac{U_d}{2}$	$\sqrt{\dfrac{2}{3}}U_d e^{j\frac{4\pi}{3}}$
u_6	1	0	1	$\dfrac{U_d}{2}$	$-\dfrac{U_d}{2}$	$\dfrac{U_d}{2}$	$\sqrt{\dfrac{2}{3}}U_d e^{j\frac{5\pi}{3}}$
u_7	1	1	1	$\dfrac{U_d}{2}$	$\dfrac{U_d}{2}$	$\dfrac{U_d}{2}$	0

当忽略电动机定子电阻压降时，定子合成电压与合成磁链空间矢量的近似关系为

$$\psi_s \approx \int u_s dt \tag{6-9}$$

也就是说，当逆变器采用六拍控制时，输出的定子合成电压是正六边形，对应输出的合成磁链也为正六边形，无法达到圆形磁链轨迹的要求。

要获得更多正多边形或接近圆形的旋转磁场，就必须要有更多的不同空间位置的电压空间矢量，即将图 6-15 的正六边形进行 N 等分。按空间矢量的平行四边形合成法则，可以用相邻的两个有效工作矢量合成期望的输出矢量，这就是 SVPWM 的基本实现方法。在实际应用中，按 6 个有效工作矢量将电压矢量空间分为对称的 6 个扇区，如图 6-15 所示；当期望输出电压矢量落在某个扇区时，就用与期望输出电压矢量相邻的 2 个有效工作矢量等效地合成期望输出矢量，而零矢量的插入可有

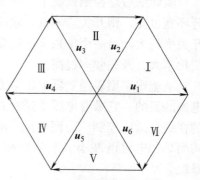

图 6-15　六拍逆变器输出定子电压空间矢量图

效减少开关切换次数、以减少谐波分量。

6.3.2 PWM 跟踪控制技术

本小节介绍第三种 PWM 波形生成方法,即跟踪控制法。跟踪控制法是把希望输出的电压或电流波形作为指令信号,把实际的电压或电流波形作为反馈信号,通过二者的瞬时值比较来决定逆变电路各开关器件的通断,使实际的输出跟踪指令信号变化。可以看出这种方法是一种闭环实时控制,具有响应快、精度高的优点。跟踪控制法中常用的是滞环比较方法。

跟踪型 PWM 变流电路中,电流跟踪控制应用最多。图 6-16 给出了采用滞环比较式的电流跟踪控制 PWM 逆变器原理图及波形,其主电路是单相半桥式逆变电路。

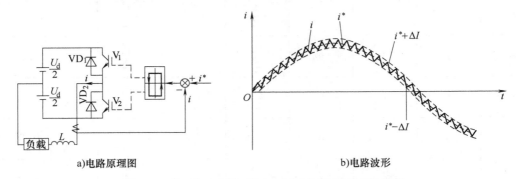

a)电路原理图   b)电路波形

图 6-16   滞环电流跟踪型 PWM 逆变电路原理图及波形

如图 6-16a 所示,由电流传感器检测负载电流,检测到的电流信号 i 和正弦指令信号 $i*$ 相比较,以偏差 i^*-i 作为滞环比较器的输入,滞环比较器的输出控制开关的通断。当 V_1(或 VD_1)导通时,$u_o=U_d/2$,负载电流增大;当 V_2(或 VD_2)导通时,负载电流 i 减小。这样通过环宽为 $2\Delta I$ 的滞环比较器的控制,负载电流就被限制在 $i^*+\Delta I$ 和 $i^*-\Delta I$ 范围内波动,呈锯齿状地跟踪指令电流 i^*,跟踪波形如图 6-16b 所示。

实际的滞环控制系统中,两个参数对跟踪性能的影响较大。一个参数是滞环的环宽 ΔI,若环宽过宽,则开关频率低,跟踪误差大;若环宽过窄,则跟踪误差小,但开关频率过高,开关损耗大。另一个参数是电抗器 L 的大小,L 大时,i 的变化率小,跟踪慢;L 小时,i 的变化率大,开关频率过高。

电流跟踪型以逆变器输出电流作为控制对象,通过切换逆变器的输出电压达到直接控制电流的目的,它兼有电压型逆变器和电流型逆变器的优点。由于它可实现对电动机定子电流的在线自适应控制,因而电流的动态响应速度快,系统运行受负载参数的影响小,逆变器结构简单,电流谐波小。电流跟踪型的这些特点使其特别适用于高性能的交流电动机调速系统。

6.3.3 特定谐波消除法

无论是载波调制还是滞环跟踪式调制方式,逆变器输出端总会存在谐波成分,早在 20 世纪 60 年代就有学者对逆变器中的谐波消除问题进行了研究。特定谐波消除法(Selective Harmonic Elimination PWM,SHEPWM)是由学者 Hasmukh S. Patel 和 Richard G. Hoft 于 1973

年首先提出的，近年来因其在大功率、多电平传动领域的优势成为了研究热点，是同步对称优化 PWM 调制策略中应用较为广泛的一种。

SHEPWM 原理是首先对变频器输出相电压进行傅里叶级数展开，接着令基波幅值等于某给定值（与调制度 M 相关）、其他想要消除的谐波幅值为零，从而得到一组非线性方程组，再通过求解上述方程组获取开关角信息。以图 6-17a 所示的三电平逆变器主电路结构为例，当采用单极性 SHEPWM 调制时，输出的相电压波形如图 6-17b 所示。

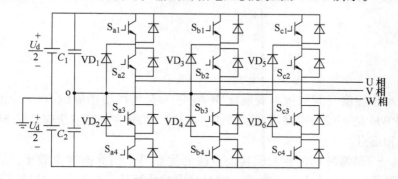

a) 二极管钳位型三电平逆变器主电路

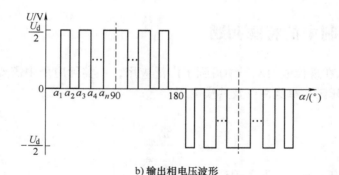

b) 输出相电压波形

图 6-17　单极性 SHEPWM 调制

图 6-17b 中的 A 相电压可表示为如下傅里叶级数

$$u(t) = \frac{a_0}{2} + \sum_{n=1}^{\infty} (a_n \cos n\omega t + b_n \sin n\omega t)$$　（6-10）
$$n = 0, 1, 2, 3, \cdots$$

式中，$a_n = \dfrac{2}{T} \displaystyle\int_{-T/2}^{T/2} u(t) \cos n\omega t \, dt$；$b_n = \dfrac{2}{T} \displaystyle\int_{-T/2}^{T/2} u(t) \sin n\omega t \, dt$；$\omega = 2\pi f$ 为基波角频率。

同步对称优化 SHEPWM 策略具有单个基波周期内 PWM 方波数为整数，同时以 π 镜像对称、π/2 偶对称的特性，因而其傅里叶展开式中不包含直流分量、偶次谐波分量，故式（6-10）可简化为

$$u(t) = \sum_{n=1}^{\infty} b_n \sin n\omega t \quad n = 1, 3, 5, \cdots$$　（6-11）

式中，$b_n = \dfrac{4u_\mathrm{d}}{n\pi}\displaystyle\sum_{n=1}^{\infty}\sum_{k=1}^{N}(-1)^{k+1}\cos n\alpha_k$ 为各谐波幅值，其中 k 为开关次数，α_k 为开关角，且 $0 < \alpha_1 < \alpha_2 < \alpha_3 < \cdots < \alpha_N < \pi/2$。

考虑三相变频器的三相对称性，其输出线电压中无 3 的倍数次谐波，则对于 N 个开关角而言，可消除 $N-1$ 个谐波分量。以 $N=7$ 为例，消除的 6 个谐波次数分别为 5、7、11、13、17 和 19 次。对于具体开关角的求解，可令

$$\begin{cases} b_1 = \dfrac{4u_\mathrm{d}}{\pi}\displaystyle\sum_{k=1}^{N}(-1)^{k+1}\cos\alpha_k \\[3mm] b_n = \dfrac{4u_\mathrm{d}}{n\pi}\displaystyle\sum_{k=1}^{N}(-1)^{k+1}\cos n\alpha_k = 0 \end{cases} \tag{6-12}$$

式中，b_1 为相电压幅值（其取值与调制度 M 相关）；b_n 为所要消除的 $N-1$ 个谐波分量的电压幅值。SHEPWM 的开关角求解可通过解式（6-12）非线性方程组获取，是 SHEPWM 研究过程中的重点和难点。

总体来说，SHEPWM 调制相对于其余方法的优点是：消除谐波次数多、输出波形质量好、功率开关器件开关频率低、损耗小，同时输出滤波器易于设计。但这种调制方法存在的最大不足在于开关角求解困难、硬件实现代价较高，对控制系统的要求也很高。

6.4 PWM 控制中的特殊问题

PWM 调制技术在现代电力电子中得到了广泛应用，在实际应用中需要注意几点特殊问题，比如过调制、死区、窄脉冲以及共模电压。

定义调制度为

$$m = \frac{u_1}{u_{1\mathrm{six-step}}} \tag{6-13}$$

式中，u_1 为基波电压；$u_{1\mathrm{six-step}}$ 为六拍运行时的基波电压；m 的范围在 $0\sim1$ 之间，即最大调制度只能在六拍运行模式时获得。随着输出电压 u^* 幅值的进一步增大，其端点轨迹将超过六边形，即进入过调制区域，如图 6-18 所示。此时没有任何电压矢量可在 T_s 时间内准确合成期望的输出矢量，若按传统的调制方法计算，有些电压矢量的作用时间可能为负数。如不对参考电压矢量的幅值进行限制，就会导致系统实际输出衰减，无法跟踪指令电压，输出的电压、电流波形发生畸变，对整个系统的控制产生不利的影响。

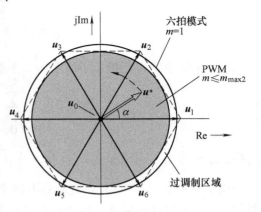

图 6-18 过调制区域的定义

为确保逆变器器件的安全运行，需要在器件开通与关断过程中加入死区时间，但死区的加入会影响逆变器输出效果，如图 6-19 所示，其中图 6-19a 为未考虑死区时的输出波形，图 6-19b 为死区加入后的输出电压轨迹。补偿电

压Δu 的选择根据电流 i_S 的极性进行选择。

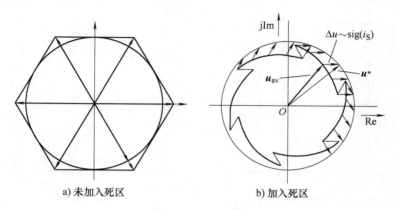

a) 未加入死区   b) 加入死区

图 6-19 死区影响

目前常见的死区补偿方式有修正脉冲和修正参考矢量，补偿原理就是设法产生一个与误差波形（由于设置死区而导致输出的 PWM 波形偏离正弦波）相似、相位相反的补偿电压来抵消或削减误差波的影响。

除了过调制与死区影响外，当逆变器输出频率接近上下限时，零矢量或非零矢量作用时间非常短，从而出现窄脉冲问题，也会导致输出波形严重畸变，目前常用的解决方式是用零序电压注入窄脉冲的补偿方法。

而当逆变器用来驱动电动机时，逆变器端输出的零序电压会造成共模电压问题。以图 6-14 的逆变器结构为例，当负载为电动机时，其共模电压可定义为

$$U_{cm} = U_U + U_V + U_W \tag{6-14}$$

式中，U_{cm} 为共模电压；U_U、U_V 和 U_W 为电动机端各相相电压。

共模电压是电动机三相电压中共有的成分，对电动机的机电能量转换、发热或噪声属性没有明显影响。但随着 PWM 载波频率的不断升高，由于其高频特性和电压的快速上升，会对电动机驱动系统产生较大的危害。

6.5 PWM 控制中的软开关技术

PWM 技术应用的前提是电力电子开关器件必须以较高的频率通断。而高频化的电力电子器件又将使电力电子装置小型化，并提高装置的功率密度。因为提高开关频率，可以有效地减小滤波电感、电容和变压器的参数，从而降低其体积和重量，达到装置小型化的目的。

如果开关器件在其端电压不为零时开通，则称为硬开通；在其电流不为零时关断，则称为硬关断；硬开通、硬关断统称为硬开关。所以在提高开关频率的同时，硬开关的工作方式会使开关损耗随之增加，电路的效率下降，电磁干扰增强并出现电磁兼容问题。针对这些问题，人们提出了软开关技术。

图 6-20 为硬开关过程的电压、电流波形及功率损耗，从图中可以看出，开关器件在开通和关断过程中电压、电流均不为零，出现了重叠区，产生了开通和关断损耗。开关过程产生较大的 du/dt 和 di/dt，电压和电流波形有明显的过冲，从而产生了电磁干扰。

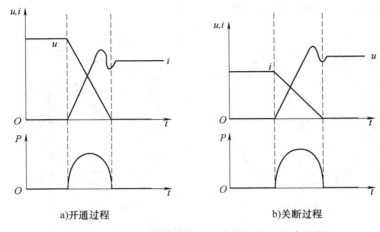

a)开通过程   b)关断过程

图 6-20　硬开关过程的电压、电流波形及功率损耗

为了消除开关过程中的电压和电流的重叠区，希望开关在零电压开通和零电流关断，这样的开关称为软开关，开关波形如图 6-21 所示。零电压开通的开关称为零电压开关（Zero Voltage Switching，ZVS）。在零电流时关断的开关称为零电流开关（Zero Current Switching，ZCS）。

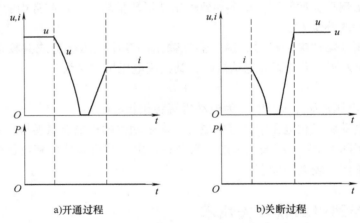

a)开通过程   b)关断过程

图 6-21　软开关过程的电压、电流波形及功率损耗

根据软开关技术的发展历程，可将软开关电路分成准谐振电路、零开关 PWM 电路和零转换 PWM 电路。

1. 准谐振电路

准谐振电路是最早出现的软开关电路。准谐振电路可以分为以下几种：

1）零电压开关准谐振电路（Zero-Voltage-Switching Quasi-Resonant Converter，ZVSQRC）。

2）零电流开关准谐振电路（Zero-Current-Switching Quasi-Resonant Converter，ZCSQRC）。

3）零电压开关多谐振电路（Zero-Voltage-Switching Multi-Resonant Converter，ZVSMRC）。

4）谐振直流环电路（Resonant DC Link）。

图 6-22 以降压型电路为例给出了前三种软开关电路。准谐振电路中电压或电流的波形

为正弦半波，因此称之为准谐振。谐振的引入使得电路的开关损耗和开关噪声都大大下降，但也带来一些负面问题：谐振电压峰值很高，要求器件耐压必须提高；谐振电流的有效值很大，电路中存在大量的无功功率的交换，造成电路导通损耗加大；谐振周期随输入电压、负载变化而改变，因此电路只能采用脉冲频率调制方式（PFM）来控制，而变化的开关频率给电路设计带来困难。

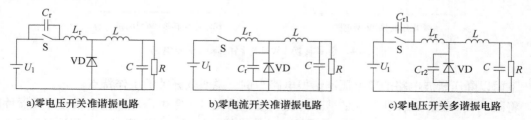

图 6-22　带准谐振电路的降压斩波电路

2. 零开关 PWM 电路

零开关 PWM 电路中引入了辅助开关来控制谐振的开始时刻，使谐振仅发生于开关过程前后。零开关 PWM 电路可以分为以下两种：

1）零电压开关 PWM 电路（Zero-Voltage-Switching PWM Converter，ZVSPWM）。

2）零电流开关 PWM 电路（Zero-Current-Switching PWM Converter，ZCSPWM）。

这两种电路的基本开关单元如图 6-23 所示。

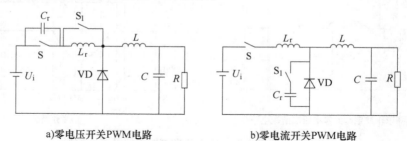

图 6-23　带零开关 PWM 电路的降压斩波电路

同准谐振电路相比，这类电路有明显的优势：电压和电流基本上是方波，只是上升沿和下降沿较缓，开关承受的电压明显降低，电路可以采用开关频率固定的 PWM 控制方式。

3. 零转换 PWM 电路

零转换 PWM 电路也是采用辅助开关控制谐振的开始时刻，所不同的是，谐振电路是与主开关并联的，因此输入电压和负载电流对电路的谐振过程影响很小，电路在很宽的输入电压范围内和从零负载到满载都能工作在软开关状态。而且电路中无功功率的交换被削减到最小，这使得电路效率有了进一步提高。

零转换 PWM 电路可以分为以下两种：

1）零电压转换 PWM 电路（Zero-Voltage-Transition PWM Converter，ZVTPWM）。

2）零电流转换 PWM 电路（Zero-Current-Transition PWM Converter，ZCTPWM）。

这两种电路的基本开关单元如图 6-24 所示。

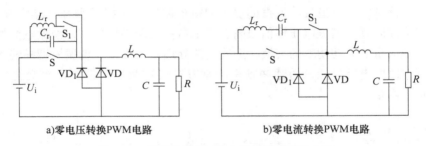

a)零电压转换PWM电路　　　　b)零电流转换PWM电路

图 6-24　带零转换 PWM 电路的降压斩波电路

下面以降压斩波电路的零电压准谐振电路为例，说明软开关的工作特点。

将图 6-25a 和第 3 章图 3-2a 的普通降压斩波电路比较，零电压准谐振电路在开关器件部分增加了小电感 L_r、小电容 C_r 等谐振元件，并且反并联了一个二极管 VD_S。假设开关 S、二极管 VD_S 为理想器件，下面针对图 5-39b 的波形详细分析该电路的工作过程。

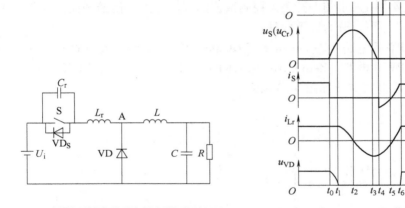

a)降压斩波电路的零电压准谐振电路　　　　b)工作波形

图 6-25　降压斩波电路的零电压准谐振电路及工作波形

$t_0 \sim t_1$ 阶段：t_0 时刻之前，开关 S 为通态，二极管 VD 为断态，$u_{Cr}=0$，$i_{Lr}=I_L$；t_0 时刻 S 断开，由于 S 上有并联电容 C_r，所以 S 两端电压不能突变，缓慢上升，从而使 S 的开关损耗减小。S 断开后，VD 尚未导通。电感 L_r 和 L 向 C_r 充电，u_{Cr} 线性上升，同时 VD 两端电压 u_{VD} 逐渐下降，直到 t_1 时刻，$u_{VD}=0$，VD 导通。

$t_1 \sim t_2$ 阶段：t_1 时刻二极管 VD 导通，电感 L 通过 VD 续流，C_r、L_r 和 U_i 形成谐振回路。t_2 时刻，i_{Lr} 下降到零，u_{Cr} 达到谐振峰值。

$t_2 \sim t_3$ 阶段：t_2 时刻后，C_r 向 L_r 放电，电压逐渐减少，直到 t_3 时刻，$u_{Cr}=U_i$，i_{Lr} 达到反向谐振峰值。

$t_3 \sim t_4$ 阶段：t_3 时刻以后，L_r 向 C_r 反向充电，u_{Cr} 继续下降，直到 t_4 时刻，$u_{Cr}=0$。

$t_4 \sim t_5$ 阶段：VD_S 导通，u_{Cr} 被钳位于零，i_{Lr} 线性衰减，直到 t_5 时刻，由于这一时段 S 两端电压为零，所以必须在这一时段使开关 S 导通，才不会产生开通损耗。

$t_5 \sim t_6$ 阶段：S 为通态，i_{Lr} 线性上升，直到 t_6 时刻，$i_{Lr}=I_L$，VD 关断。

$t_6 \sim t_0$ 阶段：S 为稳定导通，VD 为稳定关断。

零电压准谐振电路实现软开关的条件为

$$\sqrt{\frac{L_r}{C_r}} I_L \geqslant U_i \tag{6-15}$$

从以上分析可知，谐振过程是软开关电路工作过程的重要部分。开关 S 断开后，L_r 与 C_r 发生谐振，电压波形为正弦半波。谐振缓解了开关过程中电压、电流的变化，而且使 S 两端的电压在其导通前降为零，从而保证开关器件的零电压导通。

思考题和习题

1. 试说明 PWM 控制的基本原理。

2. 单极性和双极性 PWM 调制有什么区别？

3. 什么是异步调制？什么是同步调制？二者各有何特点？分段同步调制有什么优点？

4. 什么是 SPWM 波形的规则采样法？和自然采样法比，规则采样法有什么优缺点？

5. 什么是电流跟踪型 PWM 变流电路？采用滞环比较方式的电流跟踪控制 PWM 变流电路有何特点？

6. 简述 SVPWM 的工作原理。

7. SHEPWM 调试方式具有什么优缺点？

8. PWM 控制中存在的常见问题有哪些？如何解决？

9. 电力电子装置的开关频率提高有何利弊？

10. 高频化的意义是什么？为什么提高开关频率可以减小滤波器和变压器的体积和重量？

11. 软开关电路可以分为哪几类？其典型的拓扑结构分别是什么？各有什么特点？

第7章 | 电力电子技术教学实验

7.1 电力电子技术实验概述

电力电子技术是电气工程及其自动化、自动化等专业的三大电子技术基础课程之一，涉及面广，包括了电力、电子、控制、计算机等内容，实验环节是这门课程的重要组成部分。通过实验，可加深对理论的理解，培养和提高实际动手能力，分析和解决实际问题的独立工作能力。

7.1.1 实验的特点和要求

具体来说，学生在完成指定的实验后，应具备以下能力：

1) 掌握电力电子变流装置的主电路、触发或驱动电路的构成及调试方法，能初步设计和应用这些电路。

2) 熟悉并掌握基本实验设备、测试仪器（示波器、万用表等）的性能和使用方法。

3) 能够运用理论知识对实验现象、结果进行分析和处理，解决实验中遇到的实际问题。

4) 能够综合实验数据，合理解释实验现象，编写完整的实验报告。

7.1.2 实验准备

实验准备即实验的预习工作，是保证实验能否顺利进行的必要步骤。每次实验前都应先进行预习，从而提高实验的质量和效率，否则很有可能在实验时不知如何下手，浪费时间，完成不了实验的要求，甚至损坏实验装置，更严重的甚至会造成人身伤害。

因此，实验前的准备工作要做到：

1) 复习教材中与实验有关的内容，熟悉与本次实验相关的理论知识。

2) 了解本次实验的目的和内容，掌握本次实验的工作原理和实验方法。

3) 根据1) 和2) 写出本次实验的预习报告，其中应该包括实验系统的详细接线图、实验步骤、数据记录的表格等，为实验的顺利进行做好充分的准备。

4) 熟悉本次实验所涉及的实验装置、测试仪器等。

5) 以班级为单位进行实验分组，一般情况下，1~2人一组最佳。

7.1.3 实验实施

完成理论学习和实验预习等环节之后，即可进入实验室完成相关的实验。实验过程中要做到以下几点：

1）实验开始前，指导老师要对学生的预习报告做检查，没有预习报告的学生不得进入实验室参与实验，要求学生了解本次实验的目的、内容和方法，只有满足要求后才可进行实验。

2）指导老师对实验装置做介绍，要求学生熟悉本次实验使用的实验设备、仪器，明确这些设备的功能及使用方法等。

3）按实验小组进行实验，实验小组成员应进行明确的分工，各人的任务应在实验进行中实行轮换，以便实验参与者能全面掌握实验技术，提高动手能力。

4）按预习报告上的实验系统接线图进行接线，通常先接主电路，再接控制电路；先接串联电路，再接并联电路。

5）接线完成后，必须先进行自查。自查完成后，经指导老师复查同意后，方可通电实验。

6）实验时，要按实验指导书所提出的要求及步骤，逐项进行实验和操作。通常，在通电前，应使负载电阻值最大，给定的电位器处于零位置；测试点分布均匀；要改接线路时，必须先断电再进行。实验进行过程中，要观察实验现象是否正常，测得的数据是否在合理的范围内，实验结果是否与理论一致。

7）完成本次实验全部内容之后，应请指导老师检查实验数据、记录的波形，经老师认可后方可拆线。整理好连接线、仪器、设备、工具等。

8）按指定的要求在记录本上填写本次实验的相关记录。经老师同意后，离开实验室。

9）按规定的时间按时将完整的实验报告收齐，交给老师。

7.1.4　实验报告要求

一次实验的最后阶段是撰写实验报告，即对实验过程中得到的数据进行整理、处理，绘制相应的波形，计算数据，填写相应的表格，分析实验现象等。

每个参与实验的学生都要独立完成一份实验报告。如果实验结果与理论有较大的出入时，不得随意改变实验数据和结果，也不得用凑数据的方式向理论数据靠拢，而应该应用理论知识来分析实验数据和结果，解释实验现象，找出引起较大实验误差的原因。

实验报告要按空白纸质实验报告的要求认真完成。

7.2　电力电子技术实验装置简介

电力电子技术实验台采用模块化设计，如图 7-1 所示。实验台采用双层布局，配置有三相整流变压器、同步变压器、双脉冲控制器、晶闸管桥路、电力二极管、负载、脉宽控制器、测量仪表等挂箱。学生可根据实验题目，选用不同的挂箱组合来完成。

7.3　锯齿波同步移相触发电路实验

7.3.1　实验目的

1）加深理解锯齿波同步移相触发电路的电路结构及各元件的作用。
2）熟悉同步移相控制的方法，锯齿波发生原理。
3）掌握锯齿波同步触发电路的调试方法。

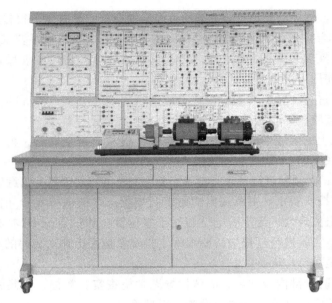

图 7-1　电力电子技术实验台

4）掌握各测试点电压波形的形成，并能准确读出波形各参数。

7.3.2　实验电路及原理

锯齿波同步移相触发电路主要由脉冲形成和放大、锯齿波形成、同步移相等环节组成，如图 7-2 所示。其工作原理见第 2 章 2.6.2 节。

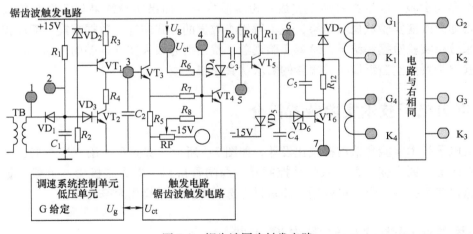

图 7-2　锯齿波同步触发电路

7.3.3　实验设备和仪器

1. 电力电子技术实验台

1）电源控制屏 NMCL-32。

2）低压控制电路及仪表 NMCL-31。

3）锯齿波触发电路 NMCL-36C。

2. 测量仪器仪表

1）双踪示波器。

2）万用表。

7.3.4 实验内容

1）将触发电路面板上左上角的同步电压输入接电源控制屏的 U、V 端。

2）合上电源控制屏主电路电源绿色开关。用示波器观察各观察孔的电压波形，示波器的地线接于"7"端。

同时观察"1""2"孔的波形，了解锯齿波宽度和"1"点波形的关系。

观察"3"~"5"孔波形及输出电压 U_{G1K1} 的波形，调整电位器 RP_1，使"4"的锯齿波刚出现平顶，记下各波形的幅值与宽度，比较"4"孔电压 U_3 与 U_5 的对应关系。

3）调节脉冲移相范围。

将低压单元的"G"输出电压调至 0V（逆时针调节电位器），即将控制电压 U_{ct} 调至零，用示波器观察 U_2 电压（即"2"孔）及 U_5 的波形，调节偏移电压 U_b（即调 RP），使 $\alpha=180°$。（也可以用示波器观测锯齿波触发电路"1"脚与"6"脚之间的电压波形，来判断 α 的大小）

调节低压单元的给定电位器 RP_1，增加 U_{ct}，观察脉冲的移动情况，要求 $U_{ct}=0$ 时，$\alpha=180°$，$U_{ct}=U_{max}$ 时，$\alpha=30°$，以满足移相范围 $\alpha=30°\sim180°$ 的要求。

4）调节 U_{ct}，使 $\alpha=60°$，观察并记录 $U_1\sim U_5$ 及输出脉冲电压 U_{G1K1}、U_{G2K2} 的波形。

7.3.5 实验注意事项

1）双踪示波器有两个测试端口，可以同时测量两个电压信号，但这两个探头的地线都与示波器的外壳（安全地）相连接，所以两个电压探头的地线不能同时接在某一电路的不同两点上，否则将使这两点通过示波器发生电气短路。为此，在实验中可将其中一个探头的地线取下或外包以绝缘，只使用其中一根地线。当需要同时观察两个信号时，必须在电路上找到这两个被测信号的公共点，将探头的地线接上，两个探头各接至信号处，即能在示波器上同时观察到两个信号，而不致发生意外。

2）为保护整流元件不受损坏，需注意实验步骤：

① 在主电路不接通电源时，调试触发电路，使之正常工作。

② 在控制电压 $U_{ct}=0$ 时，接通主电路电源，然后逐渐加大 U_{ct}，使整流电路投入工作。

③ 正确选择负载电阻或电感，须注意防止过电流。在不能确定的情况下，尽可能选择较大的电阻或电感，然后根据电流值来调整。

7.3.6 实验报告

1）整理、描绘实验中记录的各点波形，并标出幅值与宽度。

2）总结锯齿波同步触发电路移相范围的调试方法，移相范围的大小与哪些参数有关？

3）如果要求 $U_{ct}=0$ 时，$\alpha=90°$，应如何调整？

4）调节偏移电压 U_b（即调 RP）的主要目的是什么？

5）本实验电路中如何考虑触发电路与整流电路的同步问题？

6）是否可以用双踪示波器同时观察 G_1K_1 与 G_3K_3 的波形，为什么？

7）简单叙述实验中遇到的问题、解决办法，以及本次实验的体会、收获及注意事项。

7.4　单相桥式半控整流电路实验

7.4.1　实验目的

1）研究单相桥式半控整流电路在电阻负载，电阻电感性负载及反电势负载时的工作原理。

2）掌握锯齿波触发电路的工作原理。

3）进一步掌握双踪示波器在电力电子电路实验中的使用特点与方法。

7.4.2　实验电路

单相桥式半控整流电路如图 7-3 所示，本实验分别完成单相桥式半控整流电路供电给电阻性负载和电阻电感性负载。

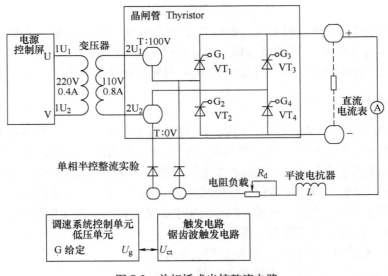

图 7-3　单相桥式半控整流电路

7.4.3　实验设备和仪器

1. 电力电子技术实验台

1）电源控制屏 NMCL-32。

2）低压控制电路及仪表 NMCL-31。

3）三相变压器 NMCL-32。

4）触发电路和晶闸管主电路 NMCL-33F。

5）平波电抗器 NMCL-331。

6）可调电阻 NMCL-03。

2. 测量仪器仪表

1）双踪示波器。

2）万用表。

7.4.4　实验内容

1. 实验准备

将锯齿波触发电路面板左上角的同步电压输入接主电源控制屏的 U、V 输出端。

1）合上电源控制屏主电路电源开关，用示波器观察各观察孔的电压波形，示波器的地线接于"7"端。

同时观察"1""2"孔的波形，了解锯齿波宽度和"1"点波形的关系。

观察"3"～"5"孔波形及输出电压 U_{G1K1} 的波形。（具体操作同实验 7.3）

2）调节脉冲移相范围。

将调速系统控制单元（低电压单元）的"G"输出电压调至 0V，即将控制电压 U_{ct} 调至零，用示波器观察 U_2 电压（即"2"孔）及 U_5 电压的波形，调节偏移电压 U_b（即调 RP），使 $\alpha = 180°$。

调节调速系统控制单元（低电压单元）的给定电位器 RP_1，增加给定电压 U_{ct}，观察脉冲的移动情况，要求 $U_{ct} = 0$ 时，$\alpha = 180°$，以满足移相范围 $\alpha = 30° \sim 180°$ 的要求。

2. 单相桥式晶闸管半控整流电路供电给电阻性负载

按图 7-3 接线，并短接平波电抗器 L。调节电阻负载 R_d 至最大（负载大于 400Ω）。

1）将调速系统控制单元（低电压单元）的 G 给定电位器 RP_1 逆时针调到底，$U_g = 0$，使 $U_{ct} = 0$。

合上主电路电源，调节调速系统控制单元（低电压单元）的 G 给定电位器 RP_1，使 $\alpha = 90°$，测取此时整流电路的输出电压 $U_d = f(t)$，以及晶闸管端电压 $U_{VT} = f(t)$ 波形，并测定交流输入电压 U_2、整流输出电压 U_d，并与理论值 $U_d = 0.9U_2 \dfrac{1 + \cos\alpha}{2}$ 进行比较。

2）采用类似方法，分别测取 $\alpha = 60°$、$\alpha = 90°$、$\alpha = 120°$ 时的 U_d、U_{VT} 波形，并将结果填入表 7-1。

表 7-1　电阻性负载时实验结果

	U_d（实验值/理论值）	I_d（实验值/理论值）	U_{VT}	U_2
$\alpha = 60°$	图	图	图	
$\alpha = 90°$	图	图	图	
$\alpha = 120°$	图	图	图	

3. 单相桥式半控整流电路供电给电阻电感性负载

1）接上平波电抗器。

将调速系统控制单元的 G 给定电位器 RP_1 逆时针调到底，使 $U_g = 0$，$U_{ct} = 0$。

合上主电源。

2）调节 U_g，使 $\alpha = 90°$，测取输出电压 $U_d = f(t)$ 数值。减小电阻 R_d，观察波形如何变化，注意观察电流表防止过电流。

3）调节 U_g，使 α 分别等于 60°、90°、120°时，测取以上波形或数值，并填入表 7-2。

表 7-2 电阻电感性负载时实验结果

	U_d（实验值/理论值）	I_d（实验值/理论值）	U_{VT}	U_2
$\alpha = 60°$	图	图	图	
$\alpha = 90°$	图	图	图	
$\alpha = 120°$	图	图	图	

7.4.5 实验注意事项

1）实验前必须先了解晶闸管的电流额定值（本装置为 5A），并根据额定值与整流电路形式计算出负载电阻的最小允许值。

2）为保护整流元件不受损坏，晶闸管整流电路的正确操作步骤如下：

① 在主电路不接通电源时，调试触发电路，使之正常工作。

② 在控制电压 $U_{ct} = 0$ 时，接通主电源。然后逐渐增大 U_{ct}，使整流电路投入工作。

③ 断开整流电路时，应先把 U_{ct} 降到零，使整流电路无输出，然后切断总电源。

3）注意示波器的使用规范。

7.4.6 实验报告

1）分析实验波形并和理论波形比较。

2）计算电路的理论数据，并和实验数据进行比较。

3）根据实验中出现的现象，叙述实验体会、收获和改进措施。

4）断开晶闸管 VT_1 或 VT_3，观察 U_d 波形，并分析。

5）计算试验中 U_d 测量值的误差，并分析误差产生的可能原因。

7.5 三相半波可控整流电路实验

7.5.1 实验目的

了解三相半波可控整流电路的工作原理，研究三相半波可控整流电路在电阻负载和电阻电感性负载时的工作过程。

7.5.2 实验电路及原理

三相半波可控整流电路的工作原理见第 2 章 2.3 节，与单相电路比较，三相半波可控整流电路输出电压脉动小，输出功率大，三相负载平衡。不足之处是晶闸管电流即变压器的二次电流在一个周期内只有 1/3 时间有电流流过，变压器利用率低。

实验电路如图 7-4 所示。

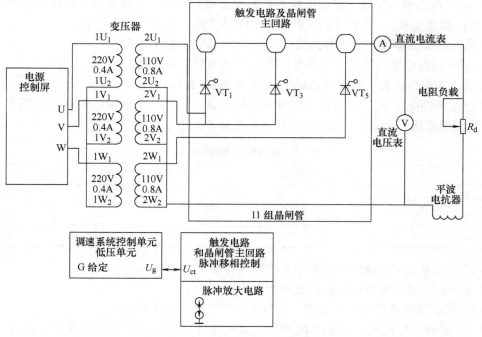

图 7-4　三相半波可控整流电路

7.5.3　实验设备及仪表

1. 电力电子技术实验台

1）电源控制屏 NMCL-32。

2）低压控制电路及仪表 NMCL-31。

3）三相变压器 NMCL-32。

4）触发电路和晶闸管主电路 NMCL-33F。

5）平波电抗器 NMCL-331。

6）可调电阻 NMCL-03。

2. 测量仪器仪表

1）双踪示波器。

2）万用表。

7.5.4　实验内容

1）按图接线，未上主电源之前，检查晶闸管的脉冲是否正常。

2）检查触发电路工作是否正常。

① 用示波器观察触发电路及晶闸管主回路的双脉冲观察孔、应有间隔均匀、幅度相同的双脉冲。触发脉冲均为双脉冲，双脉冲之间间隔60°。

② 检查相序，用示波器观察触发电路及晶闸管主回路中同步电压观察口"1"超前"2"120°。观察脉冲观察孔，"1"脉冲超前"2"脉冲60°（及"1"号脉冲的第二个脉冲波

与 "2" 号脉冲的第一个脉冲波相重叠）则相序正确，否则，应调整输入电源（任意对换三相插头中的两相电源）。示波器必须共地，地线接实验箱中黑色 "⊥" 标。

③ 用示波器观察每个晶闸管的门极、阴极，应有幅度为 1~2V 的脉冲。

3）研究三相半波可控整流电路在电阻性负载时的工作情况。

① 合上主电源，接上电阻性负载 R_d（R_d 大于 400Ω）。

② 改变控制电压 U_g，观察在不同触发移相角 α 时，可控整流电路的输出电压 $U_d = f(t)$ 与晶闸管的端电压 $U_{VT} = f(t)$ 波形，并记录相应的 U_d、I_d、U_{ct} 值，见表 7-3。

表 7-3 电阻性负载时实验结果

	U_d（实验值/理论值）		I_d（实验值/理论值）		U_{VT}
$\alpha = 30°$		图		图	图
$\alpha = 60°$		图		图	图
$\alpha = 90°$		图		图	图

③ 求三相半波可控整流电路的输入—输出特性 $U_d / U_2 = f(\alpha)$。

④ 求三相半波可控整流电路的负载特性 $U_d = f(I_d)$。

4）研究三相半波可控整流电路，电阻电感性负载时的工作情况。

接入电抗器，可把原负载电阻 R_d 调小，监视电流，不宜超过 1.1A，操作方法同上。

7.5.5 实验注意事项

1）整流电路与三相电源连接时，一定要注意相序。

2）整流电路的负载电阻不宜过小，应使 I_d 不超过 2A，同时负载电阻不宜过大，保证 I_d 超过 0.1A，避免晶闸管时断时续。

3）正确使用示波器，避免示波器的两根地线接在非等电位的端点上，造成短路事故。

7.5.6 实验报告

1）分析实验波形并和理论波形比较。

2）输出电压波形断续时，以 $\alpha = 90°$ 为例试分析各段输出电压的轨迹。

3）计算电路的理论数据，并和实验数据进行比较，计算误差，并分析原因。

4）根据实验中出现的现象，叙述实验体会、收获和改进措施。

7.6 三相桥式全控整流及有源逆变电路实验

7.6.1 实验目的

1）熟悉触发电路及晶闸管主回路组件。

2）熟悉三相桥式全控整流及有源逆变电路的接线及工作原理。

3）熟悉与掌握三相桥式全控整流电路的接线和调试步骤与方法。

4）熟悉与掌握三相桥式全控整流电路带电阻性负载、电感性负载时，整流输出电压 u_d、晶闸管两端电压 u_{VT} 以及触发脉冲 u_P 等有关波形的测量与分析。

5）熟悉三相桥式全控整流电路故障分析与处理。

7.6.2　实验电路及原理

实验接线面板如图 7-5 所示。主电路由三相全控变流电路及三相不控整流桥组成。触发电路为集成电路，可输出经高频调制后的双窄脉冲链。三相桥式整流及有源逆变电路的工作原理可参见本书第 2 章 2.3 节。

实验电路如图 7-6 所示。

7.6.3　实验设备及仪表

1. 电力电子技术实验台

1）电源控制屏 NMCL-32。

2）低压控制电路及仪表 NMCL-31。

3）三相变压器 NMCL-32。

4）触发电路和晶闸管主电路 NMCL-33F。

5）平波电抗器 NMCL-331。

6）可调电阻 NMCL-03。

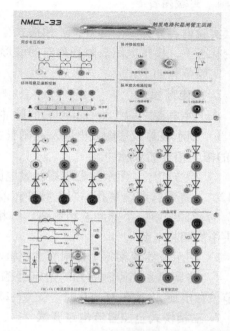

图 7-5　全控桥式整流及有源逆变实验面板

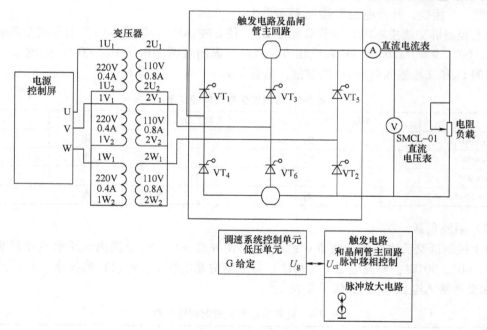

图 7-6　三相桥式全控整流实验电路

2. 测量仪器仪表

1）双踪示波器。

2）万用表。

7.6.4 实验内容

实验内容分为3个部分：三相桥式全控整流电路、三相桥式有源逆变电路和观察整流或逆变状态下，模拟电路故障现象时的波形。

实验步骤如下：

1. 上电前检查

未上主电源之前，检查晶闸管的脉冲是否正常。

1）用示波器观察触发电路及晶闸管主回路的双脉冲观察孔，应有间隔均匀、相互间隔60°的幅度相等的双脉冲。

2）检查相序，用示波器观察触发电路及晶闸管主回路中同步电压观察口"1"、"2"间隔120°。查看脉冲观察孔，"1"脉冲超前"2"脉冲60°（及"1"号脉冲的第二个脉冲波与"2"号脉冲的第一个脉冲波相重叠）则相序正确，否则，应调整输入电源（任意对换三相插头中的两相电源）。

3）用示波器观察每个晶闸管的门极与阴极波形，应有幅度为 $1 \sim 2V$ 的脉冲。

4）将调速系统控制单元的给定器输出 U_g 接至触发电路及晶闸管主回路面板的 U_{ct} 端，调节偏移电压 U_b，在 $U_{ct} = 0$ 时，使 $\alpha = 150°$。

2. 三相桥式全控整流电路调试

（1）电阻负载

按图 7-6 接线，并将电阻负载 R_d 调至最大。

合上控制屏交流主电源。调节 G 给定 U_{ct}，使 α 在 $30° \sim 120°$ 范围内，用示波器观察记录 $\alpha = 30°$、$60°$、$90°$、$120°$ 时，整流电压 $U_d = f(t)$、晶闸管两端电压 $U_{VT} = f(t)$ 的波形，并记录相应的 U_d 和交流输入电压 U_2 的数值，见表 7-4。

表 7-4　电阻性负载时实验结果

	U_d（实验值/理论值）	I_d（实验值/理论值）	U_{VT}	U_2
$\alpha = 30°$	图	图	图	
$\alpha = 60°$	图	图	图	
$\alpha = 90°$	图	图	图	
$\alpha = 120°$	图	图	图	

（2）阻感负载

合上控制屏交流主电源。调节 G 给定 U_{ct}，使 α 在 $30° \sim 90°$ 范围内，用示波器观察记录 $\alpha = 30°$、$60°$、$90°$ 时，整流电压 $U_d = f(t)$、晶闸管两端电压 $U_{VT} = f(t)$ 的波形，并记录相应的 U_d 和交流输入电压 U_2 的数值，见表 7-5。

表 7-5　电阻电感性负载时实验结果

	U_d（实验值/理论值）	I_d（实验值/理论值）	U_{VT}	U_2
$\alpha = 30°$	图	图	图	
$\alpha = 60°$	图	图	图	
$\alpha = 90°$	图	图	图	

3. 断相故障分析

实验中，三相桥式全控整流电路会遇到各种各样的故障。在此以三相桥式全控整流电路（带电阻性负载）发生单个晶闸管和两个晶闸管故障为例加以分析与说明。

（1）三相桥式全控整流电路发生单个晶闸管故障

当三相桥式全控整流电路发生单个晶闸管故障时，反映在整流输出电压上是较正常电压低 1/3，输出波形少两个波前。假设 VT_5 发生开路故障，则整流输出电压将从 U_0 下降为 U_1，整流输出电压 u_d 波形中的 u_{ca}、u_{cb} 将丢失，如图 7-7a 所示。如果发生故障的晶闸管不是 VT_5 而是其他晶闸管时，可以依照上面的方法找到对应的波前，可以很方便地查到是哪一个晶闸管故障，以便有针对性地进行处理。这里需要指出的是，使用示波器进行检测时，应保证示波器的同步方式与信号系统的同步状态，以便准确地对每一相电压波形进行定相。当示波器无法与信号系统同步时，也应保持示波器在同步状态下工作，否则很难检查出准确的相位关系。

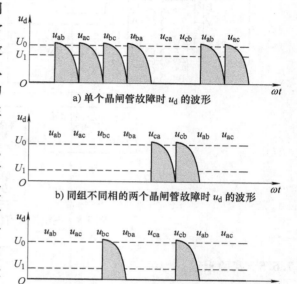

a）单个晶闸管故障时 u_d 的波形

b）同组不同相的两个晶闸管故障时 u_d 的波形

c）同相不同组的两个晶闸管故障时 u_d 的波形

图 7-7　断相故障波形图

（2）三相桥式全控整流电路装置发生两个晶闸管故障

1）同组不同相的两个晶闸管故障：发生同组不同相的两个晶闸管故障时（假设 VT_1、VT_3 开路故障），整流输出电压 u_d 波形仅有两个波前，且两个波前连在一起，如图 7-7b 所示。

2）同相不同组的两个晶闸管故障：发生同相不同组的两个晶闸管故障时（假设 VT_1、VT_4 开路故障），整流输出电压 u_d 波形也只有两个波前，但两个波前不连在一起，如图 7-7c 所示。因此，它们的整流输出电压仅为正常整流输出电压的 1/3。

4. 三相桥式有源逆变电路

按图 7-8 接线，并将 R_d 调至最大（$R_d>400\Omega$）。

合上主电源。调节 U_{ct}，观察 $\alpha=90°$、$120°$、$150°$ 时，电路中 U_d、U_{VT} 的波形，并记录相应的 U_d、U_2 数值，见表 7-6。

表 7-6　电阻电感性负载时实验结果

	U_d（实验值/理论值）	I_d（实验值/理论值）	U_{VT}	U_2
$\alpha=90°$	图	图	图	
$\alpha=120°$	图	图	图	
$\alpha=150°$	图	图	图	

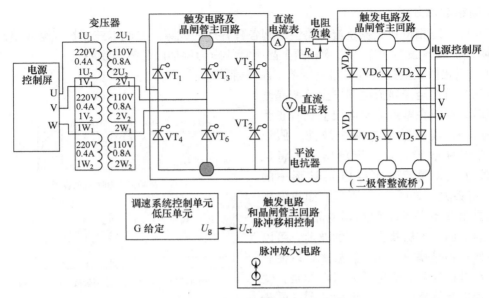

图 7-8 三相桥式有源逆变实验电路

7.6.5 实验报告

1）完成表 7-4 和表 7-5。

2）画出电路的移相特性 $U_d = f(\alpha)$ 曲线和整流电路的输入—输出特性 $U_d/U_2 = f(\alpha)$。

3）分析实验波形并和理论波形比较，分析波形不一致的原因。

4）计算电路的 U_d、I_d 理论数据，并和实验数据进行比较，分析误差产生的原因。

5）根据实验中出现的现象，叙述实验体会、收获和改进措施。

6）设定不同组不同相两个晶闸管断路时，记录 U_d 波形，并分析。

7.7 直流斩波电路实验

7.7.1 实验目的

熟悉 6 种斩波电路（Buck Chopper、Boost Chopper、Buck-Boost Chopper、Cuk Chopper、Sepic Chopper、Zeta Chopper）的工作原理，掌握这 6 种斩波电路的工作状态及波形情况。

7.7.2 实验电路及原理

直流斩波电路的实验电路如图 7-9a 所示，其中包括 6 种基本斩波电路，其工作原理见本书第 3 章。

7.7.3 实验设备及仪器

1. 电力电子技术实验台

现代电力电子模块 NMCL-22（见图 7-9b）。

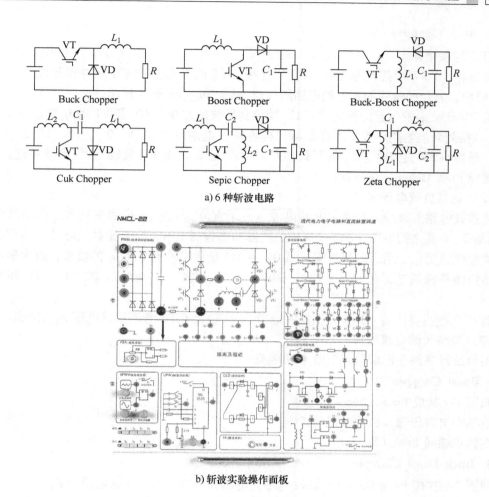

a) 6 种斩波电路

b) 斩波实验操作面板

图 7-9 6 种斩波电路及斩波实验操作面板

2. 测量仪器仪表

1）双踪示波器。

2）万用表。

7.7.4 实验内容

本实验主要分为 3 部分：SG3525 芯片的调试、斩波电路的连接和斩波电路的波形观察及电压测试。

按照面板上各种斩波器的电路图取用相应的元件，组成相应的斩波电路。实验操作面板及 6 种降压、升压和升降压斩波电路如图 7-9 所示。

1. SG3525 性能测试

用示波器测量 PWM 波形发生器的"1"孔和地之间的波形。调节占空比调节旋钮，测量驱动波形的频率以及占空比的调节范围，测量输出最大与最小占空比。

2. Buck Chopper

（1）连接电路

首先将 "PWM" 控制脉冲与 "VT" 连接。VT 的 C 脚接 PWM 脉冲输出端口，E 脚接 PWM 的地，其他的按照面板上的电路图接成 Buck Chopper 斩波器。

将 PWM 波形发生器的输出端 "1" 端接到斩波电路中 IGBT 管 VT 的 G 端，将 PWM 的 "地" 端接到斩波电路中 VT 管的 E 端，再将斩波电路的（E、5、7）、（8、11）、（6、12）相连，最后将 5V 直流电源 U_1 的正极 "+" 与 VT 的 C 端相连，负极 "−" 和 6 相连。（照电路图接成 Buck Chopper 斩波器）

（2）观察负载电压波形

经检查电路无误后，接通主电路电源，记录直流输入电压 U_i 的平均值。用示波器观察 VD 两端 5、6 孔之间电压，调节 PWM 触发器的电位器 RP_1，即改变触发脉冲的占空比，观察负载电压的变化，用示波器观察 α 从 0%→70% 变化时输出电压 u_o 的波形，要求输出电压的平均值能平滑调节。记录 $\alpha = 10\%$、30%、50%、60%、70% 时的输出电压 U_o 和输出电流 I_o。

调节 U_i 使占空比 $\alpha = 30\%$，观察并记录 u_o 与 i_o 及 IGBT 管两端的电压 u_{DS} 的波形。

（3）观察负载电流波形

用示波器观察并记录负载电阻 R 两端波形。

3. Boost Chopper

照图 7-9 接成 Boost Chopper 电路。

电感和电容任选，负载电阻为 R。

实验步骤同 Buck Chopper。

4. Buck-Boost Chopper

照图 7-9 接成 Buck-Boost Chopper 电路。电感和电容任选，负载电阻为 R。

实验步骤同 Buck Chopper。

5. Cuk Chopper

照图 7-9 接成 Cuk Chopper 电路。电感和电容任选，负载电阻为 R。

实验步骤同 Buck Chopper。

6. Sepic Chopper

照图 7-9 接成 Sepic Chopper 电路。电感和电容任选，负载电阻为 R。

实验步骤同 Buck Chopper。

7. Zeta Chopper

照图 7-9 接成 Zeta Chopper 电路。电感和电容任选，负载电阻为 R。

实验步骤同 Buck Chopper。

7.7.5 实验报告

1）网上搜索芯片 SG3525 的工作原理，分析 PWM 波形发生的原理，简述其工作原理。

2）分析每一个电路的工作原理，并和理论值进行比较。

3）记录 $\alpha = 10\%$、30%、50%、60%、70% 时的输出电压 U_o 和输出电流 I_o，见表 7-7。

表 7-7　不同占空比下的输出情况

输入 U_i					
占空比 α					
输出电压 U_o（实验值）					
输出电压 U_o（理论值）					
输出电流 I_o					

4）在占空比 $\alpha = 30\%$ 时，观察并记录 u_o 与 i_o 及 IGBT 管两端的电压 u_{DS} 的波形。

5）绘制降（升）压斩波电路的 U_i/U_o—α 曲线，与理论分析结果进行比较，并讨论产生差异的原因。

6）根据实验中出现的现象，叙述实验体会、收获和改进措施。

7.8　单相交–直–交变频电路实验

7.8.1　实验目的

熟悉单相交–直–交变频电路的组成，重点熟悉其中的单相桥式 PWM 逆变电路中元器件的作用和工作原理，熟悉 SPWM 的产生原理及控制思想；对单相交–直–交变频电路在电阻负载、电阻电感负载时的工作情况及其波形作全面分析；并研究工作频率对电路工作波形的影响。

7.8.2　实验电路及原理

单相交–直–交变频电路的实验电路如图 7-10 所示，其工作原理见本书第 4 章。

采用实验模块 NMCL-22，如图 7-9b 所示。

7.8.3　实验设备及仪器

1. 电力电子技术实验台

1）电源控制屏 NMCL-32。

2）现代电力电子模块 NMCL-22（见图 7-9b）。

2. 测量仪器仪表

1）双踪示波器。

2）万用表。

7.8.4　实验内容

1. 观察 SPWM 波形

1）如图 7-10 所示，观察"SPWM 波形发生"电路输出的正弦信号 U_r 波形 2 端与（UPW 脉宽调制器 4 脚）地端，改变正弦波频率调节电位器，测试其频率可调范围。

2）观察三角形载波 U_c 的波形 1 端与（UPW 脉宽调制器 4 脚）地端，测出其频率，并观察 U_c 和 U_r 的对应关系。

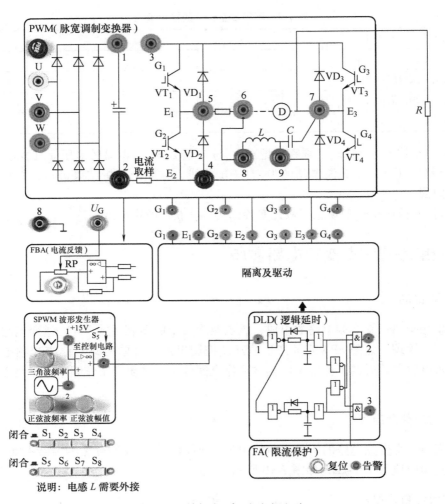

图 7-10　单相交-直-交变频电路

3）观察经过三角波和正弦波比较后得到的 SPWM 波形 3 端与（UPW 脉宽调制器 4 脚）地端。

2. 测试逻辑延时时间

将"SPWM 波形发生"电路的 3 端与"DLD"的 1 端相连，用双踪示波器同时观察"DLD"的 1 和 2 端波形，并记录延时时间 T_d。

3. 测试同一桥臂上下管子驱动信号死区时间

用双踪示波器分别同时测量 G_1、E_1 和 G_2、E_2，G_3、E_3 和 G_4、E_2 的死区时间。

4. 观察不同负载时的波形

按图 7-10 接线，先断开控制屏主电源。将三相电源的 U、V、W 接主电路的相应处，将主电路的 1、3 端相连。

1）当负载为电阻时（6、7 端接一电阻），观察负载电压的波形，记录其波形、幅值、频率。在正弦波 U_r 的频率可调范围内，改变 U_r 的频率，记录相应的负载电压、波形、幅值和频率。

2）当负载为电阻电感时（6、8 端相联，9 端和 7 端接一电阻），观察负载电压和负载电流的波形。

5. 记录实验结果

测试在不同载波比的情况下，逆变波形的变化情况，并记录在表 7-8 中。

表 7-8 实验数据和波形

输入 E				
正弦信号 U_r 频率				
载波比				
输出电压 U_o（波形图）				

7.8.5 实验报告

1）简述 SPWM 控制原理及实现。

2）绘制完整的实验电路原理图。

3）给出实验中的逻辑延时时间（死区时间），并讨论其必要性。

4）电阻负载时，列出数据和波形，比较实验波形与理论波形，并分析其区别及原因。

5）电阻电感负载时，列出数据和波形，比较实验波形与理论波形，并分析其区别及原因。

6）分析说明实验电路中的 PWM 控制是采用同步调制还是异步调制。

7）说明为使输出波形尽可能地接近正弦波，可以采取什么措施。

8）分析正弦波与三角波之间不同的载波比情况下的负载波形，了解改变载波比对输出功率管和输出波形的影响。

参 考 文 献

[1] 莫正康. 电力电子应用技术 [M]. 3 版. 北京：机械工业出版社，2000.

[2] 王兆安，黄俊. 电力电子技术 [M]. 4 版. 北京：机械工业出版社，2000.

[3] 王兆安，刘进军. 电力电子技术 [M]. 5 版. 北京：机械工业出版社，2009.

[4] 叶斌. 电力电子应用技术 [M]. 北京：清华大学出版社，2006.

[5] 浣喜明，姚为正. 电力电子技术 [M]. 北京：高等教育出版社，2004.

[6] 龚素文. 电力电子技术 [M]. 北京：北京理工大学出版社，2009.

[7] 王云亮. 电力电子技术 [M]. 北京：电子工业出版社，2004.

[8] 刘志刚. 电力电子学 [M]. 北京：北京交通大学出版社，2004.

[9] 邵丙衡. 电力电子技术 [M]. 北京：中国铁道出版社，1997.

[10] 陈伯时. 电力拖动自动控制系统 [M]. 2 版. 北京：机械工业出版社，2005.

[11] 孔凡才. 自动控制原理与系统 [M]. 2 版. 北京：机械工业出版社，2009.

[12] VOLKE A, HORNKAMP M. IGBT Modules：Technologies，Driver and Application [M]. 2nd ed. Munich：Infineon Technologies AG，2012.

[13] SHUR M, RUMYANTSEV S, LEVINSHTEIN M. SiC Materials and Devices [M]. 2nd ed. Washington：World Scientific Publishing，2007.

[14] 曾允文. 变频调速 SVPWM 技术的原理、算法与应用 [M]. 北京：机械工业出版社，2011.

[15] 张兴，黄海宏. 电力电子技术 [M]. 2 版. 北京：科学出版社，2019.

[16] 洪乃刚. 电力电子技术基础 [M]. 北京：清华大学出版社，2015.